高等学校新工科应用型人才培养系列教材
本书获中国通信学会"2020 年信息通信教材精品教材"称号

LTE 现代移动通信技术

山东中兴教育咨询有限公司　**组编**
李晓芹　**主编**

U0159759

西安电子科技大学出版社

内 容 简 介

　　本书系统地讲解了 LTE 移动通信技术、LTE 信令流程、LTE 基站设备开通与维护等方面的知识。全书共 10 章,主要内容包括移动通信的发展简介、常见的无线通信基础知识、LTE 的两大关键技术 OFDM 和 MIMO、网络架构、LTE 协议原理、第五代移动通信技术以及 LTE 基站的开通维护和故障处理等。为了更贴近企业用人标准、更符合岗位需求,本书由经验丰富的一线技术专家直接参与编写与审核,较好地体现了面向应用型人才培养的现代教育特色。

　　本书既可以作为高校通信类专业 LTE 相关课程的教材,也可以作为通信企业培训或者技术人员自学的参考资料。

图书在版编目(CIP)数据

LTE 现代移动通信技术/李晓芹主编. —西安:西安电子科技大学出版社,2020.4(2022.11 重印)
ISBN 978 - 7 - 5606 - 5568 - 0

Ⅰ. ① L… Ⅱ. ① 李… Ⅲ. ① 无线电通信—移动网—高等学校—教材
Ⅳ. ① TN929.5

中国版本图书馆 CIP 数据核字(2020)第 020154 号

策　　划　李惠萍
责任编辑　雷鸿俊
出版发行　西安电子科技大学出版社(西安市太白南路 2 号)
电　　话　(029)88202421　88201467　　邮　编　710071
网　　址　www.xduph.com　　　　　电子邮箱　xdupfxb001@163.com
经　　销　新华书店
印刷单位　陕西天意印务有限责任公司
版　　次　2020 年 4 月第 1 版　2022 年 11 月第 2 次印刷
开　　本　787 毫米×1092 毫米　1/16　印张　20.5
字　　数　484 千字
印　　数　3001~5000 册
定　　价　46.00 元
ISBN 978 - 7 - 5606 - 5568 - 0 / TN
XDUP 5870001 - 2

《LTE 现代移动通信技术》
编委会名单

前　　言

2013 年 12 月 4 日，工信部分别向中国移动、中国电信、中国联通颁发了 4G 运营牌照，拉开了我国 4G 正式运营的序幕。经过几年的发展，LTE 已经成为中国运营商满足用户大数据量需求的基础网络，也成为未来融合通信的承载网。目前，仅中国移动的 LTE 基站规模已经达到 250 万，TD-LTE 用户规模也超过 9 亿。中国移动 LTE 前三年的建设量相当于 TD-SCDMA 网络七年的建设量，相当于 GSM 网络二十年的建设量。无论从基站规模上看，还是从用户规模上看，LTE 网络已经成为各大运营商主要的运营网络。在这种大背景下，各大高校通信技术相关专业相继开设了 LTE 移动通信技术课程。培养 4G 技术人才是未来一段时间各高校人才培养的重点之一。

与 3G 技术相比而言，LTE 具有以下技术特征：

(1) 提高了通信的速率，下行峰值速率为 100 Mb/s、上行为 50 Mb/s。

(2) 提高了频谱的效率。

(3) 主要目标为分组域任务，系统在整体架构上将基于分组交换。

(4) 降低了无线网络的延时。

(5) 提高了小区边界的比特速率，在基站的分布位置不发生变化的前提下增加了小区边界比特速率。如 MBMS(多媒体广播和组播业务)在小区边界可以实现 1 b/(s·Hz)的数据速率。

(6) 强调兼容性，支持已有的 3G 系统，也支持与非 3GPP 规范系统的协同运作。

结合以上技术特点，考虑到移动通信技术的未来发展趋势，我们精心编写了本书。本书共 10 章，各章主要内容如下：

第 1 章为绪论，主要介绍了现代移动通信的发展情况及 LTE 网络概述。

第 2 章为无线通信基础知识，主要介绍了移动通信系统中常见无线通信技术的应用。

第 3 章为网络架构，主要介绍了 EPS 网络及 IMS 网络的特点、结构、功能和接口等。

第 4 章为 OFDM 技术原理及关键技术，主要介绍了 LTE 关键技术之 OFDM 的原理、优缺点以及相应的关键技术。

第 5 章为 MIMO 技术原理及关键技术，主要介绍了 LTE 关键技术之 MI-MO 的技术原理、空时处理技术以及相应的关键技术。

第 6 章为 LTE 其他关键技术，主要介绍了除 OFDM 和 MIMO 之外 LTE 中常用的其他关键技术。

第 7 章为 LTE 空中接口，主要介绍了 LTE 无线协议栈、无线帧结构以及无线信道等相关知识。

第 8 章为 LTE 信令流程，主要介绍了 LTE 的无线信令流程，移动性、连接性管理流程和 LTE 会话管理的相关流程。

第 9 章为第五代移动通信新技术，主要汇总了当前第五代移动通信技术的相关资料，使读者对新一代移动通信技术从技术特点到关键技术有一个初步的认识。

第 10 章为 LTE 基站开通与维护，主要以中兴 LTE 基站为例子，介绍了基站的硬件认知和安装、基站开通数据配置以及基站常见故障排查等实践性很强的内容。

附录部分列出了常用的 LTE 专业术语的中英文对照，方便读者学习时查阅。

本书可作为高等院校本科及专科通信工程、电子信息工程、计算机、物联网等相关专业的教材，还可以作为移动通信技术相关工作人员的学习、参考用书或培训教材，亦可作为自学者的自学用书。

由于编者水平有限，书中难免有疏漏和不当之处，恳切希望各位读者不吝指正。

编　者

2019 年 12 月

目　　录

1

3

第 1 章　绪　　论

1.1　移动通信技术的演进

　　移动通信就是指通信双方或多方至少有一方是在移动状态中实现的通信方式。移动通信终端的载体是多样的，可以是行人、车辆、船舶、飞机等。

　　移动通信技术从近 40 年来看可以说是日新月异，从 20 世纪 80 年代第一代(1G，the First-Generation)移动通信系统的出现，到如今 21 世纪前 10 年第 4 代(4G，the Fourth-Generation)移动通信系统在全球范围内大量商用，伴随着人们对移动业务需求的不断增加和变化，它使用户摆脱了固定终端设备的束缚，实现了全新的、完整的、可靠的个人移动性传输手段和接续方式。移动通信技术的进步改变了人们的生活方式，并逐渐演变为当今社会发展和进步必不可少的重要工具。

1.1.1　第一代移动通信技术(1G)

　　第一代移动通信技术简称 1G，是利用模拟信号传递数据的通信系统。第一代移动通信系统的发展大体经历了两个阶段。第一个阶段是 20 世纪 40 年代中期到 20 世纪 70 年代中期，开始于公用汽车电话业务，采用大区制，可以实现人工交换与公众电话网的接续。到 20 世纪 60 年代中期，用户量的不断增加和频率合成器的出现，导致第一代移动通信系统信道间隔缩小，信道数目增加，造成通信质量下降，而现有的大区制不能很好地解决这一问题。为解决这个问题，贝尔实验室在 1974 年提出了蜂窝网的概念。蜂窝网即小区制，其由于实现了频率复用，大大提高了系统容量。这一概念的提出也奠定了现代移动通信的基础。第二个阶段是 20 世纪 80 年代初期问世的占用频段为 800/900 MHz、采用蜂窝式组网的模拟移动通信系统，其主要特点是采用频分复用，语音信号为模拟调制，每隔 30/25 kHz 有一个模拟用户信道。

　　第一代移动通信系统能实现的主要功能是进行语音通话，这一系统在商业上取得了巨大的成功，但是其弊端也日渐显露出来：频谱利用率低，容量有限；制式太多，各个系统间没有公共接口，导致互不兼容，不能漫游，从而限制了用户覆盖面；提供的业务种类也受到极大的限制，不能传送数据信息；信息容易被窃听；不能与综合业务数字网(ISDN，Integrated Services Digital Network)兼容；等等。

　　第一代移动通信系统的典型代表有美国的高级移动电话系统(AMPS，Advanced Mobile Phone System)和后来的改进型全接入网通信系统(TACS，Total Access Communications System)，以及欧洲提出的北欧移动电话(NMT，Nordic Mobile Telephone)系统和日本提出的日本电报电话(NTT，Nippon Telegraph and Telephone)系统等。AMPS 使用模拟蜂窝传输的 800 MHz 频带，在北美、南美和部分环太平洋国家广泛使用，它是最成功的第一代移动通信系统；TACS 使用 900 MHz 频带，分 ETACS（欧洲）和 NTACS（日本）两种版本，英国、日本和部分亚洲国家广泛使用此标准；NMT 使用 450 MHz 和 900 MHz 频带，被瑞典、挪威和丹麦的电讯管理部门在 20 世纪 80 年代初确立为普通模拟移动电话北欧标准；NTT 是日本旧的模拟蜂窝系统标准，高容量的版本称为 HICAP。

1987 年 11 月 18 日，在第六届全运会开幕前夕，中国第一个 TACS 模拟蜂窝移动电话系统在广东省建成并投入商用，广州市开通了中国第一个移动电话局，首批用户有 700 个。虽然用户数量比较少，而且高昂的入网费和使用费也不能使移动通信系统很好地普及到大众群体，但是伴随着这一系统的引进，中国正式开启了移动通信产业发展的序幕。

1.1.2　第二代移动通信技术（2G）

第二代（2G，the Second-Generation）移动通信技术简称 2G，它替代第一代移动通信系统完成了模拟技术向数字技术的转变。从 20 世纪 80 年代中期开始，欧洲首先推出了泛欧数字移动通信网体系。随后，美国和日本也制定了各自的数字移动通信体系。相对于模拟移动通信，数字移动通信网提高了频谱利用率，支持多种业务服务，并与 ISDN 等兼容。2G 系统以传输话音和低速数据业务为目的，因此又称为窄带数字通信系统。2G 系统主要运用的多址技术包括时分多址接入（TDMA，Time Division Multiple Access）技术和码分多址接入（CDMA，Code Division Multiple Access）技术两种，建立在这两种接入技术基础上的 2G 系统主要有欧洲提出的基于 TDMA 技术的全球移动通信系统（GSM，Global System for Mobile Communications），也是全球覆盖最广的 2G 系统；美国提出的基于 CDMA 技术的 CDMAOne（Code Division Multiple Access One，第一代码分多址接入）系统也被称为 IS-95，是美国最简单的 CDMA 系统，主要用于美洲和亚洲一些国家；美国还提出了基于 TDMA 技术的 D-AMPS（Digital Advanced Mobile Phone System，数字高级移动电话系统），D-AMPS 也被称为 IS-136，是美国最简单的 TDMA 系统，主要用于美洲国家；日本提出的基于 TDMA 技术的 PDC（Personal Digital Cellular，个人数字蜂窝）系统，仅在日本普及。

2G 系统是现代移动通信系统的雏形，为了方便对后续章节的理解，下面重点介绍全球部署范围最广的两种 2G 系统。

1. GSM 系统

GSM 数字移动通信系统是由欧洲主要电信运营商和制造厂家组成的标准化委员会设计出来的，它是在蜂窝系统的基础上发展而成的。1991 年，欧洲开通了第一个 GSM 系统，同时 GSM MoU（全称为 GSM 谅解备忘录，Memorandum of Understanding）组织为该系统设计和注册了市场商标，将其正式命名为"全球移动通信系统"。从此，移动通信的发展跨入了 2G 时代。

GSM 系统的主要特点有：防盗拷能力强，网络容量大，手机号码资源丰富，通话清晰，稳定性强，不易受干扰，信息灵敏，通话死角少，手机耗电量低。其主要技术特点分析如下：

1）频谱效率

由于采用了高效调制器、信道编码、交织、均衡和语音编码技术，系统具有很高的频谱利用效率。

2）容量

由于每个信道传输带宽增加，使同频复用载干比要求降低至 9 dB，故 GSM 系统的同频复用模式可以缩小到 4/12 或 3/9 甚至更小（模拟系统为 7/21）。同时，半速率话音编码的引入和自动话务分配可以减少越区切换的次数，从而使 GSM 系统的容量效率（每兆赫每小区的信道数）比 TACS 系统的高 3～5 倍。

3）话音质量

鉴于数字传输技术的特点以及 GSM 规范中有关空中接口和话音编码的定义，在门限值以上时，话音质量总是达到相同的水平，而与无线传输质量无关。

4）开放的接口

GSM 标准所提供的开放性接口不仅限于空中接口，而且还包括 2G 网络中设备实体之间的接口标准，例如连接 2G 基站（BTS，Base Transceiver Station）与基站控制器（BSC，Base Station Controller）之间的 Abis 口，以及连接 BSC 与移动交换中心（MSC，Mobile Switching Center）之间的 A 口等。

5）安全性

通过鉴权、加密和临时移动台标识符（TMSI，Temporary Mobile Station Identity）号码的使用，达到安全的目的。鉴权用来验证用户的入网权利；加密用于空中接口，由 SIM 卡（Subscriber Identity Module，客户身份识别卡）和网络 AUC（AUthentication Center，认证中心）的密钥决定；TMSI 是一个由业务网络给用户指定的临时识别号，以防止有人跟踪而泄漏其地理位置。

6）与 ISDN、PSTN 等的互连

利用现有的网络协议，如七号信令网的 ISUP（ISDN User Part，ISDN 用户部分）协议或 TUP（Telephone User Part，电话用户部分）协议等，可以很好地实现与其他网络的互联互通，例如与 ISDN、PSTN（Public Switched Telephone Network，公共交换电话网）的互联互通。

7）漫游

漫游是移动通信的重要特征，它标志着移动用户可以从一个网络自动进入另一个网络。GSM 系统可以在 SIM 卡的基础上实现漫游，进而可以方便地实现 GSM 系统的全球化业务部署。

8）引入分组域交换

GSM 系统引入了 GPRS（General Packet Radio Service，通用分组无线服务），其可以提供低速率的数据传输服务，是 GSM 系统的延伸。

2. CDMAOne 系统

CDMAOne 系统是由美国高通公司设计并于 1995 年投入运营的窄带 CDMA 系统，美国通信工业协会（TIA，Telecommunication Industry Association）基于该窄带 CDMA 系统颁布了 IS-95 标准系统。CDMAOne 系统与 GSM 都是 2G 的主要系统。

IS-95 标准全称是"双模式宽带扩频蜂窝系统的移动台-基站兼容标准"，IS-95 标准提出了"双模系统"，该系统可以兼容模拟和数字操作，从而易于模拟蜂窝系统和数字系统之间的转换。

CDMAOne 系统的技术优势如下：

1）系统容量大

理论上，在使用相同频率资源的情况下，CDMA 移动网比模拟网的容量大 20 倍；实际使用中，其比模拟网大 10 倍，比 GSM 大 4～5 倍。

2）系统容量的配置灵活

在 CDMA 系统中，用户数的增加相当于背景噪声的增加，会造成话音质量下降。但该系统对用户数并无限制，操作者可在容量和话音质量之间折中考虑。另外，多小区之间可根据话务量和干扰情况自动均衡。

3）通话质量更佳

TDMA 的信道结构最多只能支持 4 kb/s 的语音编码器，不能支持 8 kb/s 以上的语音编码器；而 CDMA 的结构可以支持 13 kb/s 的语音编码器，因此它可以提供更好的通话质量。CDMAOne 系统的声码器可以动态地调整数据传输速率，并根据适当的门限值选择不同的电平级发射。同时，门限值会根据背景噪声的改变而变化，这样即使在背景噪声较大的情况下，也可以得到较好的通话质量。另外，TDMA 采用一种"先断开再连接"的硬切换技术，用户可以明显地感觉到通话的间断，在用户密集、基站密集的城市中，这种间断尤为明显（在这样的地区每分钟会发生 2～4 次切换）；而 CDMAOne 系统"掉话"的现象明显减少，因其采用软切换技术，"先连接再断开"，这样便完全克服了硬切换容易掉话的缺点。

4）频率规划简单

用户按不同的序列码区分，所以不相同的 CDMA 载波可在相邻的小区内使用，网络规划灵活，扩展简单。

5）建网成本低

CDMA 技术通过在每个蜂窝的每个部分使用相同的频率，简化了整个系统的规划，从而可以在不降低话务量的情况下减少所需站点的数量，降低了部署和操作成本。CDMA 网络覆盖范围大，系统容量高，所需基站少，建网成本低。

综上所述，2G 系统在很大程度上解决了 1G 系统容量小、覆盖面窄、业务种类少、制式太多又不兼容、无法漫游等问题，但同时也延续了 1G 系统的不少旧问题，如没有统一的国际标准、频谱利用率较低、不能满足移动通信容量的巨大要求、不能经济地提供高速数据和多媒体业务、不能有效地支持 Internet 业务等。

通过对北美的 D-AMPS、日本的 PDC 和欧洲的 GSM 进行比较，我们最终选择了 GSM 作为我国 2G 系统的技术标准。1992 年，原邮电部批准在嘉兴地区建立 GSM 的试验网，并于 1993 年正式进入了商业运营阶段。随后，市场的迅猛发展证实了 GSM 的许多技术优势，因此 1994 年成立的中国联通也选择了 GSM 技术建网。而中国联通并没有止步于 GSM 网络建设，在 2000 年 2 月，中国联通以运营商的身份与美国高通公司签署了 CDMA 知识产权框架协议，为中国联通 CDMA 的建设扫清了道路。同年，中国联通宣布启动窄带 CDMA 的建设，到 2002 年 10 月，CDMA 网络全国用户达到 400 万，所以可以说在 2G 时代，中国联通同时建设了 GSM 及 CDMA 两张网络。

伴随着 2G 网络和产品的成熟，我国移动通信采取边吸收边改造的发展思路。同时，国内大唐、中兴、华为等通信设备供应商在技术上也取得了群体突破。在网络建设上，我国逐步建立了移动智能网，以 GPRS 和 CDMA 1x（是在 IS-95 标准基础上改进的 2.5G 技术，支持语音和数据传输）为代表的 2.5G 技术也分别在 2002 年和 2003 年正式投入商用。

1.1.3 第三代移动通信技术(3G)

第三代(3G, the Third-Generation)移动通信技术简称 3G,也被称为 IMT-2000。它是一种真正意义上的宽带移动多媒体通信系统;它能提供高质量的宽带多媒体综合业务,并且实现了全球无缝覆盖及全球漫游;它的数据传输速率高达 2 Mb/s,其容量是 2G 系统的 2~5 倍。最具代表性的 3G 系统主要有三个技术标准:美国提出的 CDMA2000、欧洲和日本提出的 WCDMA(Wideband Code Division Multiple Access,宽带码分多址系统)和中国提出的 TD-SCDMA(Time Division-Synchronous Code Division Multiple Access,时分同步的码分多址技术)。

1. CDMA2000

CDMA2000 是美国提出的,由 IS-95 系统演进而来并向下兼容 IS-95 系统。CDMA2000 系统继承了 IS-95 系统在组网、系统优化方面的经验,并进一步对业务速率进行了扩展,同时通过引入一些先进的无线技术,进一步提升了系统容量。在核心网络方面,CDMA 系统继续使用 IS-95 系统的核心网作为其电路交换(CS, Circuit Switch)域来处理电路型业务,如语音业务和电路型数据业务,同时在系统中增加分组交换(PS, Packet Switched)设备 PDSN(Packet Data Support Node,分组数据支持节点)和 PCF(Packet Control Function,分组控制功能)来处理分组数据业务。因此在建设 CDMA2000 系统时,原有的 IS-95 系统的网络设备可以继续使用,只需要增加分组交换设备即可。在基站方面,由于 IS-95 与 1X 的兼容性,因此它可以做到仅更新信道板并将系统升级为 CDMA2000-1X 基站即可。在我国,联通公司在其最初的 CDMA 网络建设中就采用了这种升级方案,而后在 2008 年中国电信行业重组时,由中国电信收购了中国联通的整个 CDMA2000 网络。

2. WCDMA

历史上,欧洲电信标准委员会(ETSI, European Telecommunication Standard Institute)在 GSM 之后就开始研究 3G 标准,其中有几种备选方案是基于直接序列扩频码分多址的,而日本 3G 系统的研究是基于宽带码分多址技术的。随后,ETSI 以上述两种技术为主导进行融合,在 3GPP(3rd Generation Partnership Project,第三代合作伙伴计划)组织中发展成了第三代移动通信系统 UMTS(Universal Mobile Telecommunication System,通用移动通信系统),并提交给国际电信联盟(ITU, International Telecommunication Union)。国际电信联盟最终接受 WCDMA 作为 IMT-2000 3G 标准的一部分。WCDMA 也是世界范围内商用最多、技术发展最为成熟的 3G 制式。在我国,中国联通公司在 2008 年电信行业重组之后,开始建设其 WCDMA 网络。WCDMA 的关键技术包括射频和基带处理技术,具体包括射频、中频数字化处理、RAKE 接收机、信道编解码、功率控制等关键技术和多用户检测、智能天线等增强技术。

3. TD-SCDMA

TD-SCDMA 是中国提出的第三代移动通信标准,也是 ITU 批准的三个 3G 标准中的一个,是以我国知识产权为主的、被国际上广泛接受和认可的无线通信国际标准,也是我国电信史上重要的里程碑。相对于另两个主要的 3G 标准(CDMA2000 和 WCDMA),TD-SCDMA 的起步较晚,技术还不够成熟。

TD-SCDMA 标准最初由西门子研究。为了独立出 WCDMA，西门子将其核心专利卖给了大唐电信。之后，在 TD-SCDMA 加入 3G 标准时，信息产业部（现工业和信息化部）以爱立信、诺基亚等电信设备制造厂商在中国的市场为条件，要求他们给予支持。1998 年6 月 29 日，原中国邮电部电信科学技术研究院（现大唐电信科技产业集团）向 ITU 提出了该标准。该标准将智能天线、同步 CDMA 和软件无线电（SDR，Software Defined Radio）等技术融于其中。

TD-SCDMA 的发展过程始于 1998 年初，在当时的邮电部科技司的直接领导下，由原电信科学技术研究院组织队伍在 SCDMA 技术的基础上，研究和起草符合 IMT-2000 要求的我国的 TD-SCDMA 建议草案。该标准草案以智能天线、同步码分多址、接力切换、时分双工为主要特点，于 ITU 征集 IMT-2000 第三代移动通信无线传输技术候选方案的截止日（即 1998 年 6 月 30 日）提交到 ITU，从而成为 IMT-2000 的 15 个候选方案之一。ITU综合了各评估组的评估结果后，在 1999 年 11 月赫尔辛基 ITU-RTG8/1 第 18 次会议上和2000 年 5 月伊斯坦布尔的 ITU-R（ITU-Radio Communication Sector，国际电信联盟无线电通信组）全会上，将 TD-SCDMA 正式确立为 CDMA-TDD 制式的方案之一。

经过一年多的时间，经历了几十次工作组会议、几百篇提交文稿的讨论，在 2001 年 3月棕榈泉的 RAN 全会上，随着包含 TD-SCDMA 标准在内的 3GPP R4 版本规范的正式发布，TD-SCDMA 在 3GPP 中的融合工作达到了第一个目标。至此，TD-SCDMA 不论在形式上还是在实质上，都已在国际上被广大运营商、设备制造商所认可和接受，形成了真正的国际标准。但是由于 TD-SCDMA 的起步比较晚，技术发展成熟度不及其他两大标准，同时由于市场前景不明朗导致相关产业链发展滞后，最终导致了 TD-SCDMA 虽然成为第三代移动通信国际三大标准之一，但除了由中国移动进行商用之外，并没有其他的商用市场。

1.1.4　第四代移动通信技术（4G）

第四代（the Fourth-Generation）移动通信技术简称 4G。从核心技术来看，通常所称的3G 技术主要采用 CDMA（Code Division Multiple Access，码分多址接入）技术，而业界对4G 技术的界定则主要是指采用 OFDM（Orthogonal Frequency Division Multiplexing，正交频分复用）调制技术的 OFDMA 多址接入技术，可见 3G 和 4G 技术最大的区别在于采用的核心技术不同。因此从这个角度来看，LTE（Long Term Evolution，长期演进）、WiMAX（Worldwide Interoperability for Microwave Access，全球微波互联接入）及其后续演进技术 LTE-Advanced 和 802.16m 等技术均可以视为 4G 技术。但是从标准的角度来看，ITU对 IMT-2000（3G）系列标准和 IMT-Advanced（4G）系列标准的区别并不以核心技术为参考，而是通过能否满足一定的技术要求来区分，ITU 在 IMT-2000 标准中要求 3G 技术必须满足传输速率在移动状态 144 kb/s、步行状态 384 kb/s、室内 2 Mb/s，而 ITU 制定的IMT-Advanced 标准中要求在使用 100 MHz 信道带宽时，频谱利用率达到 15 b/(s·Hz)，理论传输速率达到 1.5 Gb/s。LTE、WiMAX（802.16e）均尚未达到 IMT-Advanced 标准的要求，因此它们仍隶属于 IMT-2000 系列标准，而 LTE-Advanced 和 802.16m 标准才是真正意义上的符合 4G 技术要求的技术标准。

2008 年 2 月，ITU-R WP5D（第 5 研究组国际移动通信组）正式发出了征集 IMT-

Advanced候选技术的通知函。经过两年的准备时间，ITU-R WP5D 在其第 6 次会议上（2009 年 10 月份）共征集到六种候选技术方案，它们分别来自于两个国际标准化组织和三个国家。这六种技术方案可以分成两类：基于 3GPP 的技术方案和基于 IEEE(Institute of Electrical and Electronics Engineers，电气和电子工程师协会（美国）)的技术方案。

1. 3GPP 的技术方案

3GPP 的技术方案标准是 LTE Release 10 & beyond(LTE-Advanced)，该方案包括 FDD 和 TDD 两种模式。由于 3GPP 不是 ITU 的成员，所以该技术方案需要由所有成员单位共同提交才能得以推广。因此该技术方案由 3GPP 所属 37 个成员单位联合提交，包括我国三大运营商和四个主要厂商。3GPP 所属标准化组织(中国、美国、欧洲、韩国和日本)以文稿的形式表态支持该技术方案，最终该技术方案由中国、3GPP 和日本分别向 ITU 提交。

2. IEEE 的技术方案

IEEE 的技术方案是 802.16m，该方案同样包括 FDD 和 TDD 两种模式。BT、KDDI、Sprint、诺基亚、阿尔卡特朗讯等 51 家企业以及日本标准化组织和韩国政府以文稿的形式表态支持该技术方案，我国企业没有参加。最终该技术方案由 IEEE、韩国和日本分别向 ITU 提交。

经过 14 个外部评估组织对各候选技术的全面评估，最终得出两种候选技术方案完全满足 IMT-Advanced 技术需求。2010 年 10 月的 ITU-R WP5D 会议上，LTE-Advanced 技术和 802.16m 技术被确定为 IMT-Advanced 阶段国际无线通信标准。我国主导发展的 TD-LTE-Advanced 技术通过了所有国际评估组织的评估，被确定为 IMT-Advanced 国际无线通信标准。

下面对 4G 的另外两种技术方案(WiMAX 和 LTE)的优劣进行分析：

WiMAX 技术又称 802.16 无线城域网或 802.16。在 4G 标准推行初期，WiMAX 是 LTE 强有力的竞争对手。WiMAX 是由 IEEE 提出的一种标准化技术，是一项新兴的宽带无线接入技术，能提供面向互联网的高速连接，数据传输距离最远可达 50 km。WiMAX 还具有 QoS 保障、传输速率高、业务丰富多样等优点。

LTE 和 WiMAX 两种技术之间虽然有很多的相似之处，但是它们之间的竞争从它们各自准 4G 标准的发布就已经开始，并持续到 4G 标准的提出。最终，WiMAX 似乎放弃了这场竞争，选择了在未来的 WiMAX-A(WiMAX-Advanced，WiMAX 改进)标准中与 LTE 技术相融合。这两种技术的对比可以用表 1.1 来表示。

表 1.1 WiMAX 和 LTE 技术对比

项 目	WiMAX	LTE
基本传输和多址技术	OFDM(下行 TDM，上行 TDMA)或 OFDMA	下行 OFDMA，上行 SC-FDMA
双工方式	FDD、TDD、半双工 FDD	FDD、TDD、半双工 FDD
帧结构	帧长 2.5～20 ms，TDD 模式下一帧分为一个上行子帧和一个下行子帧	帧长 10 ms，分为 10 个子帧；子帧长 1 ms，每个子帧分为两个时隙

项 目	WiMAX	LTE
子载波间隔	11.16 kHz	15 kHz
资源分配	子信道大小为 24 或 48 个子载波，支持集中和分散分配	基本资源块大小为 12 个子载波，下行支持集中和分散分配，上行只支持集中分配
子帧/时隙结构	每个子帧分为若干个突发	每个时隙包含 6 或 7 个 OFDM 符号或 SC-FDMA 块
CP 长度	OFDM 符号长度的 1/4、1/8、1/16、1/32	常规 CP 4.6875 μs，扩展 CP 16.67 μs
调制方式及 AMC（自适应调制与编码）	BPSK、QPSK、16QAM、64QAM，支持 AMC	QPSK、16QAM、64QAM，单用户采用频域一致的 AMC
编码方式	卷积＋RS 级联码、块 Turbo 码、卷积 Turbo 码、LDPC（低密度奇偶校验码）	采用 QPP 交织器的 Turbo 码，卷积码
多天线技术	开环：空间复用、发射分集（空时码）、自适应天线系统；闭环：天线分组、选择、预编码、SDMA（空分多址）	下行：预编码 SU-MIMO、预编码 MU-MIMO、波束赋形、发射分集；上行：MU-MIMO、天线选择
频域调度	通过子信道化技术实现	以每个子帧为单位的动态调度
HARQ	Chase 合并与增量冗余 HARQ	增量冗余 HARQ，下行自适应 HARQ，上行同步 HARQ
功率控制	初始接入阶段采用开环，接入后主要采用闭环功控	下行半静态功率分配，上行慢功控
同步	采用外部时钟保持网络同步，但短期内同步丢失仍可工作	小区间同步或异步
小区间干扰抑制	基于跳频 OFDMA 的小区干扰平均化	加扰、小区间干扰协调
切换	支持硬切换、宏分集切换和快速基站切换	快速硬切，支持和其他 RAT 的切换

1.1.5   第五代移动通信技术(5G)

第五代(the Fifth-Generation)移动通信技术简称 5G，是 4G 之后的延伸。为抢占未来市场，当前全球多个国家已竞相展开 5G 网络技术的开发，中国和欧盟正在投入大量资金用于 5G 网络技术的研发。一般认为，5G 网络应具备以下特征：峰值网络速率达到 10 Gb/s，网络传输速度比 4G 快 10～100 倍，网络时延从 4G 的 50 ms 缩短到 1 ms，满足 1000 亿量级的网络连接，整个移动网络的每比特能耗降低为原来的千分之一。

作为下一代蜂窝网络，5G 网络以 5G NR（New Radio，新空口）统一空中接口（Unified Air-Interface）为基础，为满足未来十年及以后不断扩展的全球连接需求而设计。5G NR 技术旨在支持各种设备类型、服务和部署，并将充分利用各种可用频段和各类频谱。5G 将在很大程度上以 4G LTE 为基础，并充分利用和创新现有的先进技术。要实现 5G NR 的搭建，有三类关键技术不可或缺：

（1）基于 OFDM 优化的波形和多址接入（Optimized OFDM-based waveforms and Multiple Access）技术。

（2）灵活的框架设计（A Flexible Framework）。

（3）先进的新型无线技术（Advanced Wireless Technologies）。

已经可以预计，5G 网络的高速率、大容量、低时延、高可靠的特点将极大地改变我们的生活，真正地实现万物互联，并会在物联网、自动驾驶、远程医疗、人工智能等领域有着广阔的应用前景。

中国的三大运营商在 5G 部署上都有着各自的节奏，而中国移动则延续了其在 4G 时代的抢先动作。总体来看，在国家大力推动 5G 发展的政策背景下，三大运营商在走向 5G 商用的道路上不会差得太远，在大体的时间线上相对一致，都是在 2019 年预商用，2020 年正式商用。

1.2　移动通信标准化组织

在通信世界，所有的通信设备需要按照一定的标准进行研制，它们的接口（两个相邻实体之间的连接点）只有符合了一定的"规矩"才可以互联互通。制定这些标准的组织就是通信标准化组织。也正是这些组织的存在才使得各个国家的各个厂商之间生产的设备具备了统一标准，为通信行业的发展起到了积极促进的作用。值得一提的是 3G 时代，我国自主产权的创新结晶 TD-SCDMA 标准，打破了欧美垄断的移动通信格局，形成了欧洲、北美、中国的差异化竞争格局。

1.2.1　ITU（国际电信联盟）

ITU 的历史可以追溯到 1865 年。为了顺利实现国际电报通信，1865 年 5 月 17 日，法、德、俄、意、奥等 20 个欧洲国家的代表在巴黎签订了《国际电报公约》，ITU 也宣告成立。随着电话与无线电的应用与发展，ITU 的职权不断扩大。1906 年，德、英、法、美、日等 27 个国家的代表在德国柏林签订了《国际无线电报公约》。1932 年，70 多个国家的代表在西班牙马德里召开会议，将《国际电报公约》与《国际无线电报公约》合并，制定《国际电信公约》，并决定自 1934 年 1 月 1 日起正式改称为"国际电信联盟"。经联合国同意，1947 年 10 月 15 日国际电信联盟成为联合国的一个专门机构，其总部由瑞士伯尔尼迁至日内瓦。ITU 是联合国的 15 个专门机构之一，但在法律上不是联合国附属机构，它的决议和活动不需要联合国批准，但他们每年要向联合国提交工作报告。

ITU 的组织结构主要分为电信标准化部门（ITU-T，ITU-Telecommunication Standardization Sector）、无线电通信部门（ITU-R，ITU-Radio Communication Sector）和电信发展部门（ITU-D，ITU-Telecommunication Development Sector）。ITU 每年召开一

次理事会，每四年召开一次全权代表大会、世界电信标准大会和世界电信发展大会，每两年召开一次世界无线电通信大会。ITU 的简要组织结构如图 1.1 所示。

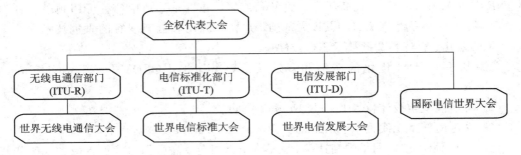

图 1.1　ITU 组织结构简图

下面简要介绍 ITU-T、ITU-R 和 ITU-D 负责的研究组和主要研究的方向。

1. 电信标准化部门(ITU-T)

目前，电信标准化部门主要活动的有 10 个研究组：

· SG2：主要从事网络和业务运营方面的研究。

· SG3：主要从事资费及结算原则方面的研究，其中对资费研究包含了对相关电信经济和政策问题的研究。

· SG5：主要从事电磁环境方面的研究。

· SG9：主要从事电视和宽带有线网络的研究。

· SG11：主要从事协议和测试规范方面的研究。

· SG12：主要从事性能、服务质量(QoS)和体验质量(QoE)方面的研究。

· SG13：主要从事未来网络方面的研究。

· SG15：主要从事传输网络及接入网方面的研究。

· SG16：主要从事多媒体方面的研究。

· SG17：主要从事安全通信方面的研究。

2. 无线电通信部门(ITU-R)

目前，无线电通信部门主要活动的有 6 个研究组，分别是 SG1、SG3、SG4、SG5、SG6 和 SG7 研究组。这 6 个研究组分别从事频谱管理、无线电波传播、卫星业务、地面业务、广播业务、科学业务方面的研究。

3. 电信发展部门(ITU-D)

电信发展部门由原来的电信发展局(BDT)和电信发展中心(CDT)合并而成。其职责是鼓励发展中国家参与电联的研究工作，组织召开技术研讨会，使发展中国家了解 ITU 的工作，尽快应用 ITU 的研究成果；鼓励国际合作，为发展中国家提供技术援助，在发展中国家建设和完善通信网。

目前，ITU-D 设立了 SG1 和 SG2 两个研究组：

SG1 研究组主要从事电信发展政策和策略方面的研究，SG2 研究组主要从事电信业务、网络和 ICT 应用的发展和管理方面的研究。

1.2.2　3GPP(第三代合作伙伴计划)

3GPP 成立于 1998 年 12 月,它是由多个电信标准组织伙伴共同签署《第三代伙伴计划协议》而成立的。3GPP 的会员包括三类:组织伙伴,市场代表伙伴和个体会员。3GPP 的组织伙伴包括欧洲的 ETSI、日本的 ARIB 和 TTC、韩国的 TTA、美国的 T1A 和中国通信标准化协会六个标准化组织。3GPP 的市场代表伙伴不是官方的标准化组织,它们是向 3GPP 提供市场建议和统一意见的机构组织。

目前,3GPP 有 TD-SCDMA 产业联盟(TDIA)、TD-SCDMA 论坛、CDMA 发展组织(CDG)等 13 个市场伙伴(MRP),有个体会员和国家。

3GPP 最初的工作范围是为第三代移动通信系统制定全球适用技术规范和技术报告,而第三代移动通信系统是基于发展的 GSM 核心网络和它们所支持的无线接入技术,主要是 UMTS。随后 3GPP 的工作范围得到了改进,增加了对 UTRA(UMTS Terrestrial Radio Access,UMTS 地面无线接入)长期演进系统的研究和标准的制定。3GPP 的组织结构如图 1.2 所示。其中,项目协调组(PCG)由 ETSI、TIA、TTC、ARIB、TTA 和 CCSA 6 个 OP 组成,主要对技术规范组(TSG)进行管理和协调。3GPP 共分为 4 个 TSG(之前为 5 个 TSG,后 CN 和 T 合并为 CT),分别为 TSG GERAN(GSM/EDGE 无线接入网)、TSG RAN(无线接入网)、TSG SA(业务与系统)、TSG CT(核心网与终端)。每一个 TSG 下面又分为多个工作组,如负责 LTE 标准化的 TSG RAN 分为 RAN WG1(无线物理层)、RAN WG2(无线层 2 和无线层 3)、RAN WG3(无线网络架构和接口)、RAN WG4(射频性能)和 RAN WG5(终端一致性测试)5 个工作组。

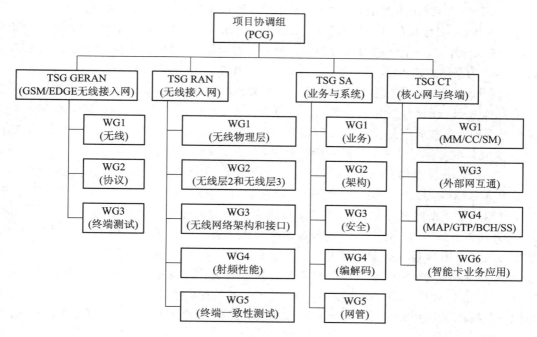

图 1.2　3GPP 的组织结构

3GPP 制定的标准规范以 Release 作为版本进行管理,平均一到两年就会完成一个版本的制定,从建立之初的 R99,之后到 R4,目前已经发展到 R15。3GPP 对工作的管理和开展以项目的形式进行,最常见的形式是 SI(Study Item,研究项目)和 WI(Work Item,工作项目)。3GPP 对标准文本采用分系列的方式进行管理,如常见的 WCDMA 和 TD-SCDMA 接入网部分标准在 25 系列中,核心网部分标准在 22、23 和 24 等系列中,LTE 标准在 36 系列中等。

中国无线通信标准研究组(CWTS)于 1999 年 6 月在韩国正式签字同时加入 3GPP 和 3GPP2,成为这两个当前主要负责第三代伙伴项目的组织伙伴。在此之前,我国是以观察员的身份参与这两个伙伴的标准化活动。

1.2.3 3GPP2(第三代合作伙伴计划2)

第三代合作伙伴计划 2(3GPP2,3rd Generation Partnership Project 2)成立于 1999 年 1 月,由美国的 TIA、日本的 ARIB 和 TTC、韩国的 TTA 四个标准化组织发起,而中国无线通信标准研究组于 1999 年 6 月在韩国正式签字加入 3GPP2。3GPP2 声称其致力于使 ITU 的 IMT-2000 计划中的(3G)移动电话系统规范在全球发展,实际上它是从 2G 的 CDMAOne 或者 IS-95 发展而来的 CDMA2000 标准体系的标准化机构,并受到拥有多项 CDMA 关键技术专利的高通公司的支持。而与之对应的 3GPP 则致力于从 GSM 向 WCDMA(UMTS)过渡,因此两个机构存在一定的竞争。

3GPP2 下设有四个技术规范工作组,即 TSG-A、TSG-C、TSG-S 和 TSG-X,这些工作组向项目指导委员会(SC)报告本工作组的工作进展情况。SC 负责管理项目的进展情况,并进行一些协调管理工作,它们分别负责发布各自领域的标准以及各个领域标准的独立编号。

(1)TSG-A 发布的标准有两种类型:技术报告和技术规范,已经发布的技术报告一般会表示为 A.Rxxxx;已经发布的技术规范一般表示为 A.Sxxxx,其中 xxxx 为具体的数字号,这个号码没有特别的规定,一般是按照顺序排列。没有发布的标准一般会分配一个项目号 A.Pxxxx,其中 xxxx 为具体的数字号,这个号码也没有特别的规定,一般按照项目顺序排列。

(2)TSG-C 发布的标准有两种类型:技术要求和技术规范,已经发布的技术要求一般表示为 C.Rxxxx;已经发布的技术规范一般表示为 C.Sxxxx,其中 xxxx 为具体的数字号,这个号码一般是按照顺序排列。没有发布的标准一般会分配一个项目号 C.Pxxxx,其中 xxxx 为具体的数字号,这个号码一般按照项目顺序排列。

(3)TSG-S 发布的标准有两种类型:技术要求和技术规范,已经发布的技术要求一般表示为 S.Rxxxx;已经发布的技术规范一般表示为 S.Sxxxx,其中 xxxx 为具体的数字号,这个号码一般是按照顺序排列。没有发布的标准一般会分配一个项目号 S.Pxxxx,其中 xxxx 为具体的数字号,这个号码一般按照项目顺序排列。此外,3GPP2 的一些管理规程性质的文件也用 S.Rxxxx 进行编号。

(4)TSG-X 发布的标准只有一种类型:技术规范,已经发布的技术规范一般表示为 X.Sxxxx,其中 xxxx 为具体的数字号,这个号码一般按照顺序排列。没有发布的标准一般会分配一个项目号 X.Pxxxx,其中 xxxx 为具体的数字号,这个号码一般按照项目顺序排列。

1.2.4 IEEE(电气和电子工程师协会)

IEEE 是一个国际性的电子技术与信息科学工程师的协会,是目前全球最大的非营利性专业技术学会,其会员人数超过 40 万人,遍布 160 多个国家。IEEE 致力于电气、电子、计算机工程和与科学有关的领域的开发和研究,在太空、计算机、电信、生物医学、电力及消费性电子产品等领域已制定了 900 多个行业标准,现已发展成为具有较大影响力的国际学术组织。目前,国内已有北京、上海、西安、郑州、济南等地的 28 所高校成立了 IEEE 学生分会。

IEEE 的两个前身 AIEE(美国电气工程师协会)成立于 1884 年,IRE(无线电工程师协会)成立于 1912 年。AIEE 的兴趣主要是有线通讯(电报和电话)、照明和电力系统,而 IRE 关心的多是无线电工程,它由 2 个更小的组织组成:无线和电报工程师协会、无线电协会。1930 年随着电子学的兴起,电气工程在一定程度上也成为 IRE 的成员,但是电子管技术的应用变得非常广泛,以至于 IRE 和 AIEE 领域边界变得越来越模糊。第二次世界大战以后,AIEE 和 IRE 的竞争日益加剧,1961 年两个组织的领导人果断决定将二者合并,终于于 1963 年 1 月 1 日合并成立了 IEEE。

IEEE 是一个非营利性科技学会,该组织在国际计算机、电信、生物医学、电力及消费性电子产品等学术领域中都是主要的权威。在电气及电子工程、计算机及控制技术领域中,IEEE 发表的文献占了全球将近 1/3 的比例。

IEEE 一直致力于推动电工技术在理论方面的发展和应用方面的进步。作为科技革新的催化剂,IEEE 通过在广泛领域的活动规划和服务支持其成员的需要。作为全球最大的专业学术组织,IEEE 在学术研究领域发挥重要作用的同时,也非常重视标准的制定工作。IEEE 专门设有 IEEE 标准协会(IEEE-SA,IEEE Standard Association),负责标准化工作。IEEE-SA 下设标准局,标准局下又设置两个分委员会,即新标准制定委员会(New Standards Committee)和标准审查委员会(Standards Review Committee)。IEEE 的标准制定内容包括电气与电子设备、试验方法、元器件、符号、定义以及测试方法等多个领域。

IEEE 现有 42 个主持标准化工作的专业学会或者委员会。为了获得主持标准化工作的资格,每个专业学会必须向 IEEE-SA 提交一份文件,描述该学会选择候选建议提交给 IEEE-SA 的过程和用来监督工作组的方法。当前有 25 个学会正在积极参与制定标准,每个学会又会根据自身领域设立若干个委员会进行实际标准的制定。例如,我们熟悉的 IEEE 802.11、802.16、802.20 等系列标准,就是 IEEE 计算机专业学会下的 802 委员会负责主持的。IEEE 802 又称为局域网/城域网标准委员会(LMSC,LAN/MAN Standards Committee),主要致力于研究局域网和城域网的物理层和 MAC 层规范。

1.2.5 CCSA(中国通信标准化协会)

中国通信标准化协会(CCSA,China Communication Standards Association)于 2002 年 12 月 18 日在北京正式成立。该协会是国内企、事业单位自愿联合组织起来的,经业务主管部门批准,国家社团登记管理机关登记,是开展通信技术领域标准化活动的非营利性法人社会团体。该协会采用单位会员制,广泛吸收科研、技术开发、设计单位、产品制造企业、通信运营企业、高等院校、社团组织等参加。

CCSA 由会员大会、理事会、技术专家咨询委员会、技术管理委员会、若干技术工作委员会(目前是 10 个)和秘书处组成。其中主要开展技术工作的技术工作委员会(简称 TC)目前有 10 个,为 TC1～TC10。这 10 个技术委员会分别从事的研究方向是 IP 与多媒体通信、移动互联网应用协议、网络与交换、通信电源和通信局工作环境、无线通信、传输网与接入网、网络管理与运营支撑、网络与信息安全、电磁环境与安全防护和泛在网。

除技术工作委员会外，CCSA 还适时根据技术发展方向和政策需要，成立特设任务组（ST），目前有 ST1（家庭网络）、ST2（通信设备节能与综合利用）、ST3（应急通信）和 ST4（电信基础设施共享共建）4 个特设任务组。

1.3　LTE 概述

LTE 是指 3GPP 组织推行的蜂窝技术在无线接入方面的演进。接入网将演进为E-UTRAN(Evolved UMTS Terrestrial Radio Access Network，演进的通用陆基无线接入网)，核心网的系统架构将演进为 SAE(System Architecture Evolution，系统框架演进)。之所以需要从 3G 演进到 LTE，是由于近年来移动用户对高速率数据业务的要求，同时新型无线宽带接入系统的快速发展，如 WiMAX 的出现，给 3G 系统设备商和运营商造成了很大的压力，所以 LTE 系统的设计和推出显得尤为迫在眉睫。

1.3.1　LTE 背景

随着移动通信技术的不断成熟和用户需求的不断提升，宽带无线接入的概念开始被越来越多的运营商和用户关注。相比较于 WiFi(Wireless Fidelity，无线保真)和 WiMAX 等无线接入方案的迅猛发展，3GPP 组织制定的 WCDMA、HSDPA(High Speed Downlink Packet Access，高速下行分组接入)、HSUPA(High Speed Uplink Packet Access，高速上行分组接入)虽然在支持移动性和 QoS 方面有较大的优势，但是在无线频谱利用率和传输时延等方面有所落后。

此外，一方面目前的数据类业务种类繁多且数据量大，对空口的数据传输速率提出了更高的要求，WCDMA 提供的 2 Mb/s、HSDPA 提供的 14.4 Mb/s 的峰值速率已经无法满足需求；另一方面，以 OFDM 技术为核心的无线接入技术逐渐成熟，这使得大幅度提升空口速率可以变为现实。

为此，3GPP 在 2004 年底决定使用为 3G 分配的频段，采用新的技术来进行网络演进，并制定了长期演进计划 LTE，以实现 3G 技术向 4G 的平滑过渡。3GPP 对 LTE 项目的工作大体分为两个时间段：2005 年 3 月到 2006 年 6 月为 SI 阶段，完成可行性研究报告；2006 年 6 月到 2007 年 6 月为 WI 阶段，完成核心技术的规范工作。2007 年中期完成 LTE相关标准制定(3GPP R7)，2008 年或 2009 年推出商用产品。LTE 的改进目标是实现更高的数据速率、更短的时延、更低的成本、更高的系统容量以及改进的覆盖范围。LTE 是在原有通信技术基础上的一个长期演进，其各个通信标准的演进路线如图 1.3 所示。

LTE 系统同时定义了频分双工 FDD 和时分双工 TDD 两种方式，但由于无线技术的差异、使用频段的不同以及各个厂商的利益等因素，LTE-FDD 的支持阵营更加强大，其标准化与产业发展都领先于 LTE-TDD 的。2007 年 11 月，3GPP 会议通过了 27 家公司联署的 LTE-TDD 融合帧结构的建议，同意了 LTE-TDD 的两种帧结构，融合后的 LTE-TDD帧结构是以 TD-SCDMA 的帧结构为基础的，这就为 TD-SCDMA 成功演进到 LTE 乃至4G 标准奠定了基础。

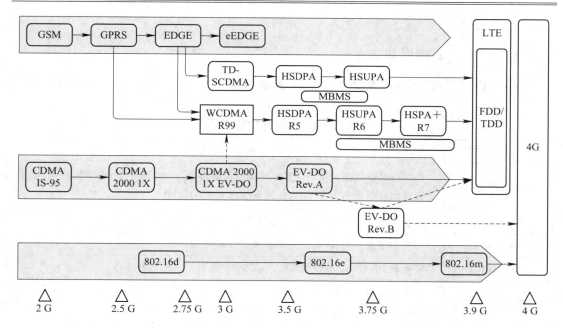

图 1.3　无线通信技术的演进路线

FDD 和 TDD 两种方式的不同之处如图 1.4 所示。

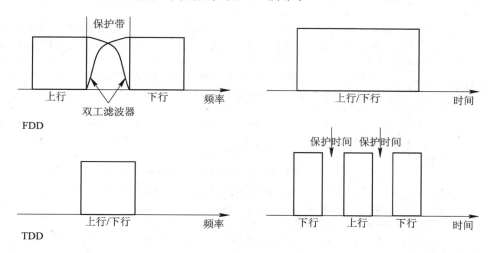

图 1.4　FDD 和 TDD 的时域和频域图

　　FDD 是在分离的两个对称频率信道上进行接收和发送的，并用保护频段来分离接收和发送信道。FDD 必须采用成对的频率，依靠频率来区分上下行链路，其单方向的资源在时间上是连续的。FDD 在支持对称业务时，能充分利用上下行的频谱，但在支持非对称业务时，频谱利用率将大大降低。目前，国内运营商中国联通的 LTE 组网大多采用 LTE-FDD 技术。

　　TDD 用时间来分离接收和发送信道。在 TDD 方式的移动通信系统中，接收和发送使用同一频率载波的不同时隙作为信道的承载，时间资源在两个方向上进行了分配。在某个时间段由基站发送信号给移动台，而中间的时间间隙由移动台发送信号给基站，基站和移动台之间必须协同一致才能顺利工作。目前，国内运营商中国移动的 LTE 组网大多采用

LTE-TDD 技术。

1.3.2　LTE 主要指标和需求

3GPP 协议 TR25.913 中定义了对 LTE 系统的需求指标，这些需求指标的简要总结如表 1.2 所示。

表 1.2　LTE 系统的需求指标

需求名称	需求内容
峰值数据速率	在 20 MHz 系统带宽下，下行瞬间峰值速率为 100 Mb/s（频谱效率 5 bit/Hz），上行瞬间峰值速率为 50 Mb/s（频谱效率 2.5 bit/Hz）
控制面时延	从驻留状态转换到激活状态的时延小于 100 ms
控制面容量	每个小区在 5 MHz 带宽下最少支持 200 个用户
用户面时延	零负载（单用户、单数据流）、小 IP 分组条件下的时延小于 5 ms
用户吞吐量	下行每兆赫兹平均用户吞吐量为 R6 HSDPA 的 3～4 倍，上行每兆赫兹平均用户吞吐量为 R6 HSUPA 的 2～3 倍
频谱效率	在真实负载的网络中，下行频谱效率为 R6 HSDPA 的 3～4 倍，上行频谱效率为 R6 HSUPA 的 2～3 倍
移动性	在 0～15 km/h 低速移动性能优异；在 15～120 km/h 高速移动下实现高性能；在 120～350 km/h（某些频段甚至应支持 500 km/h）下能够保持蜂窝网络的移动性
覆盖	吞吐率、频谱效率和移动性指标在半径 5 km 以下的小区中应全面满足，在半径 30 km 的小区中性能可以有小幅下降，不应该排除半径达到 100 km 的小区
增强 MBMS	为了降低终端复杂度，应和单播操作采用相同的调制、编码和多址方法；可向用户同时提供 MBMS 业务和专用语音业务；可用于成对和非成对频谱
频谱灵活性	支持不同大小的频带宽度，从 1.4～20 MHz；支持成对和非成对频谱中的部署；支持基于资源整合的内容提供，包括一个频段内部、不同频段之间、上下行之间、相邻和不相邻频带之间的整合
与 3GPP 无线接入技术的共存和互操作	和 GERAN/UTRAN 系统可以邻频共站址共存；支持 UTRAN、GERAN 操作的 E-UTRAN 终端应支持对 GERAN/UTRAN 的测量，以及支持 E-UTRAN 和 GERAN/UTRAN 之间的切换；实际业务在 E-UTRAN 和 GERAN/UTRAN 之间的切换中断时间小于 300 ms
系统架构和演进	只针对基于分组的 E-UTRAN 系统架构，通过分组架构支持实时业务和会话业务；最大限度地避免单点失败；支持端到端 QoS；优化回传通信协议
无线资源管理	增强端到端的 QoS；有效支持高层传输；支持不同的无线接入技术之间的负载均衡和政策管理
复杂度	尽可能减少选项；避免多余的必选特性

在通信领域中，频谱扮演着非常重要的角色，频谱的划分对技术的应用起到了关键的作用。3GPP 对 E-UTRAN 使用的频谱也做了相应的规定，具体如表 1.3 所示。

表 1.3 E-UTRAN 频谱划分

E-UTRAN 频段	上行(UL)频段基站接收、用户发送/MHz FUL_low~FUL_high	下行(DL)频段基站发送、用户接收/MHz FDL_low~FDL_high	双工模式
1	1920~1980	2110~2170	FDD
2	1850~1910	1930~1990	FDD
3	1710~1785	1805~1880	FDD
4	1710~1755	2110~2155	FDD
5	824~849	869~894	FDD
6	830~840	875~885	FDD
7	2500~2570	2620~2690	FDD
8	880~915	925~960	FDD
9	1749.9~1784.9	1844.9~1879.9	FDD
10	1710~1770	2110~2170	FDD
11	1427.9~1447.9	1475.9~1495.9	FDD
12	699~716	729~746	FDD
13	777~787	746~756	FDD
14	788~798	758~768	FDD
15	保留	保留	FDD
16	保留	保留	FDD
17	704~716	734~746	FDD
18	815~830	860~875	FDD
19	830~845	875~890	FDD
20	832~862	791~821	FDD
21	1447.9~1462.9	1495.9~1510.9	FDD
22	3410~3490	3510~3590	FDD
23	2000~2020	2180~2200	FDD
24	1626.5~1660.5	1525~1559	FDD
25	1850~1915	1930~1995	FDD
...			
33	1900~1920	1900~1920	TDD
34	2010~2025	2010~2025	TDD

E-UTRAN 频段	上行(UL)频段基站接收、用户发送/MHz	下行(DL)频段基站发送、用户接收/MHz	双工模式
	FUL_low~FUL_high	FDL_low~FDL_high	
35	1850~1910	1850~1910	TDD
36	1930~1990	1930~1990	TDD
37	1910~1930	1910~1930	TDD
38	2570~2620	2570~2620	TDD
39	1880~1920	1880~1920	TDD
40	2300~2400	2300~2400	TDD
41	2496~2690	2496~2690	TDD
42	3400~3600	3400~3600	TDD
43	3600~3800	3600~3800	TDD

在 LTE-TDD 系统频谱的分配中，中国移动共获得 130 MHz 频谱资源，分别是1880～1900 MHz、2320～2370 MHz、2575～2635 MHz；中国联通获得 40 MHz 频谱资源，分别是 2300～2320 MHz、2555～2575 MHz；中国电信获得 40 MHz 频谱资源，分别是2370～2390 MHz、2635～2655 MHz。

在 LTE-FDD 系统频谱的分配中，中国联通获得了 1.8 GHz 的 10 MHz 频谱资源，上行 1755～1765 MHz、下行 1850～1860 MHz；中国电信获得了 1.8 GHz 的 15 MHz 频谱资源，上行 1765～1780 MHz、下行 1860～1875 MHz。

习　题

1-1　第三代移动通信技术有哪些标准？

1-2　LTE 是有由哪个标准化组织提出来的？该组织有哪些主要部门？

1-3　简述 LTE 标准的演进过程。

1-4　LTE 有哪些主要指标和需求？

1-5　第五代移动通信技术有哪些关键技术？

1-6　国内 LTE-TDD 系统频谱是如何分配的？

1-7　国内 LTE-FDD 系统频谱是如何分配的？

第 2 章　无线通信基础知识

2.1　传输介质

传输介质是连接通信设备,为通信设备之间提供信息传输的物理通道,是信息传输的实际载体。有线通信与无线通信中的信号传输,都是电磁波在不同介质中的传播过程,在这一过程中对电磁波频谱的使用从根本上决定了通信过程的信息传输能力。传输介质可以分为三大类:有线通信、无线通信、光纤通信。对于不同的传输介质,适宜使用不同的频率,具体情况可参见表 2.1。

表 2.1　不同介质适用的频率

频率范围	波　长	表示符号	传输介质	典型应用
3～30 Hz	108～104 m	VLF	普通有线电缆 长波无线电缆	长波电台
30～300 kHz	104～103 m	LF	普通有线电缆 长波无线电	有线电话通信 长波电台
300～3 MHz	103～102 m	MF	同轴电缆 中波无线电	调幅广播电台
3～30 MHz	102～104 m	HF	同轴电缆 短波无线电	有线电视网
30～300 MHz	10～1 m	VHF	同轴电缆 米波无线电	调频广播电台
300～3 GHz	100～10 cm	UHF	分米波无线电	各类移动通信
3～30 GHz	10～1 cm	SHF	厘米波无线电	无线局域网、微波中 继通信、卫星通信
30～300 GHz	10～1 μm	EHF	毫米波无线电	卫星通信、超宽带通信
105～107 GHz	300～3 μm		光纤、红外光	光纤通信、短距红外通信

不同的传输媒介可提供不同的通信带宽。带宽是可供使用的频谱宽度,高带宽传输介质可以承载较高的比特率。

2.2　无线传播理论

2.2.1　电磁波的传播方式

电磁波在理想空间(真空)传播时,在各个方向的衰落特性相同。但在现实生活中,电磁波传播的环境很复杂,其在空间传播,就如同声波的传播一样,在遇到障碍物或不同的介质时会折射、反射、绕射、散射及吸收等。研究发现,在移动通信所使用的频段中,可以把电磁波的传播方式归纳为直射、反射、衍射和折射 4 种主要类型,下面分别介绍这 4 种传播方式。

(1)直射:在发射机和接收机之间没有除空气外的其他介质,电磁波在空间自由传播,这种最简单的传播方式就是直射,如图 2.1 所示。

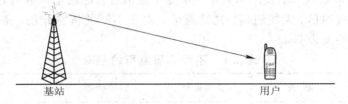

图 2.1　直射

(2)反射:在发射机和接收机之间电磁波传播的路径上,有体积远大于电磁波波长的物体,电磁波不能绕过该物体,而被该物体反射到不同的方向(类似于光的反射),如图 2.2 所示。在实际的传播环境中,反射通常发生在地面和建筑物表面,直射和反射是移动通信中最主要的两种电磁波传播方式。

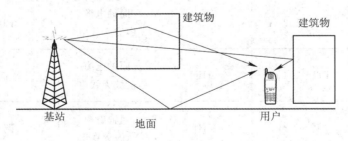

图 2.2　反射

(3)衍射:绕射是衍射的一种特殊情况。电磁波在传播时,如果被一个大小近于或小于波长的物体阻挡,就绕过这个物体继续进行(绕射);如果通过一个大小近于或小于波长的孔,则以孔为中心,形成环形波向前传播,这种现象就是衍射,如图 2.3 所示。绕射波是建筑物内部阴影区域及其他阴影区域信号的主要电波来源。绕射波的强度受传播环境影响很大,且频率越高,绕射信号越弱。

(4)折射:电磁波在传播时,遇到墙体等障碍物,就会穿过障碍物继续传播,这种现象就称为折射,如图 2.4 所示。电磁波的折射和光线在透明物体中的折射有很强的类似性。折射是封闭环境内获得信号的主要途径,但是电磁波在折射时有很大的穿透损耗,穿透损耗代表信号穿透建筑物的能力,不同结构的建筑物对信号穿透能力的影响是不同的。金属有屏蔽电磁波的特性，因此在金属装饰较多的建筑物内，电磁波的穿透损耗会非常大。同一建筑物对长波长产生的穿透损耗大于对短波长产生的穿透损耗，电磁波的入射角对穿透损耗的影响也较大。

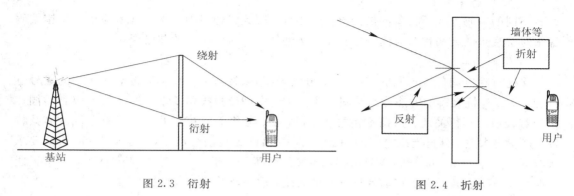

　图 2.3　衍射　　　　　　　　　　　　　　　　图 2.4　折射

　　在实际环境中，由于地理环境的复杂性，信号从发射机到接收机所经历的传播途径可能不止一个，有可能多种传播途径同时存在。在现在的移动通信环境中，用户所在的位置在大多数情况下比天线低很多，同时因为障碍物等的阻挡，直射波很难到达用户端，信号大多是经过多个物体的反射、衍射后才能被用户接收到，这时的信号经过衰落、干扰后会变得很复杂。

2.2.2　电磁波的衰落和分集技术

1. 衰落

　　无线信号从天线到用户之间的信道衰落，按照衰落特性的不同，可以分为慢衰落和快衰落两种。

　　1）慢衰落

　　由地形和障碍物阻挡而造成的阴影效应，致使接收到的信号强度下降，且信号强度随地理环境的改变而缓慢变化，这种衰落称为慢衰落，又称为阴影衰落。慢衰落的场强中值服从对数正态分布，且与位置和地点相关，衰落的速度取决于移动台的速度。慢衰落反映了传播在空间距离的接收信号电平值的变化趋势。

　　2）快衰落

　　由于多径效应，导致在接收点合成波的振幅和相位随移动台的运动而剧烈变化，这种由多径效应而导致的衰落称为快衰落，又因其场强中值服从瑞利分布，故也称为瑞利衰落。快衰落主要反映微观小范围内几个波长量级接收电平的均值变化趋势。快衰落可以细分为以下三类：

　　（1）时间选择性衰落：移动台快速移动时，由于多普勒效应导致频率扩散，从而引起的衰落。时间选择性衰落在移动台高速运动时对接收信号的影响较大。

　　（2）空间选择性衰落：由于多径效应，导致在不同地点的传输路径的衰落特性不相同。它是产生红灯效应的主要原因。

　　（3）频率选择性衰落：不同的频率在同一空间传播时，其衰落也各不相同。往往空间环境越复杂，频率选择性衰落越强。

对于以上各种衰落，可以采用时间、空间和频率分集等技术来对抗。

2. 分集

1）时间分集

不同的编码方式所具备的抗衰落特性不同，因此将通过符号的交织、检错和纠错编码等来对抗衰落的方法称为时间分集技术，这也是移动通信研究的前沿课题。

2）空间分集

将通过在空间位置不同的天线（主、分集天线）来接收同一信号，再对所接收的信号进行合并，以对抗衰落的方法称为空间分集技术。空间分集技术要求不同天线接收到的同一信号有较强的不相关性。所谓不相关性是指，主、分集天线接收的信号具有不同的衰减特性，这就要求主、分集天线之间的间距大于 10 倍的无线信号波长（对于 GSM900M，要求天线间距大于 4 m；对于 GSM1800M，要求天线间距大于 2 m；对于 WCDMA，要求天线间距大于 1.56 m）。由于移动台只有一根天线，故不能采用空间分集技术。

3）频率分集

不同的频率其衰落特性不同，用不同的频率来传输同一信号的技术称为频率分集，在通信系统中，主要采取扩频的方式来实现。GSM 移动通信采用简单的跳频方式来实现频率分集，而在 WCDMA 移动通信中，由于每个信道都工作在较宽的频段（5 MHz），这本身就是一种扩频通信。

2.2.3 电磁波的损耗

电磁波在折射和绕射过程中，都会产生一定的损耗，其中折射过程中的穿透损耗对通信系统的影响较大。在通信系统所使用过的频段中，同一物体对高频产生的穿透损耗小于对低频产生的穿透损耗。常见物体的穿透损耗如表 2.2 所示。

表 2.2　常见物体的穿透损耗

物　体	穿透损耗值/dB	物　体	穿透损耗值/dB
墙壁	5～20	电梯	30
楼层阻挡	20	茂密树叶	10
室内家具等	2～15	人体	3
厚玻璃	6～10	汽车	8～10
火车车厢	15～30		

经过统计计算发现，对于大范围物体，建筑物的穿透损耗也可以给出典型值，如表 2.3 所示。

表 2.3　建筑物的典型穿透损耗值

区　域	穿透损耗值/dB
密集城区	25
城区	20
郊区	15
乡村	6
开阔地	0

2.3　无线信道简介

信道又指"通路",是两点之间用于收发的单向或双向通路,可分为有线、无线两大类。无线信道相对于有线信道其通信质量差很多;有限信道典型的信噪比约为 46 dB(信号电平比噪声电平高 4 万倍),无线信道信噪比波动通常不超过 2 dB,同时有多重因素会导致信号衰落(骤然降低),引起衰落的因素与环境有关。

2.3.1　无线信道的指标

1. 传播损耗

传播损耗包括以下三类。

(1)路径损耗:电波弥散特性造成的、反映在公里量级空间距离内的、接收信号电平的衰减(也称为大尺度衰落)。

(2)阴影衰落:即慢衰落,是接收信号的场强在长时间内的缓慢变化,一般是由电磁波在传播路径上遇到由于障碍物的电磁场阴影区干扰所引起的。

(3)多径衰落:即快衰落,是接收信号场强在整个波长内迅速地随机变化,主要是由多径效应引起的。

2. 传播时延

传播时延的指标包括传播时延的平均值、传播时延的最大值和传播时延的统计特性等。

3. 时延扩展

信号通过不同的路径、沿不同的方向到达接收端会引起时延扩展,时延扩展是对信道色散效应的描述。

4. 多普勒扩展

多普勒扩展是一种由于多普勒频移现象引起的衰落过程的频率扩散,又称时间选择性衰落,是对信道时变效应的描述。

5. 干扰

干扰指标包括干扰的性质以及干扰的强度。

2.3.2　无线信道模型

无线信道模型一般可分为室内传播模型和室外传播模型,后者又可以分为宏蜂窝模型和微蜂窝模型。

1)室内传播模型

室内传播模型的主要特点是覆盖范围小、环境变动较大、不受气候影响,但受建筑材料影响大。典型模型包括:对数距离路径损耗模型、Ericsson 多重断点模型等。

2)室外宏蜂窝模型

这是当基站天线架设较高、覆盖范围较大时所使用的一类模型。实际中,一般是几种宏蜂窝模型结合使用来完成网络规划。

3）室外微蜂窝模型

当基站天线的架设高度在 3～6 m 时，多使用室外微蜂窝模型。室外微蜂窝模型中描述的损耗可分为视距损耗与非视距损耗。

2.4　信道复用

2.4.1　基本概念

信道复用是指多个用户同时使用一条信道。为了区分多个用户的信号，理论上采用正交划分的方法。信道复用方法有以下三大类：

（1）多路复用：实现的方法有频分复用、时分复用、码分复用、空分复用、极化复用、波分复用。

（2）多路复接：充分利用频带和时间，预先分配给多个用户资源，使得每条信道为多个用户共享。

（3）多址接入：与多路复用方式不同，该方法的用户网络资源可动态分配，可由用户在远端随时提出共享要求（例如卫星网络、以太网）。实现的方法包括频分多址、时分多址、码分多址、空分多址、极化多址、波分多址、利用统计信号特性多址等。

2.4.2　无线通信的多址复用技术

无线通信信号有三个维度，分别是频率、时间、码型，如图 2.5 所示。

常见的无线通信的信道复用方法有三种：频分多址（FDMA）、时分多址（TDMA）、码分多址（CDMA）。

1．频分多址

频分多址如图 2.6 所示。该技术较为成熟，在模拟蜂窝移动通信系统、卫星通信、少部分移动通信、一点多址微波通信中，均有此类技术应用。

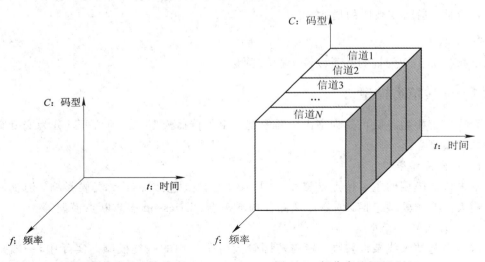

图 2.5　无线通信信号的三个维度　　　　图 2.6　频分多址（FDMA）

2. 时分多址

如图 2.7 所示,该方法是将传递时间分割成周期性的帧,每一帧再分隔成若干个间隙,各用户在同一频带中,使用各自指定的时隙。由于实际信道中幅频特性、相频特性不理想,同时由于多径效应等因素的影响,此类通信方法可能形成码间串扰。

时分多址只能传送数字信号,按照收发方式的不同,可分为 FDD 和 TDD。FDD 中上行链路与下行链路占用不同的频段,帧结构可相同也可不同;TDD 占用同一个频率,采用不同时隙发送和接收,无需使用双工器。

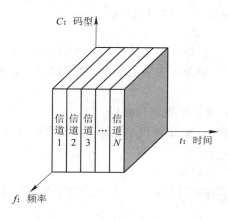

图 2.7　时分多址(TDMA)

3. 码分多址

如图 2.8 所示,该方法以相互正交的码序列区分用户,不同用户采用不同的码序列对信号进行解析。CDMA 是今后无线通信中主要的多址手段。

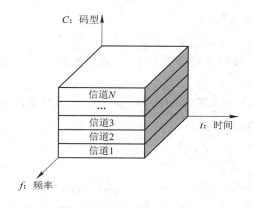

图 2.8　码分多址(CDMA)

2.5　扩频通信技术

1. 扩频通信简述

扩频通信具有如下特征:

（1）其信号所占有的频带宽度远大于所传信息必需的最小宽度。

（2）频带的扩展通过独立的码序列完成，与所传信息数据无关。

（3）抗干扰能力强、误码率低、隐蔽性能强、功率谱密度低，易于实现大容量多址通信。

2. 扩频通信的实现方法

扩频技术利用伪随机编码对将要传输的信息数据进行调制，实现频谱扩展后再传输；在接收端，采用相同的伪随机码进行调制及相关处理，恢复成原始信息数据。此过程有以下两个特点：① 信息的频谱扩展后形成宽带传输；② 相关处理后恢复成窄带信息数据。

扩频技术的实现需要以下三方面的机制：

（1）信号频谱被展宽。

频带是指信息带宽（如语音信息带宽为 300～3400 Hz，图像信息带宽一般为 6 MHz），而扩频通信的信号带宽（可理解为电磁波的频率）要比信息带宽（可理解为比特率）高 100～1000 倍。

（2）采用扩频码序列调制来扩展信号频谱。

扩频码序列（PN 码）是指一组序列很窄、码速率很高、与所传信息无关、用于扩展信号频谱作用的码序列。

（3）在接收端应用相关解调来解扩。

接收端与发射端使用相同的扩频码序列，与收到的扩频信号进行相关解调，恢复所传信息。

3. 扩频通信的目的

扩频通信能够实现：提高通信的抗干扰能力。扩频系统的扩展频道越宽，获得的处理增益越高，干扰容限就越大，抗干扰能力也就越强。接收端采用与发送端同步的扩频码解扩后，有用信号得到恢复，其他干扰信号的频谱被展宽了，使得落入信息带宽内的干扰强度大大降低，从而抑制了干扰。

4. 扩频通信的主要技术指标

扩频的主要技术指标：处理增益、干扰容限。

（1）处理增益（GP）：指扩频信号带宽 W 与基带数据信号带宽 B 之比。该值的大小与系统的抗干扰能力成正比。

（2）干扰容限：在系统正常工作的前提下，能够承担的干扰信号的分贝（dB）数。

5. 扩频通信的几种实现方式

扩频系统包括以下几种扩频方式。

1）直接序列扩频

直接序列扩频简称 DS（Direct Sequence），是用高码率的扩频码序列在发送端直接去扩展信号的频谱，在接收端直接使用相同的扩频码序列对扩展的信号频谱进行解调，还原出原始的信息。直接序列扩频信号由于将信息信号扩展成很宽的频带，它的功率频谱密度比噪声还要低，从而使它能隐蔽在噪声之中，不容易被检测出来。对于干扰信号，接收机的码序列将对它进行非相关处理，使干扰电平显著下降而被抑制。这种方式运用最为普遍，成为行业领域研究的热点。

2）跳频扩频

跳频扩频简称 FH（Frequency Hopping）。所谓跳频，即用一定码序列进行选择的多频率频移键控。也就是说，用扩频码序列去进行频移键控调制，使载波频率不断地跳变，所以称为跳频。频率跳变系统又称为"多频、码选、频移键控"系统，主要由码产生器和频率合成器两部分组成。一般选取的频率数为十几个至几百个，频率跳变的速率为 10～105 跳/s。信号在许多随机选取的频率上迅速跳频，可以避开跟踪干扰或有干扰的频率点。

3）跳时扩频

跳时扩频简称 TH(Time Hopping)。与跳频相似，跳时使发射信号在时间轴上跳变。首先把时间轴分成许多时片，在一帧内哪个时片发射信号由扩频码序列去进行控制。跳时可以理解为是用一定码序列进行选择的多时片的时移键控。跳时扩频系统主要通过扩频码控制发射机的通断，可以减少时分复用系统之间的干扰。

4）宽带线性调频

宽带线性调频简称 Chirp(Chirp Modulation)：如果发射的射频脉冲信号在一个周期内，其载频的频率作线性变化，则称为线性调频。因为其频率在较宽的频带内变化，信号的频带也被展宽了。这种扩频调制方式主要用在雷达中，但在通信中也有应用。

5）混合方式

上述几种基本扩频系统各有优缺点，单独使用一种系统有时难以满足要求，将以上集中扩频方法结合就构成了混合扩频系统，常见的有 FH/DS、TH/DS、FH/TH 等。

2.6　无线通信系统中的重要概念

无线通信系统中的重要概念有如下几个：

（1）同步：发送器和接收器必须达成同步。接收器应能够判断信号的开始到达时间、结束时间和每个信号的持续时间。

（2）差错控制：对通信中可能出现的错误进行检测和纠正。

（3）恢复：若信息交换中发生中断，则需要使用恢复技术（继续从终端处开始工作或者恢复到数据发送前的状态）。

（4）带宽：可分为信道带宽和信号带宽两部分。信道带宽为传送电磁波的有效频率范围；信号带宽为信号所占据的频率范围。

（5）利用率：吞吐量和最大数据传输速率之比。其中，吞吐量是信道在单位时间内成功传输的信息量。

（6）时延：发送者发送第一位数据开始，到接收者成功收到最后一位数据为止所经历的时间。该时延分为传输时延和传播时延，传输时延与数据传输速率、发送机/接收机/中继/交换设备的处理速度有关；传播时延与传播距离有关。

（7）抖动：指时延的实时变化。抖动与设备处理能力和信道拥挤程度有关。

（8）差错率：分为比特差错率、码元差错率、分组差错率。

2.7　我国无线电业务频率划分

无线电频率划分如表 2.4 所示，其中包括中国大陆地区 ISM 频段（发射功率不大于 1 W，不需要授权的无线频段）。

表 2.4　中国无线电频率划分

频 段/MHz	用 途	频 段/MHz	用 途
6.765~6.795	中国大陆地区 ISM 频段(发射功率不大于 1 W 时不需要授权)	450~470	农村无线接入
13.553~13.567		470~806	数字电视
26.957~27.283		806~821	数字集群通信
40.66~40.70		825~840	中国电信 CDMA 上行
433.05~434.79		840~845	RFID 专用
915~917		870~885	中国电信 CDMA 下行
2.420~2.4835 GHz		885~915	铁路/移动/联通 GSM
61~61.5 GHz		917~925	立体声广播
122~123 GHz		925~930	RFID 专用
244~246 GHz		930~960	铁路/移动/联通 GSM
821~825	目前没有被占用,需要授权的频段	960~1427	科研/军用导航/定位
866~870		1427~1525	点对点微波通信
1725~1745		1525~1710	卫星导航/通信
1820~1840		1710~1755	联通/移动 GSM
1935~1940		1710~2145	移动/联通/电信用
1955~80		2170~3000	卫星、LTE、导航等
2125~2130			
2145~2170			

习　　题

2-1　传输的介质主要分为哪几类?

2-2　常见的无线电磁波传播方式有哪几种?

2-3　什么是快衰落?快衰落可以分为哪几类?

2-4　常见的分集方式有哪几种?

2-5　无线信道的传播损耗主要有哪几类?

2-6　常见的信道复用方式主要有哪几种?

2-7　扩频通信的目的是什么?

2-8　扩频通信主要有哪几种实现方式?

第 3 章　网络架构

3.1　EPS 网络

　　EPS(Evolved Packet System，演进的分组系统)是 3GPP 标准委员会制定的 3G UMTS 的演进标准，主要包括无线部分的长期演进和核心网分组域架构的长期演进。其中，无线部分的长期演进为 E-UTRAN(Evolved Universal Terrestrial Radio Access Network，演进的通用陆地无线接入网络)，核心网分组域架构的长期演进为 EPC(Evolved Packet Core，演进的分组核心网)。由于 EPS 是在现有网络基础上的演进而非独立组网，所以其在现有网络中的解决方案如图 3.1 所示。

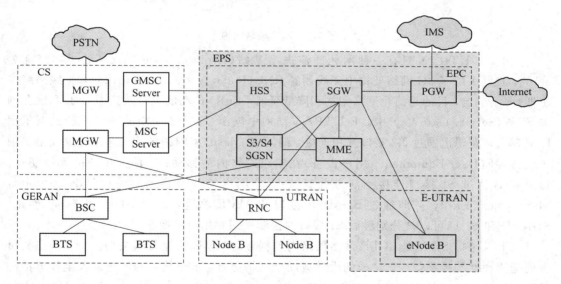

图 3.1　现网 EPS 解决方案的示意图

图 3.1 中各个域的功能如下所示：

　　• CS(Circuit Switch，电路交换)域负责为 LTE 及 2G、3G 用户提供语音业务。

　　• EPS(包括 EPC 和 E-UTRAN)网络负责为 LTE 用户提供移动宽带等数据业务。

　　• IMS(IP Multimedia Subsystem，IP 多媒体子系统)域负责为 LTE 用户提供多媒体业务。

　　• GERAN(GSM EDGE Radio Access Network，GSM/EDGE 的无线接入网)负责为 2G 用户提供无线接入资源。

　　• UTRAN(UMTS Terrestrial Radio Access Network，UMTS 陆地无线接入网)域负责为 3G 用户提供无线接入资源。

·E-UTRAN 负责为 LTE 用户提供无线接入资源。

3.1.1　EPS 结构

EPS 网络架构如图 3.2 所示。

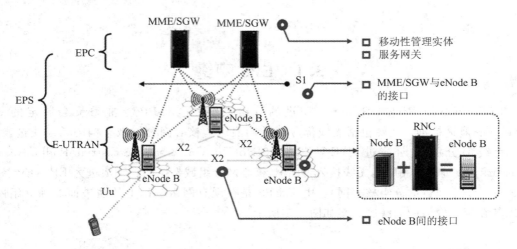

图 3.2　EPS 网络架构

其中，E-UTRAN 只有一种网元即演进型基站（Evolved Node B，eNode B，简称为 eNB），且其去除了 3G 网络架构中无线侧的 RNC（Radio Network Controller，无线网络控制器）网络节点，目的是简化网络架构和降低延时，而 RNC 功能被分散到了 eNB 和服务网关 SGW（Service GateWay）中。E-UTRAN 结构中包含了若干个 eNB，eNB 之间底层采用 IP 传输，在逻辑上通过 X2 接口互相连接，即网格（Mesh）型网络结构，这样的设计主要用于支持 UE（User Equipment，用户设备）在整个网络内的移动性，保证用户的无缝切换。每个 eNB 通过 S1 接口连接到演进分组核 EPC 网络的移动管理实体（MME，Mobility Management Entity），即通过 S1-MME 接口和 MME 相连，通过 S1-U 和 SGW 连接，S1-MME 和 S1-U 可以被分别看做 S1 接口的控制平面和用户平面。

在 EPC 侧，SGW 是 3GPP 移动网络内的锚点。MME 功能与网关功能分离，主要负责处理移动性等控制信令，这样的设计有助于网络部署、单个技术的演进以及全面灵活的扩容。同时，LTE 体系结构还能将 SGSN（Service GPRS Support Node，服务 GPRS 支持节点）和 MME 功能整合到同一个节点中，从而实现一个同时支持 GSM、WCDMA/HSPA 和 LTE 技术的通用分组核心网，这部分内容在接下来的章节会进行详细的介绍。

3.1.2　EPS 网元功能

图 3.3 所示为纯 EPS 组网且 SGW 与 PGW 分设情况下的典型架构，图中各网元节点的功能划分如下。

1. eNB 功能

eNB 是 LTE 网络中的无线基站，也是 LTE 无线接入网的唯一网元，负责空中接口相关的所有功能。

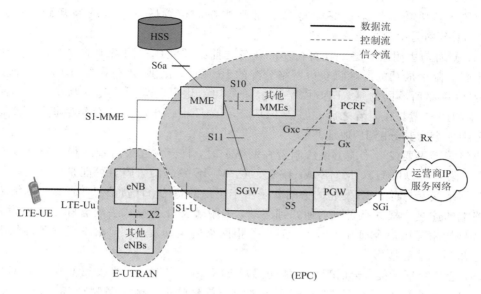

图 3.3　3GPP 接入的非漫游架构

2G/3G 基站只负责与终端无线链路的连接，而链路的具体维护工作（无线资源管理、不经过核心网的移动性管理等）都是由基站的上一级管理实体完成的。但是 eNB 除了具有原来的 2G/3G 基站的功能外，还承担了原来上级管理实体的大部分功能。具体包括：

（1）无线资源管理：无线承载控制、无线接纳控制、连接移动性控制、上下行链路的动态资源分配（调度）等功能。

（2）IP 头压缩和用户数据流的加密。

（3）当从提供给 UE 的信息中无法获知 MME 的路由信息时，选择 UE 附着的 MME。

（4）将路由中用户面数据发送到 SGW。

（5）调度和传输从 MME 发起的寻呼消息。

（6）调度和传输从 MME 或 O&M 发起的广播信息。

（7）用于移动性和调度的测量和测量上报的配置。

（8）调度和传输从 MME 发起的 ETWS（地震和海啸预警系统）消息。

2. MME 功能

MME 是 3GPP 协议 LTE 接入网络的关键控制节点，是 EPS 的控制核心，主要负责用户接入控制、业务承载控制、寻呼、切换控制等控制信令的处理。MME 功能与网关功能分离，这种控制平面与用户平面分离的架构，有助于网络部署、单个技术的演进以及全面灵活的扩容。MME 具体功能如下：

（1）接入控制。接入控制包括安全管理和许可控制。

（2）移动性管理。移动网络必须清楚知晓用户当前的位置信息，EPC 网络也不例外。EPC 网络中的位置区称为 TA（Tracking Area），它与 MSC（Mobile Switching Center，移动交换中心）管理的位置区（LA，Location Area）和 SGSN 管理的路由区（RA，Routing Area）类似，用于 EPC 系统的用户移动性管理。移动性管理根据场景的不同，可分为：同一 MME 内不同 eNB 之间的位置更新、不同 MME 之间的位置更新、周期性位置更新等，所有位置更新成功的结果是终端将当前自己所在的位置区 TA 签约通知到网络，并在 MME、HSS 网元中记录下来。

（3）附着与去附着。终端在进行实际业务之前必须完成在网络中的注册过程，该过程称为附着。附着成功的终端将获得网络分配的 IP 地址，提供"永久在线"的 IP 连接。与传统 2G/3G 网络所不同的是，EPS 网络直接通过初始化附着为用户建立默认承载，而 2G/3G 网络的用户需要在附着之后在激活 PDP(Packet Data Protocol，分组数据协议)上下文的过程中才会为其分配 IP 地址。

当终端不需要或者不能够继续附着在网络上时，将会发起去附着流程。根据发起方的不同，去附着可以由 UE、MME 或 HSS 发起，MME 发起的去附着可能是由于终端长时间没有与网络交互，而 HSS 发起的去附着是由于用户的签约、计费信息等原因，网络主动断开与终端的连接。根据是否成功通知到终端，去附着又分为显式去附着和隐式去附着，其中前者是指相互用信令通知到对方，后者是指网络侧主动发起，但由于无线条件的限制而无法通知到终端的情形。

（4）会话管理功能。会话管理功能包括对 EPC 承载的建立、修改和释放；与 2G/3G 网络交互时，完成 EPC 承载于 PDP 上下文之间的有效映射；接入网侧承载的建立和释放；根据 APN(Access Point Name，接入点)和用户签约数据选择合适的路由。

（5）SGW 与 PGW 的选择。当用户有数据业务请求时，MME 需要选择一个 SGW/PGW，将用户数据包转发出去。总体来说，MME 类似于 3G 网络中 SGSN 网元的控制面功能，将网元控制面与用户面功能分离更有利于网络扁平化的部署。

MME 除以上功能外，还负责合法监听、用户漫游控制以及安全认证等方面的管理。

3. Serving 网关(SGW)功能

SGW 是移动通信网络 EPC 中的重要网元。SGW 终结和 E-UTRAN 的接口，主要负责用户面处理；负责数据包的路由和转发等功能；支持 3GPP 不同接入技术的切换；发生切换时作为用户面的锚点。对每一个与 EPS 相关的 UE，在一个时间点上，都有一个 SGW 为之服务。SGW 和 PGW 可以在一个物理节点或不同的物理节点实现。

SGW 主要负责以下功能：

（1）eNB 间切换时，作为本地的移动性锚点。

（2）作为 3GPP 内不同接入网间切换的移动性锚点。

（3）E-UTRAN IDLE(空闲)状态下，下行包缓冲功能，以及网络触发业务请求过程的初始化。

（4）合法侦听。

（5）包路由和前转。

（6）上、下行传输层包标记。

（7）运营商间计费时，基于用户和 QCI(QoS Class Identifier，QoS 等级标识)粒度统计。

（8）分别以 UE、PDN(Packet Data Network，分组数据网)、QCI 为单位的上下行计费。

（9）SGW 的功能和作用与原 3G 网络中 SGSN 网元的用户面相当，即在新的 EPC 网络中，控制面功能和媒体面功能分离得更加彻底。

4. PDN 网关(PGW)功能

PGW 作为 EPC 网络的边界网关，提供用户的会话管理和承载控制、数据转发、IP 地址分配以及非 3GPP 用户接入等功能；它是 3GPP 接入和非 3GPP 接入公用数据网络 PDN 的锚点(所谓 3GPP 接入，是指 3GPP 标准家族里的无线接入技术，比如我国目前中国移动和中国联通的手机，就是 3GPP 接入技术；所谓非 3GPP 接入，就是 3GPP 标准家族以外的无线接入技术，典型的比如中国电信的 CDMA 接入技术以及目前流行的 WiFi 接入技术等)。也就是说，在 EPC 网络中，移动终端如果是非 3GPP 接入，它可以不经过 MME 网元和 SGW 网元，但一定会经过 PGW 网元才能接入到 PDN。

PGW 的主要功能如下：

1) 会话和承载管理

在 2G/3G 网络中没有默认承载的概念，用户附着网络后，在没有业务请求的情况下，不需要激活 PDP 上下文且不会分配 IP 地址；LTE 网络中用户附着的同时即建立默认承载(Default Bearer)，并为终端分配 IP 地址，从而为用户提供"永久在线"的功能特性，降低了其在有收发数据时再建立连接而导致的时延。默认承载建立后，在有高 QoS 业务的情形下可以再建立专有承载，例如 EPC 网络用户访问 Web 网页的操作，由于该业务请求对数据包时延的要求不是很高，则会在默认承载上进行数据包的收发；如果用户发起了语音呼叫，则由于默认承载无法保证传输时延及丢包率等要求，此时需要由 PCRF(Policy and Charging Rule Function，策略和计费规则功能)网元进行判断并触发，要求 PGW 为用户创建专有承载，并在此承载上传送语音数据包，以提高语音通话的质量，保证良好的用户体验。此外，在语音通话结束后，专有承载将会被删除，而默认承载则会在用户联网期间一直保留。

2) IP 地址分配

PGW 负责为接入的用户分配 IP 地址，此后数据包的传输在此 IP 地址下进行。PGW 分配的地址类型包括 IPv4(IP version 4，第四版 IP)、IPv6(IP version 6，第六版 IP)或者 IPv4+IPv6。

5. PCRF 策略和计费规则功能

PCRF 网元结构在 3GPP R7 版本开始在网络中引入，主要功能是可以对用户和业务的 QoS 进行控制，为用户提供差异化的服务，并且能为用户提供业务流承载资源保障以及流计费策略，真正让运营商实现基于业务和用户分类的更精细化的业务控制和计费方式，以合理利用网络资源，创造最大利润，为 PS 域开展多媒体实时业务提供了可靠的保障。

PCRF 接受来自 PCEF(Policy and Charging Enforcement Function，策略及计费执行功能)、SPR(Subscription Profile Repository，用户属性存储器)和 AF(Application Function，应用功能)的输入，向 PCEF 提供关于业务数据流检测、门控、基于 QoS 和基于流计费(除信用控制外)的网络控制功能，并结合 PCRF 的自定义信息做出 PCC(Policy and Charging Control，策略与计费控制)决策，这样运营商就可以在网络中提供用户差分服务和业务的差异化服务。

3.1.3 EPS 网络接口

图 3.4 所示为目前典型的 EPS 与 2G/3G 网络共网情况下的网络架构。其中，各个网元之间的接口以及接口上的协议参见表 3.1。

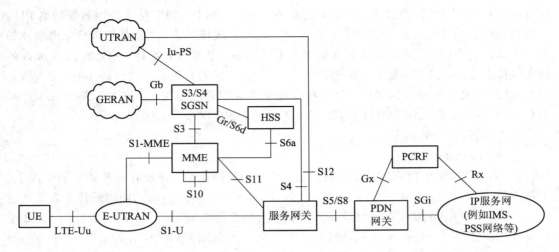

图 3.4　EPS 与 2G/3G 共网架构

表 3.1　EPS 中的接口及协议

接口名称	协 议 类 型	功 能
LTE-Uu	无线空口协议 L1/L2/L3	UE 与 eNB 之间的无线空中接口，主要完成 UE 和 eNB 基站之间的数据交换
S1-MME	采用 S1AP（S1 Application Protocol，S1 应用协议）和 SCTP（Stream Control Transmission Protocol，流控制传输协议）	MME 与 eNB 间的接口，作为控制平面协议的参考点
S1-U	采用 GTP（GPRS Tunneling Protocol，GPRS 隧道协议）V1-U 协议	SGW 与 eNB 间的接口，在核心网与无线侧之间建立用户面隧道
S3	采用 GTP V2-C 协议	MME 与 S3/S4 SGSN 间的接口，传递用户和承载的上下文
S4	采用 GTP V1-U 和 GTP V2-C 协议	SGW 与 S3/S4 SGSN 之间的接口，在 SGSN 和 SGW 之间建立用户面隧道，转发用户面报文
Iu-PS	用户面采用 GTP-U（GTP User Plane，GTP 用户面）和 RANAP（Radio Access Network Application Protocol，无线接入网应用协议）	S3/S4 SGSN 与 RNC（Radio Network Controller，无线网络控制器）的接口
Gb	采用 SNDCP（Sub Network Dependent Convergence Protocol，子网相关的收敛协议）、LLC（Logic Link Control，逻辑链路控制）、BSSGP（Base Station System GPRS Protocol，GPRS 基站子系统协议）	S3/S4 SGSN 和 BSC 之间的接口，负责分组数据业务处理和分组数据传送、数据链路的管理及数据封装/解封装

接口名称	协 议 类 型	功　能
Gr/S6d	Gr 接口采用 MAP 协议；S6d 接口采用 Diameter 协议	Gr 接口实现 GPRS 位置更新和用户数据插入功能；S6d 接口用于更新用户位置信息并向 SGSN 发送用户签约和鉴权信息
S10	采用 GTP V2-C 协议	MME 与 MME 间的接口，负责 MME 与 MME 间的信息传输
S11	采用 GTP V2-C 协议	MME 与 SGW 间的接口，支持 EPS 的承载管理
S12	采用 GTP V1-U 协议	UTRAN 和 SGW 之间的接口，支持 3G DT(Direct Tunnel，直传隧道)功能
S5/S8	采用 GTP V1-U 和 GTP V2-C 协议	SGW 和 PGW 之间的接口，支持 SGW 和 PGW 之间隧道的管理，以及进行用户面报文的隧道传递
S6a	采用 SCTP/Diameter 协议	MME 与 HSS 之间的接口，传递用户的签约数据
Gx	采用 Diameter 协议	PGW 和 PCRF 之间的接口，传递 QoS 和计费策略
Rx	AF 传输应用层会话消息给 PCRF	AF 和 PCRF 之间的接口
SGi	采用 RADIUS（Remote Authentication Dial In User Service，远端鉴权拨号用户服务）、DHCP（Dynamic Host Configuration Protocol，动态主机配置协议）、L2TP（Layer2 Tunnel Protocol，层 2 隧道协议）、UDP(User Datagram Protocol，用户数据报协议)/IP	PGW 和 PDN 之间的接口，实现与 PDN 网络之间的通信

3.1.4　EPC 系统标识

在 EPC 系统中，通过 MME 对 IMSI、GUTI、MSISDN、IMEI、APN、TAI、QCI、ARP、AMBR、EBI 等标识进行分配和管理。各个标识的生命周期、有效周期、功能作用和分配方式各不相同，在 LTE 信令分析中要懂得区分和查找。

1. IMSI

IMSI(International Mobile Subscriber Identity，国际移动用户识别码)是核心网交换系统分配给移动用户的唯一的识别码；采用 E.212 编码格式，用于移动通信网的所有信令中，并存储在 SIM、HSS 和 MME 中。IMSI 由三部分组成，结构为 MCC(Mobile Country Code) ＋ MNC（Mobile Network Code） ＋ MSIN（Mobile Subscriber Indentification

Number)，其格式如图 3.5 所示。

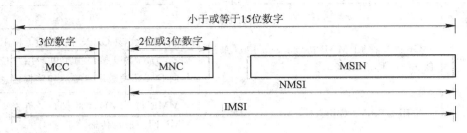

图 3.5　IMSI 结构

IMSI 的组成部分介绍如下：

· MCC：移动国家码，标识移动用户所属的国家，中国为 460。

· MNC：移动网络号，标识移动用户的归属 PLMN(Public Land Mobile Network，公共陆地移动网)。MNC 和 MSIN 合起来，组成国家移动用户识别码(NMSI)，NMSI 由各个运营商或国家政策部门负责。如果一个国家有多个 PLMN，那么每一个 PLMN 都应该分配一个唯一的移动网络代码。中国移动网络的 MNC 为 00、02；中国联通网络的 MNC 为 01；中国电信网络的 MNC 为 03。

· MSIN：移动用户识别码，标识一个 PLMN 内的移动用户。

2. GUTI

GUTI(Globally Unique Temporary UE Identity，全球唯一临时 UE 标识)是 EPS 核心网交换系统分配给移动用户的唯一的识别号，它可以减少 IMSI、IMEI 等用户私有参数暴露在网络传输中。GUTI 由五部分组成，结构为 MCC＋MNC＋MME Group ID＋MME Code＋M-TMSI。GUTI 的组成部分介绍如下：

· MCC：标识移动用户所属的国家。

· MNC：标识移动用户的归属 PLMN。

· MME Group ID：MME 网元组标识。

· MME Code：MME 的编码。

· M-TMSI：用于在 MME 内的用户本地标识。M-TMSI 的结构和编码可以由运营商和制造商共同确定，以满足实际运营的需要。

3. MSISDN

MSISDN 指主叫用户在呼叫 GSM PLMN 中的一个移动用户所需拨的号码，即通常所说的手机号，是在公共电话网交换网络编号计划中唯一能识别移动用户的号码。MSISDN 采用 E.164 编码方式，存储在 HLR 和 VLR 中。MSISDN 由三部分组成，结构为 CC(Country Code)＋NDC(National Destination Code)＋SN(Subscriber Number)。MSISDN 的组成部分介绍如下：

· CC：国家码，中国为 86。

· NDC：国内接入码，中国移动为 135、136、137、138、139 等，中国联通为 130、131、133 等。

· SN：用户号码。

4. IMEI

IMEI(International Mobile Station Equipment Identity,国家移动终端设备标识)用于标识终端设备,即通常所说的手机序列号、手机"串号";用于在移动电话网络中识别每一部独立的手机等移动通信设备,相当于移动电话的身份证;用于验证终端设备的合法性,在大部分终端设备中都可以通过拨号输入"＊♯06♯"来查询。IMEI 由五部分组成,结构为 TAC(Type Approval Code)＋FAC(Final Assembly Code)＋SNR(Serial Number)＋CD(Check Digit)＋SVN(Software Version Number)。IMEI 的组成部分介绍如下:

- TAC:类型分配码,由 8 位数字组成(早期是 6 位),是区分手机品牌和型号的编码,该代码由 GSMA(GSM Association,GSM 协会)及其授权机构分配。其中,TAC 前两位又是分配机构标识,是授权 IMEI 码分配机构的代码,如 01 为美国 CTIA,35 为英国 BABT,86 为中国 TAF。
- FAC:最终装配地代码,由 2 位数字构成,仅在早期 TAC 为 6 位的手机中存在,所以 TAC 和 FAC 合计一共为 8 位数字。FAC 用于生产商内部区分生产地代码。
- SNR:序列号,由第 9 位开始的 6 位数字组成,用于区分每部手机的生产序列号。
- CD:验证码,由前 14 位数字通过 Luhn 算法计算得出。
- SVN:软件版本号,区分同型号手机出厂时使用的不同软件版本,仅在部分品牌的部分机型中存在。

5. APN

APN(Access Point Name,接入点名称)用于通过 DNS(Domain Name System,域名系统)将 APN 转换为 PGW 的 IP 地址。APN 网络标识通常作为用户签约数据存储在 HSS 中,用户在发起分组业务时也可向 MME 提供 APN。APN 由两部分组成,结构为 APN 网络标识＋APN 运营者标识。APN 的组成部分介绍如下:

- APN 网络标识:是由网络运营者分配给 ISP(Internet Service Provider,因特网服务供应商)或公司的,与其固定 Internet 域名一样的一个标识,是 APN 的必选组成部分。例如,定义移动用户通过 APN 接入某公司的企业网,则该 APN 的网络标识可以规划为"www. ABC123. com"。
- APN 运营者标识:用于标识 GGSN(Gateway GPRS Support Node,网关 GPRS 支持节点)/PGW 所归属的网络,是 APN 的可选组成部分。其形式为"MNCxxxx. MCCyyyy. gprs"(3G 网络中),或者"MNCxxxx. MCCyyyy. 3gppnetwork. org"(4G 网络中)。

APN 实际上就是对一个外部 PDN 的标识,这些 PDN 包括企业内部网、Internet、WAP 网站、行业内部网等专用网络。至于网络侧如何知道手机激活后要访问哪个网络(因为每个网络分配的 IP 可能不一样,有的是私网 IP,有的是公网 IP),这就要靠 APN 来区分。

6. TAI

TAI(Tracking Area Identifier,跟踪区识别符)用于在一个 PLMN 中唯一地标识一个 TA(跟踪区)。TAI 由三部分组成,结构为 TAC(Trace Area Code,跟踪区域码)＋MNC＋MCC。TAI 的组成部分介绍如下:

- TAC:在 EPS 中,一个或多个小区组成一个跟踪区,跟踪区之间没有重叠区域。
- MNC:移动网络号(两位数字),标识移动用户的归属 PLMN。

• MCC：移动国家码（两位数字），标识移动用户所属的国家。

在 EPS 中，UE 可以在多个跟踪区注册，多个跟踪区组成 TA 列表，只要 UE 在它注册的 TA 列表中，除了周期性的 TA 更新外，UE 无需任何 TA 更新。TAI 由 MME 负责进行分配，MME 可以在用户附着或者跟踪区更新时跟踪列表并发给 UE。UE 认为它向整个 TA 列表进行了注册，直到它进入一个不属于列表的 TA 或者从网络得到了更新列表。

7. QCI

QCI（QoS Class Identifier，服务等级质量标度值）是一个标度值，是 EPS 承载最重要的 QoS 参数之一。它是一个数量等级，代表了 EPS 应该为 SDF（Service Data Flow，服务数据流）提供的 QoS 特性，每个 SDF 都仅与一个 QCI 相关联。QCI 同时应用于 GBR（Guaranteed Bit Rate，保证比特率）和 Non-GBR（Non-Guaranteed Bit Rate，非保证比特率）承载，用于指定访问节点内定义的控制承载级分组转发方式（如调度权重、接纳门限、队列管理门限、链路层协议配置等），这些都由运营商预先配置到接入网节点中。QCI 由一个字节组成，MME 将签约的 QCI 传送给 PGW，由 PGW 决定 QCI 的取值。

LTE 中共有 9 种不同的 QCI，在 VOLTE（Voice over LTE，基于 LTE 的语音）业务中主要用到了 QCI 1、QCI 2、QCI 5，而普通的数据业务主要是 QCI 8、QCI 9。QCI 列表如表 3.2 所示，IMS 信令使用 QCI 5，语音业务使用 QCI 1、QCI 5、QCI 8、QCI 9，视频电话业务使用 QCI 1、QCI 2、QCI 5、QCI 8、QCI 9。

表 3.2 QCI 业务对应表

QCI	资源类型	优先级	时延/ms	丢包率	典型业务
1	GBR	2	100	10^{-2}	VoIP（基于 IP 的语音传输）
2		4	150	10^{-3}	电话会议，会话视频（直播流媒体）
3		3	50	10^{-3}	实时在线游戏，实时工业监控
4		5	300	10^{-6}	非会话视频（缓冲流媒体）
5	Non-GBR	1	100	10^{-6}	IMS 信令
6		6	300	10^{-6}	视频（缓冲流媒体）
7		7	100	10^{-3}	视频（直播流媒体），话音业务
				10^{-6}	交互式游戏
8		8	300	10^{-6}	E-Mail、MSN、QQ、WWW、P2P 文件共享
9		9	300	10^{-2}	

在接口上使用 QCI 而不是传输一组 QoS 参数，主要是为了减少接口上控制信令数据的传输量，并且在多厂商互连环境和漫游环境中使得不同设备、系统间的互连互通更加容易。

8. ARP

ARP（Allocation and Retention Priority，分配和保留优先级）同时应用于 GBR 承载和 Non-GBR 承载，主要应用于接入控制；在资源受限的条件下，决定是否接受相应的承载（Bearer）建立请求。另外，eNB 可以使用 ARP 决定在新的承载建立时，已经存在的承载的抢占优先级。一个承载的 ARP 仅在承载建立之前对承载的建立产生影响，承载建立之后的 QoS 特性应由 QCI、GBR、MBR(Maximum Bit Rate,最大速率)等参数来决定。

9. AMBR

AMBR(Aggregate Maximum Bit Rate,总计最大比特率)是为了尽可能提高系统的带宽利用率,EPS 引入了汇聚的概念,并定义了 AMBR 参数。AMBR 可以被运营商用来限制签约用户的总速率,它不是针对某一个承载,而是针对一组 Non-GBR 承载。当其他 EPS 承载不传送任何业务时,这些 Non-GBR 承载中的每一个承载都能够潜在地利用整个 AMBR。AMBR 参数限制了共享这一 AMBR 的所有承载所能提供的总速率。对于上行承载和下行承载,AMBR 可以定义不同的数值。

3GPP 定义了两种不同的 AMBR 参数:UE-AMBR 和 APN-AMBR。UE-AMBR 定义了每个签约用户的 AMBR;APN-AMBR 是针对 APN 的参数,它定义了同一个 APN 中的所有 EPS 承载提供的累计比特速率上限。对于上行承载和下行承载,AMBR 可以定义不同的数值。

10. EBI

EBI(EPS Bearer Identity,EPS 承载标识符)是由 MME 分配的,用于唯一标识 UE 接入到 E-UTRAN 的一个 EPS 承载,在承载建立过程中传递给 SGW/PGW 使用。使用 EPS 承载标识符的一个场景是在专用承载修改但没有 QoS 更新时,MME 在 NAS(Non-Access Stratum,非接入层)信令中将 EPS 承载标识符传递给 UE,用于将更新的 TFT(Traffic Flow Template,业务流模板)和相关的 EPS 承载绑定起来。

3.2 IMS 网络

IMS(IP Multimedia Subsystem,IP 多媒体子系统)是 3GPP 在 Release 5 版本提出的支持 IP 多媒体业务的子系统,并在 Release 6 与 Release 7 版本中得到了进一步完善。它的核心特点是采用 SIP(Session Initiation Protocol,会话初始协议)和与接入方式的无关性。IMS 是一个在 PS 域上面的多媒体控制/呼叫控制平台,支持会话类和非会话类多媒体业务,为未来的多媒体应用提供一个通用的业务使能平台;它是向全网 IP(All IP Network)业务提供体系演进的一步,其在不同 3GPP 版本中的演进过程如图 3.6 所示。

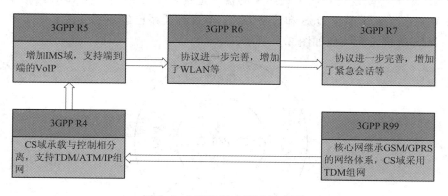

图 3.6　3GPP 版本演进示意图

由于在 LTE 架构中,语音也将通过 LTE 网络进行传输(也就是各大运营商提出的 VOLTE 业务),这种方式抛弃了传统的电路域 CS,所以为了满足数以亿计用户的多媒体业务，在移动通信核心网侧引进了 IMS，用来传输语音及其相关的多媒体业务。IMS 是一个独立于接入技术的基于 IP 的标准体系，它与现存的话音和数据网络都可以互通，不论是固定网络用户(例如 PSTN、ISDN、Internet)还是移动用户(例如 GSM、CDMA)。IMS 的体系使得通过各种类型的客户端都可以建立起对等的 IP 通信，并可以获得所需要的服务质量。除会话管理之外，IMS 体系还涉及完成业务提供所必需的功能(例如注册、安全、计费、承载控制、漫游)。总之，IMS 形成了 IP 核心网的核心。

3.2.1　IMS 的特点

1. 基于 SIP 的会话控制

IMS 的核心功能实体是 CSCF(Call Session Control Function，呼叫会话控制功能)单元，并向上层的服务平台提供标准的接口，使业务独立于呼叫控制。为了实现接入的独立性及 Internet 互操作的平滑性，IMS 尽量采用与 IETF(Internet Engineering Task Force，因特网工程任务组)一致的 Internet 标准，采用基于 IETF 定义的会话初始协议(SIP)的会话控制能力，并进行了移动特性方面的扩展。IMS 网络的终端与网络都支持 SIP，SIP 成为 IMS 域唯一的会话控制协议。这一特点实现了端到端的 SIP 信令互通，网络中不再如软交换技术那样，需要支持多种不同的呼叫信令，例如 ISUP/TUP、BICC 等。这一特性也顺应了终端智能化的网络发展趋势，使网络的业务提供和发布具有更大的灵活性。

2. 接入无关性

IMS 网络的通信终端与网络都是基于 IP 的，在 3GPP 的规范中，这是通过 IP-CAN(IP Connectivity Access Network，IP 连通接入网络)来保证的。例如，WCDMA 的无线接入网络(RAN)以及之上的分组域(PS Domain)网络构成了目前最主要的 IP-CAN，用户通过 PS 域的 GGSN 接入到外部 IP 网络。为支持 WLAN、WiMAX、xDSL 等不同的接入技术，今后可能会产生新的 IP-CAN 类型。

正是这种端到端的 IP 连通性，使得 IMS 真正与接入无关，即不再承担媒体控制器的角色，不需要通过控制综合接入设备(IAD，Integrated Access Device)/接入网关(AG，Access Gateway)等实现对不同类型终端的接入适配和媒体控制。在 IMS 网络中，IMS 与 IP-CAN 的关系主要体现在 QoS 和计费方面，但这种关系已经不需要关心底层接入技术的差异性。IMS 的接入无关性如图 3.7 所示。

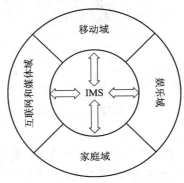

图 3.7　IMS 与接入无关

3. 业务与承载分离

3GPP 已经决定使用分层的方法来进行 IMS 体系设计,这意味着传输和承载服务被从 IMS 信令网和会话管理服务中分离出去,更高层的服务都运行在 IMS 信令网之上。下一代网络的网络结构可以细分为四层,即接入层、承载/传送层、控制层和业务层。从软交换的技术特点来看,其核心是实现了承载与控制分离,即上述网络层次中的承载/传送层与控制层的分离,这种分离使得承载网络 IP 化和承载网融合成为可能。但软交换并没有实现控制与业务的严格分离,它与传统交换机一样,仍然承担了基本电信业务、补充业务、承载业务等业务的提供,只是使智能业务和通过 PARLAY(PARLAY 是一个使 IT 开发人员快速创建电信业务的应用程序接口 API;PARLAY 本身不是缩写,是一个专用单词,原意类似于"赌场上加注"的意思,用在这里表示"增值"的含义)的增值业务提供更加灵活。融合网络中的 IMS 如图 3.8 所示。

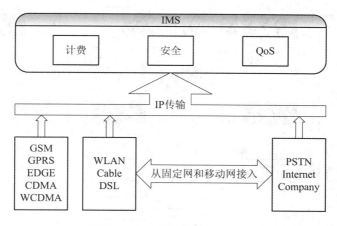

图 3.8 融合网络中的 IMS

IMS 定义了标准的基于 SIP 的 ISC(IP Multimedia Service Control,IP 多媒体业务控制)接口,实现了业务层与控制层的完全分离。IMS 通过基于 SIP 的 ISC 接口,支持三种业务提供方式,即独立的 SIP AS(SIP 应用服务器)方式、OSA-SCS(开放业务接入-业务能力服务器)方式和 IM-SSF(IP 多媒体业务交换功能)方式。

IMS 的核心控制网元 CSCF 不再需要处理业务逻辑,而是通过基于规则的业务触发机制,根据用户签约数据的初始过滤规则(Initial Filter Criteria,IFC),由 CSCF 分析并触发到规则指定的应用服务器,再由应用服务器完成业务逻辑处理。

以 3GPP 与 OMA 组织协作定义的 PoC(Push-to-talk over Cellular,无线一键通)为例,PoC 业务的业务逻辑和媒体处理完全由 PoC 服务器(PoC Server)处理,IMS 网络只为 PoC 业务提供基础能力支持,包括用户注册、地址解析和路由、安全、计费、SIP 压缩等。在这样的方式下可使得 IMS 成为一个真正意义上的控制层设备。基于 SIP 的 ISC 接口更有利于节约业务开发成本,使业务的快速推出成为可能。

4. 提供丰富的组合业务

IMS 在个人业务实现方面采用比传统网络更加面对用户的方法。IMS 给用户带来的一个直接的好处,就是实现了端到端的 IP 多媒体通信。与传统的多媒体业务(即人到内容或人到服务器）的通信方式不同，IMS 是直接的人到人的多媒体通信方式。同时，IMS 具有在多媒体会话和呼叫过程中增加、修改及删除会话和业务的能力，并且还具有对不同的业务进行区分和计费的能力。因此对用户而言，IMS 业务以高度个性化和可管理的方式支持个人与个人以及个人与信息内容之间的多媒体通信，包括语音、文本、图片和视频或这些媒体的组合。

3.2.2　IMS 结构

1. IMS 网络逻辑结构

由于 IMS 的诸多功能和特性，因此其结构也不可避免地比较复杂，其逻辑结构如图 3.9 所示。

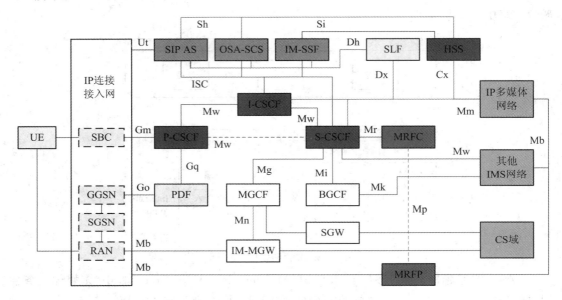

图 3.9　IMS 网络逻辑结构

图 3.9 中，P/I/S-CSCF 与 HSS 为 IMS 核心网元。为了方便理解，我们以去图书馆借书为例对系统中各个网元的作用做个类比。例如，去大学图书馆借书，P-CSCF 相当于一个门禁代理，它检查用户是否有借书的权限，只有持有本校的借书证才能进入，并且它在用户需要帮助的时候可提供咨询服务。I-CSCF 相当于一个馆藏图书查询系统，图书馆的藏书很多，分为好几个图书室，用户可借助 I-CSCF 查询所借的图书在哪个图书室的哪个书架，编号是多少。S-CSCF 相当于一个借书服务受理台，而 HSS 则相当于图书馆的书库，S-CSCF 会根据所借的图书查询用户是否开通了必需的服务。如果用户开通的服务没有借阅涉密论文的权限，则 S-CSCF 不受理此次借阅服务；如果用户符合借书的权限，则 S-CSCF 负责办理必要的借书手续；如果用户上次所借的图书超期，则 S-CSCF 会自动冻结用户的借书服务而不需要征求用户的意见。如果用户事先了解所借图书的具体位置信息，则可以不通过 I-CSCF，直接从门禁代理 P-CSCF 进入到受理台 S-CSCF 进行借书服务。根据图书馆的藏书量和每天借阅图书的人流量，馆藏图书查询系统 I-CSCF、借书服务受理台 S-CSCF 与书库 HSS 均可以设置多个。

MRFC 与 MRFP 为 IMS 多媒体资源功能。MRFP 相当于大学图书馆里的多媒体教室，提供具体的多媒体服务；MRFC 是控制中心，负责管理 MRFP 中的多媒体资源，如控制 MRFP 的放音与上网等功能。

SLF 与 PDF 分别负责图书馆对内和对外的服务。SLF 负责管理具体哪些图书分配在哪一个书库 HSS 中，当图书查询系统 I-CSCF 和受理台 S-CSCF 接收到用户的服务请求时，它们需要通过 SLF 查询图书所在的书库 HSS 的位置信息；PDF 负责将其他有合作关系的大学图书馆(PS 域)的图书借阅者的借书请求转发给门禁代理 P-CSCF 处理。

BGCF、IM-MGW、MGCF、SGW 的主要作用是作为网关与其他外界互通。BGCF 主要处理跟大学图书馆类似的其他图书管理系统(其他 IMS 网络)的信息交互，提供资源共享功能；IM-MGW 主要负责图书馆与传统电路域(CS 域)的多媒体信息交互；MGCF 通过控制 IM-MGW 来处理 CS 域的多媒体信息；SGW 负责传递图书馆与 CS 域的一些协议，使得图书馆能更好地从 CS 域获得网络服务。

SIP AS、OSA-SCS 与 IM-SSF 为业务服务器，提供图书馆的拓展业务功能，提供除了普通的图书借阅服务以外的如 VIP 服务功能，并且与计费中心相连，收取一定的费用。

2. IMS 物理结构

在实际的 IMS 物理网络中，可能会有一个物理网元对应多个逻辑网元，即一个物理网元实体同时兼有多个逻辑网元功能的情况。IMS 的物理网元组网如图 3.10 所示。

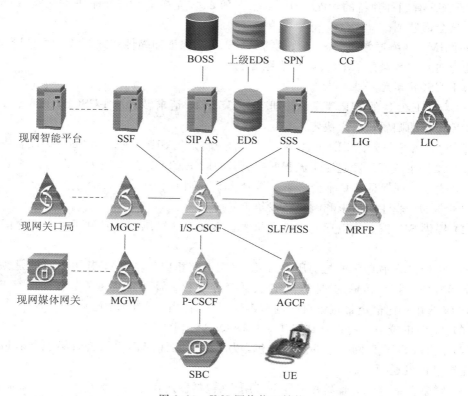

图 3.10　IMS 网络物理结构

3.2.3　呼叫会话控制功能

CSCF 是 IMS 的核心功能实体，其主要功能是处理 IMS 中的信令信号，实现 IMS 域的呼叫和会话控制。CSCF 是一个 SIP 服务器，基于它所提供的功能的不同，CSCF 可以分为五类逻辑实体：P-CSCF，I-CSCF，S-CSCF，E-CSCF（紧急呼叫 CSCF），BGCF。

1. P-CSCF

1）P-CSCF 网元介绍

P-CSCF 位于拜访网络（Visited Network）中，在基于 GPRS（通用分组无线业务）分组交换网络的情况下，P-CSCF 通常和 GGSN（GPRS 网关支持节点）在一起，是 IMS 终端（UE）接入 IMS 网络的入口点。在 UE 获得 IMS 服务时，P-CSCF 是第一个联系节点（在信令平面），UE 通过一个"P-CSCF 发现流程"的机制来获得 P-CSCF 的地址。

P-CSCF 的引入使得业务的接入和控制得到了分离，并使得归属业务控制成为可能。在 IMS 注册时，P-CSCF 会分配给 UE，而且在注册过程中不会发生改变（在注册过程中，UE 始终通过 P-CSCF 进行通信）。

所有的 SIP 信令，无论是来自 UE 的还是发给 UE 的，都必须经过 P-CSCF。P-CSCF 的作用类似于一个代理服务器，它把收到的请求和服务进行处理或转发。同时，P-CSCF 还可以作为一个用户代理（UA），在异常条件下，它可以终结或独立产生 SIP 事务。

P-CSCF 有四种独特的功能：SIP 压缩、IPSec 安全关联、与策略决策功能（PDF）交互以及紧急会话监测。

一个 IMS 网络通常包含一定数量的 P-CSCF 来保证伸缩性和冗余性，每个 P-CSCF 根据其能力向一定数量的 IMS 终端提供服务。

2）P-CSCF 网元功能

（1）将 UE 发送的 SIP 消息的注册（REGISTER）请求转发给 I-CSCF，该 I-CSCF 由请求中 UE 提供的归属域名来决定。

（2）将从 UE 收到的 SIP 非注册请求和响应转发给 SIP 服务器 S-CSCF，该服务器的名称由 P-CSCF 在该 UE 发起注册流程时得到，同时 P-CSCF 会验证 UE 发送的 SIP 请求的正确性，这个验证保证 UE 不会产生不符合 SIP 规则的 SIP 请求。

（3）将 SIP 非注册请求和响应转发给 UE。

（4）提供 SIP 信令的应用完整性和机密性保护，并且维持 UE 和 P-CSCF 之间的安全联盟。

（5）执行 SIP 消息压缩与解压缩（IMS 终端也有相应的功能），其主要目的是为了减少信令信号在空中接口传输的时间，加速会话建立过程，而不只是为了节省几个字节，这在当 IMS 终端建立比信令带宽大得多的多媒体对话（音频、视频）时尤为重要。

（6）与 PDF 交互，授权承载资源并进行 QoS 管理。

（7）向 S-CSCF 订阅一个注册事件包，为下载隐式注册用户的公有标识和获取网络发起的注销事件发送通知。

（8）紧急会话监测，监测并引导 UE 用户（包括漫游用户）选择正确的紧急呼叫中心。

（9）产生 CDR（Call Detail Record，呼叫细节记录），发送与计费相关的信息给计费信息节点 CCF（Charging Collection Function，计费收集功能）。P-CSCF 一般需要产生漫游话单。

3）P-CSCF 接口协议

P-CSCF 相关网元接口示意图如图 3.11 所示。

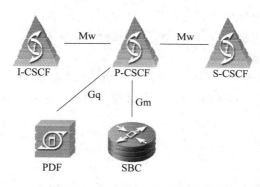

图 3.11 P-CSCF 相关网元接口

P-CSCF 相关接口与协议如下：

（1）Gq 接口。Gq 接口用于 PDF 和 P-CSCF 之间的通信，该接口采用 Diameter 协议。Gq 接口主要用于 P-CSCF 和 PDF 间交换策略控制信息。

（2）Gm 接口。Gm 接口用于 UE 和 P-CSCF 之间的通信，该接口采用 SIP 协议。Gm 接口的主要功能包括：

① IMS 用户注册及鉴权。

在注册过程中，UE 使用 Gm 接口发送注册请求给 P-CSCF，该注册请求包含 UE 支持的安全机制的指示。在注册过程中，UE 为其自身的鉴权与网络的鉴权需要交换必要的参数，获得固有的、已注册的用户身份，协商与 P-CSCF 的安全关联的必要参数，还可能启动 SIP 压缩。另外，如果网络侧发起注册剥离或者网络发起重新鉴权时，需要通过 Gm 接口通知 UE。

② IMS 用户的会话控制。

会话控制过程包含移动台侧发起的通话和移动台侧终止的通话。在移动台侧发起的通话中，Gm 接口用于转发从 UE 到 P-CSCF 的请求；在移动台侧终止的通话中，Gm 接口用于转发从 P-CSCF 到 UE 的请求。

③ IMS 用户的消息处理。

该处理过程通过 Gm 接口发送独立的请求（例如 MESSAGE 消息请求）和接收该请求所有的响应（例如 200 OK 消息）。与会话控制过程之间的差别在于，该处理过程中的通话并没有被建立。

（3）Mw 接口。Mw 接口用于 P-CSCF、I-CSCF 与 S-CSCF 之间的通信，该接口采用 SIP 协议。Mw 接口的主要功能是在 P-CSCF、I-CSCF 与 S-CSCF 之间转发注册、会话控制及其他 SIP 消息，详细内容包括以下几个方面：

① 在注册过程中，P-CSCF 使用 Mw 接口转发来自 UE 的注册请求给 I-CSCF，然后 I-CSCF 使用 Mw 接口传送这个请求给 S-CSCF。最后，S-CSCF 的响应再通过 Mw 接口反向传输回来。另外，在网络侧发起的剥离过程中，S-CSCF 通知 P-CSCF 释放与这个用户有关的资源。

② 会话控制过程也包含移动台侧发起的通话和移动台侧终止的通话。在移动台侧发起的通话中，Mw 接口用于转发从 P-CSCF 到 S-CSCF 和从 S-CSCF 到 I-CSCF 的请求；在移动台侧终止的通话中，Mw 接口用于转发从 I-CSCF 到 S-CSCF 和从 S-CSCF 到 P-CSCF 的请求。Mw 接口也用于网络侧发起的通话释放。例如，如果 P-CSCF 接收到了来自 PDF 的媒体承载丢失指示，它就可以向 S-CSCF 发起一个通话释放。另外，计费相关的信息也是通过 Mw 接口进行传输的。

③ 会话处理过程通过 Mw 接口发送独立的请求（例如 MESSAGE 消息请求）和接收该请求所有的响应（例如 200 OK 消息）。与会话控制过程之间的差别在于，该会话处理过程中的通话并没有被建立。

2. I-CSCF

1）I-CSCF 网元介绍

I-CSCF 位于归属网络（Home Network）中，是 SIP 消息进入归属 IMS 网络的入口点。I-CSCF 是一个运营商网络内部的接触点，所有与这个网络运营商相关的用户连接都要经过这个实体。一个运营商的网络中可以有多个 I-CSCF 来保证其可扩展性和冗余性。I-CSCF 作为外部网络到 IMS 归属网络的网关，支持防火墙功能，并具有隐藏归属网络拓扑的功能，从而允许各运营商 IMS 网络保持配置的独立和安全。

I-CSCF 是一个 SIP 代理，被置于管理域的边缘。I-CSCF 的地址在域的 DNS 记录中列出，当一个 SIP 服务器根据 SIP 步骤寻找下一个 SIP 并查询特定的消息时，SIP 服务器就会得到目标域的 I-CSCF 地址。

2）I-CSCF 网元功能

（1）基于来自 HSS 的接收能力为一个发起 SIP 注册请求的用户（UE）或者未注册的特定用户分配一个 S-CSCF。当用户注册到网络时，或者当用户没有注册到网络但是拥有与非注册状态相关的业务（例如话音邮件）时，如果接收到 SIP 请求，则会分配一个 S-CSCF。

（2）在对与会话相关和与会话无关的处理中，将从其他网络来的 SIP 请求路由到 S-CSCF（或者应用服务器 AS）；查询 HSS，获取为某个用户提供服务的 S-CSCF（或者 AS）的地址（名字）；根据从 HSS 获取的 S-CSCF（或者 AS）的地址，将 SIP 请求和响应转发到 S-CSCF（或者 AS）。

（3）发送进入的请求给已经分配的 S-CSCF 或者应用服务器（AS）；提供 THIG（Topology Hiding Inter-network Gateway，拓扑隐藏内部网络网关）功能，运营商可以使用 I-CSCF 的 THIG 功能来对外隐藏配置、容量和网络拓扑。THIG 功能是可选功能，大部分网络都不会配置这种功能。但在有些情况下，不同的网络运营商之间可能需要隐藏内部的逻辑，此时需要隐藏网络拓扑的 IMS 网络会在网络接口处插入一个设备，称为 I-CSCF（THIG）。THIG 执行所有信元头的加密和解密工作，这些信元头揭示了有关运营商的 IMS 网络拓扑信息。

I-CSCF 可以有选择地将包含 IMS 域中敏感消息的信息（如 IMS 域中服务器的数量、DNS 名称或其他功能）进行加密，并对进出本网络的 SIP 信令进行转接，同时隐藏 SIP 信令中的内部路由信息。

（4）产生 CDR，发送与计费相关的信息给 CCF。I-CSCF 使用话单的情况比较少。

3）I-CSCF 接口协议

I-CSCF 相关网元接口示意图如图 3.12 所示。

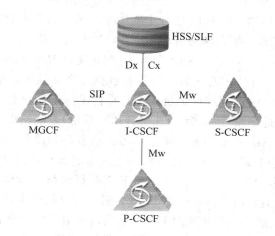

图 3.12 I-CSCF 相关网元接口

I-CSCF 相关接口与协议如下：

（1）Cx 接口。Cx 接口用于 I-CSCF、S-CSCF 和 HSS 之间的通信，该接口采用 Diameter 协议。

用户和业务数据永久性地保存在 HSS 中，当用户注册或者进行会话时，I-CSCF 和 S-CSCF就需要使用这些集中的数据。因此，HSS 和 CSCF 之间必须有一个接口，即 Cx 接口。

Cx 接口的主要功能包括：

① 为注册用户指派 S-CSCF。

② CSCF 通过 HSS 查询路由信息。

③ 授权处理，检查用户漫游是否许可。

④ 鉴权处理，在 HSS 和 CSCF 之间传递用户的安全参数。IMS 用户鉴权依赖于预先设置好的共享密码，共享密码和序列号存储在 UE 和 IMS 网络中 HSS 的 IP 多媒体业务身份模块（ISIM）中。

⑤ 过滤规则控制，从 HSS 下载用户的过滤参数到 S-CSCF 上。

（2）Dx 接口。Dx 接口用于 I-CSCF、S-CSCF 和 SLF 之间的通信，该接口采用 Diameter 协议。

当 IMS 网络中部署了多个可独立寻址的 HSS 时，无论是 I-CSCF 还是 S-CSCF 都无法得知需要联系哪一个 HSS，必须先联系 SLF，得到要联系的 HSS 地址。出于这个目的，Dx 接口被引入。Dx 接口总是结合 Cx 接口使用的。

Dx 接口的主要功能是确定用户签约数据所在的 HSS 地址。为了获得 HSS 地址，I-CSCF或者 S-CSCF 发送 Cx 请求给 SLF，该请求的目标就是 HSS。根据接收到的来自 SLF 的 HSS 地址，I-CSCF 或者 S-CSCF 将发送 Cx 请求给 HSS。

（3）MGCF 接口。其他网络用户是通过 MGCF 接口到 I-CSCF 呼入 IMS，I-CSCF 与 MGCF 接口之间的通信采用 SIP 协议。

3. S-CSCF

1）S-CSCF 网元介绍

S-CSCF 位于归属网络，是 IMS 信令平面的中心节点，负责对用户提供注册服务、路由判断和多媒体会话控制，并存储业务配置。S-CSCF 是为用户服务的主要服务节点，在用户注册期间进行分配。P-CSCF、S-CSCF 两者配合完成 IMS 的业务归属控制特性。

S-CSCF 本质上是一个 SIP 服务器，但是它也执行会话控制功能。除了具备 SIP 服务器的功能外，S-CSCF 也作为 SIP 登记员，这说明它保持了用户位置（用户登录终端的 IP 地址）和用户的 SIP 地址记录（也称为 PUI 公共用户身份）之间的绑定。

S-CSCF 主要提供 SIP 路由服务，所有 IMS 终端发出和接收的信令都需要通过被分配的 S-CSCF；S-CSCF 检查每一个向最终目的路由发送的 SIP 消息，然后决定这个 SIP 信令是否应该访问一个或多个应用服务器。S-CSCF 也执行网络运营商的策略。例如，UE（用户）可能不能建立某些类型的会话，S-CSCF 就会阻止用户执行未经认可的操作。

当 S-CSCF 接收到通过 P-CSCF 的 UE 发起的请求时，它需要在进一步发送请求之前决定是否联系应用服务器。在与可能的应用服务器交互之后，S-CSCF 或者继续 IMS 中的会话，或者转换到其他域（CS 域或者其他 IP 网络）。

同样的，S-CSCF 接收所有终结于 UE 的请求。虽然 S-CSCF 从注册信息中确认了 UE 的 IP 地址，但是它通过 P-CSCF 传送所有请求，此时 P-CSCF 负责 SIP 压缩和安全功能。在发送请求给 P-CSCF 之前，S-CSCF 可能发送请求给应用服务器（例如，检查可能的重定向指令）。

在同一个运营商的网络中，可以有多个 S-CSCF 来保证网络的伸缩性和冗余性，它们可以根据网络运营商的需要，维持会话状态信息。在同一个运营商的网络中，不同的 S-CSCF 可以有不同的功能，每个 S-CSCF 根据其能力向一定数量的 IMS 终端提供服务。

2）S-CSCF 网元功能

（1）按照 SIP 协议的定义，充当注册服务器，处理注册请求；接收注册请求，并通过位置服务器（如 HSS）使该注册信息生效。

（2）通过 IMS 认证和密钥协商 AKA 机制来认证用户。IMS 的 AKA 实现了 UE 和归属网络间的相互认证。

（3）在注册过程中或者在处理去往一个未注册用户的请求时，从 HSS 下载并临时存储用户信息与服务相关的数据，并执行对应的注册处理或未注册用户的签约业务。

（4）处理与会话相关的和与会话无关的消息流，包括为已经注册的会话终端进行会话控制（如果注册后用户公有标识被禁止用于 IMS 通信，S-CSCF 应该拒绝去往/来自该用户公有标识的 IMS 通信）；可以作为一个代理服务器，也就是接收请求后，进行内部处理或者将其转发；可以作为一个 UA，即可以中断或是独立发起 SIP 事务；与服务平台交互来向用户提供服务；提供终端相关的服务信息。

（5）当代表主叫的终端时（即发起会话的 UE，发起会话的 AS），S-CSCF 会根据被叫名字（如电话号码或 SIP URL）从数据库中获得为该被叫用户提供服务的网络运营商的 I-CSCF 的地址。如果被叫是不同的网络运营商用户，S-CSCF 会把 SIP 请求或响应前转给该 I-CSCF；如果被叫与主叫是同一个网络运营商用户，则 S-CSCF 会把 SIP 请求或响应前转给同一运营商的 I-CSCF。或者根据运营商的策略，把 SIP 请求或响应前转给 IMS 外的某一个 ISP 域内的其他 SIP 服务器。但是当需要路由到 PSTN 或是 CS 域时，就把 SIP 请求或响应转发给 BGCF。

(6) 当处理消息来自被叫的终端(UE)时,如果用户在归属网络中,或者针对一个漫游用户所在的拜访网络,该归属网络没有要求保留 I-CSCF 在信令路径中,则会把 SIP 的请求或响应前转给 P-CSCF;如果针对一个漫游用户所在的拜访网络,该归属网络要求保留 I-CSCF在信令路径中,则会把 SIP 请求或响应前转给 I-CSCF。如果用户将通过 CS 域接收会话,根据 HSS 和业务控制功能的交互作用,修改入局呼叫 SIP 请求路由到 CS 域。当需要路由到 PSTN 或 CS 域时,就把 SIP 请求或响应转发给 BGCF。

(7) 使用 ENUM 服务器将 E.164 数字翻译成 SIP URI。如果 UE(用户)拨打一个电话号码(Tel URL)而不是 SIP URI,S-CSCF 提供基于 DNS E.164 号码的翻译服务。即 UE 使用移动台 ISDN(MSISDN)号寻址找到被叫方,S-CSCF 会在进一步发送请求之前将 MSISDN 号(也就是 Tel URL)转换为 SIP 通用资源标识符(URI)格式,此时 IMS 不会基于 MSISDN 号传送请求。

(8) 产生 CDR,发送计费相关的信息给 CCF 进行离线计费,或者给 OCS(Online Charging System,在线计费系统)进行在线计费(即支持预付费用户)。

3) S-CSCF 接口协议

S-CSCF 相关网元接口示意图如图 3.13 所示。

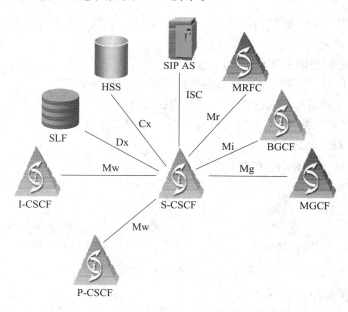

图 3.13 S-CSCF 相关网元接口

S-CSCF 相关接口与协议如下:

(1) Cx 接口用于 I-CSCF、S-CSCF 和 HSS 之间的通信,该接口采用 Diameter 协议。

(2) Dx 接口用于 I-CSCF、S-CSCF 和 SLF 之间的通信,该接口采用 Diameter 协议。

(3) Mw 接口用于 P-CSCF、I-CSCF 与 S-CSCF 之间的通信,该接口采用 SIP 协议。

(4) Mi 接口用于 S-CSCF 与 BGCF 之间的通信,该接口采用 SIP 协议。

Mi 接口的主要功能是在 IMS 网络和 CS 域互通时,在 S-CSCF 和 BGCF 之间传递会话控制信令。

（5）Mg 接口用于 S-CSCF 与 MGCF 之间的通信，该接口采用 SIP 协议。Mg 接口的主要功能是实现各 MGCF 到被叫用户 S-CSCF，以及主叫用户 S-CSCF 到各 MGCF 的 SIP 会话双向路由功能。

（6）Mr 接口用于 S-CSCF 与 MRFC 之间的通信，该接口采用 SIP 协议。

（7）ISC 接口用于 S-CSCF 与 AS 之间的通信，该接口采用 SIP 协议。在 IMS 结构中，AS 是拥有和执行业务的实体，这些业务包括在线状态业务、消息和通话转发等。因此，必须有一个接口在 CSCF 和 AS 之间发送和接收 SIP 消息，这个接口被称为 IMS 业务控制(ISC)接口。

ISC 接口的主要功能包括：

① 转发 AS 发起的 SIP 请求(例如，AS 可以代表一个用户来发起请求)。

② 当 S-CSCF 接收到一个 SIP 请求时，它将分析这个请求，并可能会决定转发初始 SIP 请求给 AS 做进一步处理，AS 可以终结、重定向(转发)或者代理这个来自 S-CSCF 的请求。

4. E-CSCF

1）E-CSCF 网元介绍

E-CSCF 是 IMS 域处理紧急呼叫时的控制功能。当 E-CSCF 收到紧急呼叫号码请求时，它不会去检查用户的签约状态及信息，而会根据号码的接入信息直接变换此号码进行互通处理。

E-CSCF 通常不单独设置物理实体，常与 S-CSCF 合设，也可与 I-CSCF 合设。

2）E-CSCF 网元功能

E-CSCF 的主要功能如下：

（1）接收来自 P-CSCF、AGCF 及其他网元的紧急呼叫请求。

（2）根据接入侧信息，进行紧急号码的变换处理。

（3）选择 MGCF 或者 I-CSCF 进行变换后的号码路由。

3）E-CSCF 接口协议

E-CSCF 相关网元接口示意图如图 3.14 所示。

图 3.14　E-CSCF 相关网元接口

E-CSCF 相关接口与协议如下：

（1）接入侧接口：用于 E-CSCF 与 P-CSCF/AGCF 之间的通信，该接口采用 SIP 协议。

（2）互通接口：用于 E-CSCF 与 MGCF、I-CSCF 之间的通信，该接口采用 SIP 协议。

3.2.4　用户数据库功能

下面主要介绍用户数据库中 HSS 网元和 SLF 网元的功能。

1. HSS

1）HSS 网元介绍

HSS 是存储用户签约信息和位置信息以及 IMS 业务相关数据的中心数据库系统，由

GSM 网络节点中的 HLR 演变而成，它包含所有与用户相关的数据，并借助这些数据来控制多媒体会话。

如果移动用户的数量太多，当超过单个 HSS 的设备容量时，则一个网络可能会设有多个 HSS。但是在任何情况下，一个用户的所有数据只能存放在同一个 HSS 中（HSS 通常使用冗余配置，以避免单一节点的失败，这里把冗余配置的 HSS 作为一个单独的逻辑节点来考虑）。

除了与 IMS 功能体相关的功能之外，HSS 还包含 PS 域和 CS 域所需要的 HLR/AUC 功能的子集。HLR 功能用于提供支持给 PS 域实体（例如，GGSN 和 SGSN），使用户能够接入 PS 域业务。类似的，HLR 功能也用于提供支持给 CS 域实体（例如，MSC/MSC Server），使用户能够接入 CS 域业务并且支持向 GSM/UMTS 的 CS 域网络的漫游。AUC 为每个移动用户存储密钥，密钥用来为每个用户生成动态的安全数据，这些数据可以用于 IMSI 和网络相互鉴权。安全数据也用于提供 UE 与网络之间在无线链路上进行通信的完整性保护和加密。

存储在 HSS 中的 IMS 相关数据主要包括：

（1）IMS 用户标识（身份）、号码和地址信息。用户标识（身份）包括两种类型：私有用户标识（身份）和公共用户标识（身份）。

① 私有用户标识（身份）。PVI 是归属网络运营商分配的用于注册和授权目的的用户标识（身份）。

②公共用户标识（身份）。PUI 是其他用户用于与这个终端用户进行通信请求的用户标识（身份）。

（2）IMS 用户的安全信息（例如，用户网络接入控制的鉴权、漫游授权和业务触发信息，业务触发信息使得 SIP 业务执行成为可能）。

（3）IMS 用户在 IMS 内的位置信息。

（4）IMS 用户的签约业务信息（用户订购的服务与分配给用户的 S-CSCF 等）。

HSS 的逻辑功能如图 3.15 所示。

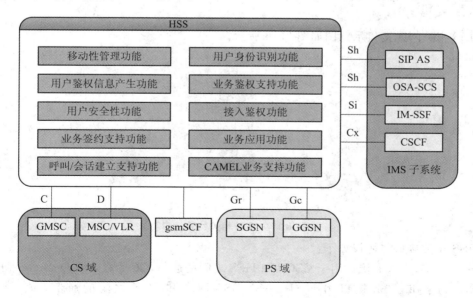

图 3.15　HSS 的逻辑功能图

2）HSS 网元功能

（1）移动性管理（Mobility Management）。HSS 支持用户在 CS 域、PS 域和 IMS 域的移动性。

（2）支持呼叫和会话建立（Call Session Establishment Support）。HSS 支持 CS 域、PS 域和 IMS 域的呼叫/会话建立；对于被叫业务，它提供当前用户的呼叫/会话的控制实体信息。

（3）支持用户安全（User Security Support）。HSS 支持接入 CS 域、PS 域和 IMS 域的鉴权过程，在这个过程中，HSS 生成 CS 域、PS 域和 IMS 域的鉴权、完整性信令和加密数据，并将这些数据传递到相关的网络实体，如 MSC/VLR、SGSN 或 CSCF。

（4）支持业务定制（Service Provisioning Support）。HSS 提供 CS 域、PS 域、IMS 域使用的业务签约数据。

（5）用户标识（身份）处理（Identification Handing）。HSS 处理用户在各系统（CS 域、PS 域和 IMS 域）的所有标识（身份）之间恰当的关联关系。例如，CS 域的 IMSI 和 MSISDN（综合业务数字网移动用户）、PS 域的 IMSI、MSISDN 和 IP 地址、IMS 域的 PVI 和 PUI。

（6）接入授权（Access Authorigation）。在 MSC/VLR、SGSN 或 CSCF 请求的用户移动接入时，HSS 通过检查用户是否允许漫游到此拜访网络，进行移动接入授权。

（7）支持业务授权（Service Authorization）。HSS 为被叫的会话建立提供基本的授权，同时提供业务触发。此外，HSS 还负责把用户业务相关的更新信息提供给相关的网络实体，如 MSC/VLR、SGSN 和 CSCF。

（8）支持应用业务（Application Service）和 CAMEL 业务（CAMEL Service）。在 IMS 中，HSS 通过和 SIP AS、OSA-SCS 交互，支持应用业务。同时，HSS 通过和 IM-SSF 交互，支持与 IMS 相关的 CAMEL 业务。

3）HSS 接口协议

HSS 相关网元接口示意图如图 3.16 所示。

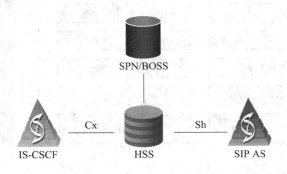

图 3.16　HSS 相关网元接口

HSS 相关接口与协议如下：

（1）Cx 接口。Cx 接口用于 CSCF 和 HSS 之间的通信，该接口采用 Diameter 协议。

（2）Sh 接口。Sh 接口用于 SIP AS、OSA-SCS 和 HSS 之间的通信，该接口采用 Diameter 协议。由于 SIP AS 或者 OSA-SCS 可能需要知道用户的身份数据或者需要知道是哪个 S-CSCF 发送了 SIP 请求，而这种类型的数据和消息都存储在 HSS 中。因此，HSS 和 AS 之间需要一个接口，这个接口被称为 Sh 接口。

Sh 接口的主要功能包括：

① 用来传输透明数据(透明指的是数据不被 HSS 或者协议所知)，如业务相关数据、用户相关信息等。

② 支持 HSS 中的用户相关数据的转移机制(如用户业务相关数据、MSISDN、拜访网络能力和用户所在地)。

③ 支持标准化数据的转移机制。例如，对于组列表，Sh 接口可以被不同的应用服务器访问。

2. SLF

1) SLF 网元介绍

SLF 是一个简单的数据库，用来将用户地址映射到不同的 HSS。只有单个 HSS 的网络环境中并不需要 SLF，如果 IMS 网络中包含多个(超过一个)HSS，则需要使用 SLF。

SLF 作为一种地址解析机制，当网络运营商部署了多个独立可寻址的 HSS 时，在 SIP 注册或会话建立的过程中，CSCF 和 AS 可通过输入用户地址查询 SLF 来找到存储相应用户信息的 HSS。SLF 可以与 HSS 共用物理实体，也可以单独设置物理实体。

2) SLF 网元功能

(1) 在注册和会话建立的过程中，I-CSCF 可以通过 Dx 接口查询 SLF，以确定包含某用户数据的 HSS 的域名。在注册过程中，S-CSCF 也可以通过 Dx 接口查询 SLF，以确定包含某用户数据的 HSS 的域名。

(2) SIP AS 可使用 Sh 接口查询 SLF，以确定包含某用户数据的 HSS 的域名。

3) SLF 接口协议

SLF 相关网元接口示意图如图 3.17 所示。

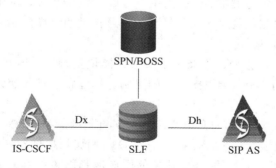

图 3.17 SLF 相关网元接口

SLF 相关接口与协议如下：

(1) Dx 接口。Dx 接口用于 I-CSCF、S-CSCF 和 SLF 之间的通信，该接口采用 Diameter 协议。

(2) Dh 接口。Dh 接口用于 AS 与 SLF 之间的通信，该接口采用 Diameter 协议。当多个独立的、可寻址的 HSS 已经在网络中布局时，AS 无法知道它需要联系哪个 HSS。因此，AS 需要首先联系 SLF，出于这个目的，Dh 接口被引入。为了获得 HSS 地址，AS 将

Sh 请求发送给 SLF，在接收到从 SLF 来的 HSS 地址后，AS 将发送 Sh 请求给 HSS。

Dh 接口的主要功能包括：

（1）从应用服务器中查询订购所在位置（HSS）的操作。

（2）提供该 HSS 的名字给相应的应用服务器。

3.2.5　媒体处理功能

下面主要介绍 SSS 网元和 MRFP 网元的功能。

1. SSS

1）SSS 网元介绍

SSS（Supplementary Service System）为 IMS 补充业务服务器，又名 MMTEL 或 PSS。其主要功能是实现 3GPP 定义的多媒体电话业务、IP Centrex（IP 虚拟交换机）业务以及其他补充业务。SSS 对应协议中的两个逻辑网元，即补充业务 SIP AS 和 MRFC 功能。

补充业务服务器是一种 SIP AS，SIP 应用服务器是业务的存放及执行者（这是一个基于 SIP 的主持和执行 IP 多媒体服务的应用服务器），它可以基于业务影响一个 SIP 对话。对于 SIP AS，由于 ISC 接口采用了 SIP 协议，所以它可以直接与 S-CSCF 相连，从而减少了信令的转换过程。SIP AS 主要是为 Internet 业务服务，这种结构使 Internet 业务可以直接移植到通信网中。

MRFC 位于 IMS 控制面（信令平面），在归属网络中；它翻译来自 AS 和 S-CSCF 的信息（例如会话标识符）；根据 CSCF 的要求，它通过 H.248 协议控制 MRFP 完成相应的媒体资源处理并产生计费记录。

2）SSS 网元功能

（1）基本业务控制。在 IMS 域中，SSS 可以控制用户的基本补充业务，例如只有国内呼叫权限、来电显示、呼叫转移等传统电话功能。

（2）群组业务。设置为群组后，群内用户可以以短号互拨，即在主叫侧 SSS 可将被叫短号转换为长号，被叫侧可将主叫长号转换为小号供被叫终端显示。群内用户也可以利用出群字冠进行群外的呼叫。

（3）话务台业务。话务台由 SSS 中的 ASU 模块实现，坐席通过 BAC 连接到 ASU。当用户呼叫接入号码时，SSS 会根据一定的机制选择坐席话务员接入。该业务通常用于酒店或公司中。

（4）VCC 功能。VCC（Voice Call Continuity，语音呼叫连续性）业务实现在 IMS 域与 CS 域之间呼叫的平滑无缝切换。VCC 业务由 IMS 归属域提供，在 IMS 用户和 CS 用户之间进行呼叫的建立和切换。签约 VCC 业务的用户是 IMS 网络和 CS 网络的双网注册用户，当用户漫游到 IMS 域时，呼叫切换到 IMS 域，可以享受 IMS 域丰富多彩的业务；当用户漫游出 IMS 域时，呼叫切换到 CS 域，保证用户基本的语音呼叫。

（5）计费功能。

① 可进行在线计费，在线计费时与 OCS 进行对接，获取用户的通话授权。

② 可进行离线计费，生成 MRFP 资源使用的相关计费信息（CDR），并传送到 CCF。

（6）MRFC 功能。控制 MRFP 中的媒体资源，包括输入媒体流的混合（如多媒体会议）、媒体流发送源处理（如多媒体公告）、媒体流接收的处理（如音频的编解码转换、媒体分析，实现转换编码功能)等。

3）SSS 接口协议

SSS 相关网元接口示意图如图 3.18 所示。

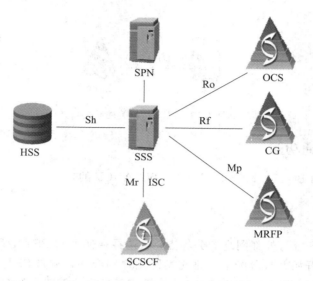

图 3.18 SSS 相关网元接口

SSS 相关接口与协议如下：

(1) Sh 接口。Sh 接口用于 SIP AS 和 HSS 之间的通信，该接口采用 Diameter 协议。

(2) ISC 接口。ISC 接口用于 S-CSCF 与 AS 之间的通信，该接口采用 SIP 协议。

(3) Ro 接口。Ro 接口用于 AS、MRFC、S-CSCF 与 OCS 进行在线计费，该接口采用 Diameter 协议。

(4) Rf 接口。Rf 接口用于 AS 与 CCF 进行离线计费，该接口采用 Diameter 协议。

(5) Mr 接口。Mr 接口用于 S-CSCF 与 MRFC 之间的通信，该接口采用 SIP 协议。Mr 接口的主要功能是通过 S-CSCF 传递来自 SIP AS 的资源请求消息到 MRFC，由 MRFC 最终控制 MRFP 完成与 IMS 终端用户之间的用户承载面的建立。

(6) Mp 接口。Mp 接口用于 MRFC 与 MRFP 之间的通信，该接口采用 H.248 协议。Mp 接口的主要功能是 MRFC 通过该接口控制 MRFP 处理媒体资源，如放音、会议、DTMF 收发等资源。

2. MRFP

1）MRFP 网元介绍

MRFP 位于 IMS 承载面(媒体平面)，在归属网络中。它根据 MRFC 的控制提供媒体相关的服务，包括多方会议、语音提示、铃声、语音识别、语音合成等。

2）MRFP 网元功能

(1) 在 MRFC 的控制下进行媒体流及特殊资源的控制。

(2) 对外部提供 RTP/IP 的媒体流连接和相关资源。

(3) 支持多方媒体流混合的功能(如多媒体会议)。

(4) 支持媒体流的处理功能(如音频的编解码转换支持 SSS 的转码(Transcoding)功

能、媒体分析）。

3）MRFP 接口协议

MRFP 相关网元接口示意图如图 3.19 所示。其中，Mp 接口功能同上文 SSS 中 Mp 接口功能。

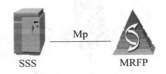

图 3.19　MRFP 相关网元接口

3.2.6　互联互通功能

下面主要介绍 BGCF、MGCF、IM-MGW、AGCF 的功能。

1. BGCF

1）BGCF 网元介绍

BGCF 是 IMS 域与外部网络的分界点，它选择在何处与 PSTN/CS 域互联。BGCF 只用于从 IMS 终端开始并且分配给电路交换网用户的会话，例如 PSTN 或 PLMN。需要注意的一点是，不同运营商的 IMS 网络互通，不需要经过 BGCF。BGCF 在选择与 PSTN 相连的网络的时候，可以使用本地路由配置，也可能会利用收到的其他协议交换得到的信息。

BGCF 通常不会单独设置物理实体，而是与 S-CSCF 合设，即可认为通常的 S-CSCF 也具备 BGCF 的功能。

2）BGCF 网元功能

（1）接收来自 S-CSCF 的请求，选择适当的 PSTN/CS 域的出口位置。

（2）选择与 PSTN/CS 域互通的网络。若 MGCF 与 BGCF 不在同一个网络中，则 BGCF 会选择该互通网络中的一个 BGCF，由后者最终选择互通 MGCF；如果网络运营商需要隐藏网络拓扑，则 BGCF 会将消息首先发给本网的 I-CSCF 进行 SIP 路由拓扑隐藏处理，然后由 I-CSCF 转发到另一个互通网络的 BGCF。

（3）选择与 PSTN/CS 域互通的 MGCF。若 BGCF 发现与被叫 PSTN/CS 用户会话实现互通的 MGCF 与自己处于同一个网络中，则直接选择本网的一个 MGCF。

（4）BGCF 可支持计费功能，生成计费相关的信息并送往 CCF。

3）BGCF 接口协议

BGCF 相关网元接口示意图如图 3.20 所示。

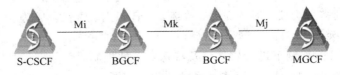

图 3.20　BGCF 相关网元接口

BGCF 相关接口与协议如下：

（1）Mi 接口。Mi 接口用于 S-CSCF 与 BGCF 之间的通信，该接口采用 SIP 协议。

（2）Mk 接口。Mk 接口用于 BGCF 与 BGCF 之间的通信，该接口采用 SIP 协议。Mk 接口的主要功能是 IMS 用户呼叫 PSTN/CS 用户，而其互通节点 MGCF 与主叫 S-CSCF 不在 IMS 域时，与主叫 S-CSCF 在同一网络中的 BGCF 会将会话控制信令转发到互通节点 MGCF 所在网络的 BGCF。

（3）Mj 接口。Mj 接口用于 BGCF 与 MGCF 之间的通信，该接口采用 SIP 协议。

2. MGCF

1）MGCF 网元介绍

MGCF 是 PSTN/CS 网关的中心节点。它采用 H.248 协议控制 IM-MGW（IMS 媒体网关）进行所有从 CS 用户到 IMS 用户的呼叫会话接续；发送 SIP 会话请求给 I-CSCF 用来终止会话；提供应用层上的信令（呼叫控制协议）转换，即 SIP 信令和 ISUP（ISDN 用户部分）/BICC 信令之间的转换，也就是说将 SIP 映射到经 IP 的 ISUP 或经 IP 的 BICC（BICC 和 ISUP 都是电路交换网络中的通话控制协议）；接收带外信息并转发到 CSCF/IM-MGW。

当 SIP 会话请求到达 MGCF 时，它在 ISDN 用户部分（ISUP）或者承载独立呼叫控制（BICC）与 SIP 协议之间进行协议的转换，并且通过信令网关（SGW）发送转换请求给 CSCN。通常，MGCF 实体也具备信令网关功能。

2）MGCF 网元功能

（1）实现 IMS 与 PSTN 或电路域 CS 的控制面交互，支持 IMS 的 SIP 协议与 PSTN 或电路域 ISUP/BICC 的交互及会话互通。

（2）通过控制 IM-MGW 完成 PSTN 或电路域承载于 IMS 域用户面 RTP 的实时转换，以及必要的编解码转换。

（3）对来自 PSTN/CS 网络指向 IMS 用户的呼叫进行号码分析，选择合适的 CSCF。

（4）生成计费相关的信息并送往 CCF。

3）MGCF 接口与协议

MGCF 相关网元接口示意图如图 3.21 所示。

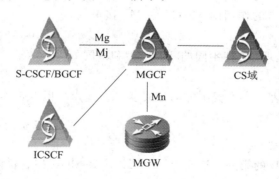

图 3.21　MGCF 相关网元接口

MGCF 相关接口与协议如下：

（1）Mj 接口。Mj 接口的作用同 BGCF 中 Mj 接口的，其主要功能是在 IMS 网络和 CS 域互通时，在 BGCF 和 MGCF 之间传递会话控制信令。

（2）Mg 接口。Mg 接口用于 S-CSCF 与 MGCF 之间的通信，该接口采用 SIP 协议。

（3）Mn 接口。Mn 接口用于 MGCF 与 IM-MGW 之间的通信，该接口采用 H.248 协议。

3. IM-MGW

1）IM-MGW 网元介绍

IM-MGW 负责 IMS 与 PSTN/CS 域之间的媒体流互通；提供了 CS CN 网络和 IMS 之间的用户平面链路；支持 PSTN/电路域 TDM 承载和 IMS 用户面 IP 承载的转换，即 IP 媒体流与 PCM 媒体流之间的编解码转换）。一方面，IM-MGW 能够通过实时传送协议 RTP 发送和接收 IMS 媒体；另一方面，IM-MGW 应用一个或更多的 PCM（脉冲编码调制）时隙来连接 CS 网络。此外，在 IMS 终端不支持 CS 端编码时，IM-MGW 会完成编解码的转换工作。IM-MGW 也可在 MGCF 的控制下完成呼叫的接续。

一个 IM-MGW 可以终止来自电路交换网的承载信道和来自分组网的媒体流，例如 IP 网络中的 RTP 流或者 ATM 骨干网中的 AAL2/ATM 连接，执行这些终端之间的转换，并且在需要时为用户平面进行代码转换和信号处理。IM-MGW 可以支持媒体转换、承载控制和负荷处理（例如，多媒体数字信号编解码器、回声消除器、会议桥）。IM-MGW 要提供必要的资源来支持 UMTS/GSM 的媒体传输，还需要对 H.248 协议进行进一步的调整以支持额外的多媒体数字信号编解码器等。

2）IM-MGW 网元功能

（1）根据来自 MGCF 的资源控制命令，完成互通两侧的承载连接的建立/释放和映射处理。

（2）根据来自 MGCF 的资源控制命令，控制用户面的特殊资源处理，包括音频 Codec（编解码）的转换、回声抑制控制等。

（3）信令转接点功能。

3）IM-MGW 接口与协议

IM-MGW 相关网元接口示意图如图 3.22 所示。

IM-MGW 相关接口与协议如下：

Mn 接口。Mn 接口的作用同 MGCF 中 Mn 接口的，其主要功能包括：

（1）灵活的连接处理，支持不同的呼叫模型和不同的媒体处理。

（2）IM-MGW 物理节点上资源的动态共享。

MGCF

Mn

IM-MGW

图 3.22　IM-MGW 相关网元接口

4. AGCF

1）AGCF 网元介绍

AGCF 是 AG/IAD 的第一个连接点。AGCF 作为 MGC 控制媒体网关实体，为传统模拟用户/家庭用户提供 PSTN/ISDN 仿真业务。同时，AGCF 与 IMS 中的 I/S/E-CSCF、AS 等网元交互，完成 AG/IAD 用户与 IMS 网络的互通。

IMS 核心网完成 AGCF 中用户的会话控制与数据管理，SSS 为用户提供补充业务能力，E-CSCF 提供紧急呼叫服务路由功能。AGCF 应支持与媒体网关（MG）之间的 H.248 协议接口，支持网关的 MAC 认证和 MD5 认证方式，以及对媒体网关的链路检测。

2）AGCF 网元功能

（1）媒体网关控制功能。控制 AG 等网关的注册、倒换、放音等。

（2）代理用户注册功能。当 AGCF 下挂的 AG 等终端在 AGCF 上完成网关注册后，AGCF 会代理与此 AG 关联的用户的 SIP 注册。

（3）支持多种类型传统终端的接入（例如 AG/323/V5/PRI 终端），并使这些终端都能使用 IMS 业务。

3）AGCF 接口与协议

AGCF 相关网元接口示意图如图 3.23 所示。

AGCF 相关接口与协议如下：

（1）P1 接口。P1 接口用于 AG/BAC 和 AGCF 之间的通信，该接口采用 H.248 协议。

（2）Mw 接口。Mw 接口用于 AGCF、I-CSCF 与 S-CSCF 之间的通信，该接口采用 SIP 协议。

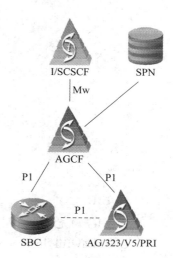

图 3.23 AGCF 相关网元接口

3.2.7 计费监听功能

这里主要介绍 IM-SSF、LIG、CG 的功能。

1. IM-SSF

1）IM-SSF 网元介绍

IM-SSF 是一种特殊类型的 AS，它是 SIP 和 CAMEL（移动网络定制增强逻辑服务器）的互通模块，用来负责基于 CAMEL 智能网的特性（如触发检测点、CAMEL 服务交换的有限状态机等）；它提供一个 CAP 接口。CAMEL 业务是传统的智能业务。在智能网中，它是通过 CAP 协议接入到网络中的。为了使 CAMEL 业务接入到 IMS 中，在 CAMEL 服务器与 S-CSCF 之间需要一个功能实体来完成 CAP 协议与 SIP 协议的转换，该功能由 IMS-SSF 完成。IM-SSF 允许 gsmSCF（GSM 服务控制功能）来控制 IMS 会话。

IM-SSF 是 IMS 域向传统智能网提供业务能力的一个接口实体，它完成 SIP 信令与 CAP 信令的转换；支持 CAMEL 业务环境（CSE）中开发的继承业务。

2）IM-SSF 功能

（1）基于 CAMEL 的 IP 多媒体注册。

（2）基于 CAMEL 的 IP 多媒体会话（MO 和 MT）。

（3）IP 多媒体 CAMEL 订阅。

在目前的电信环境中，主要用于对现网智能业务的继承，例如一号通、彩铃、VPN 群等。

3）IM-SSF 接口协议

IM-SSF 相关网元接口示意图如图 3.24 所示。

IM-SSF 相关接口与协议如下：

（1）ISC 接口。ISC 接口用于 S-CSCF 与 AS 之间的通信，该接口采用 SIP 协议。

（2）Ro 接口。Ro 接口用于 AS、MRFC、S-CSCF 与 OCS 进行在线计费，该接口采用 Diameter 协议。

（3）Rf 接口。Rf 接口用于 AS、P/S/I-CSCF、BGCF、MGCF、MRFC 与 CCF 进行离

线计费，该接口采用 Diameter 协议。

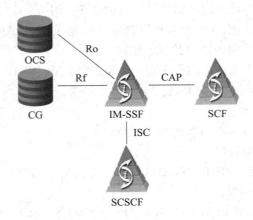

图 3.24　IM-SSF 相关网元接口

2. LIG

1）LIG 网元介绍

LIG（Lawful Interception Gateway，合法监听网关）是位于核心网与 LIC（Lawful Interception Center，合法监听中心）的功能实体，用于为公安局、安全局实现对用户的布控、监听功能。

2）LIG 网元功能

（1）对用户进行布控。

（2）接收用户事件。

当公安局、安全局决定对某一用户进行监听时，通过 LIC 给 LIG 发送指令，LIC 再对 SSS 进行布控处理；当用户有事件行为时，SSS 通过 LIG 上报。

3）LIG 接口协议

LIG 相关网元接口示意图如图 3.25 所示。

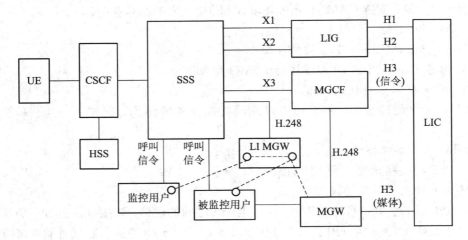

图 3.25　LIG 相关网元接口

（1）X1 接口。分为布控命令请求及响应、删除命令请求及响应。X1 接口基于 TCP/IP 的长连接方式，采用 ASN.1 编码方式。

（2）X2 接口。分为呼叫事件上报接口以及 CC 相关接口。X2 接口基于 TCP/IP，采用 ASN.1 编码方式。

（3）X3 接口。与 MGCF 的接口为 X3 的信令接口，主要完成通信内容的提交。X3 接口的信令部分采用 SIP 协议。

3. CG

1）CG 网元介绍

CG（Charge Gateway，计费网关）是核心网产品中一个非常重要的离线计费网元，可完成原始话单采集、话单预处理、话单存储、话单自动删除与备份等功能；支持接收 2.5G/3G PS 域网元的 Ga 接口、IMS 核心网网元和固定网 IMS 网元的 Rf 接口；实现 IMS 话单构造、PS 话单合并、IMS 话单合并等处理功能；产生符合计费中心要求的话单文件并传送到计费中心。

2）CG 网元功能

（1）产生离线话单。CG 可以接受来自 IMS 网元（目前主要有 CSCF/SSS/AGCF/MGCF）的 ACR（Accounting Request，计费请求），并根据一定的构造策略生成话单文件。

（2）过滤、分拣、合并话单。

① 过滤：CG 可以根据配置的策略，去除某类话单中的相关字段。

② 分拣：话单分拣功能是以话单中各字段的取值为条件，根据这些字段的不同取值将话单分别保存到不同的目录（也称之为话单通道）中。

③ 合并：将多个网元的话单合并为一张。

（3）分域管理话单。话单中主叫号码的区号将话单分区域保存，不同区域的话单再分别指派专人维护，这些负责专门维护指定区域内话单的人员称之为"分域用户"，"分域用户"由"超级用户"创建并指派对应区域的话单管理权限，"分域用户"可以并且只可以查看指定区域的话单，也可以并且只可以管理指定区域内话单文件的备份策略，这种"分域用户"对指定区域的话单进行查看、备份的功能就称之为"分域话单管理"功能。

（4）作为服务端口或者客户端口管理话单传输。大多数运营商采用计费中心做客户端、CG 作为服务器，运营商到 CG 上取话单。根据传输方式的不同，获取话单的方式可以分为 FTP 方式和 SFTP。也可配置 CG 作为客户端计费中心，此时 CG 会主动将话单文件上传到计费中心。

3）CG 接口协议

CG 相关网元接口示意图如图 3.26 所示。

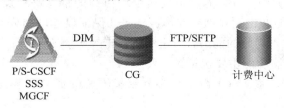

图 3.26　CG 相关网元接口

CG 相关接口与协议如下：

（1）Rf 接口。Rf 接口用于 CG 与业务网元之间的通信，该接口采用 DIM 协议。Rf 接口主要接收 ACR、返回 ACA 消息，并据此生成话单。

（2）CG 与计费中心接口。CG 与计费中心接口主要使 CG 作为客户端主动传送话单，或使 CG 作为服务端让计费中心主动来取话单，通常为 FTP、SFTP。

3.2.8　其他功能

其他功能这里主要介绍 SBC、EDS、SIP AS 的功能。

1. SBC

1）SBC 网元介绍

SBC（Session Border Control，会话边界控制）又称 BAC，是位于核心网与 IP 接入网及其他 IP 核心网的交界处的功能实体。SBC 包括信令代理单元（SAU，Signal Agent Unit）、媒体传输接口（MTI，Medial Transfer Interface）和资源管理模块（RM，Resource Manager）三部分，它实现了控制模块与转发模块相分离。引入 SBC 的主要目的是连接包括 SIP 和普通用户 IAD 在内的 UE 终端与 IMS 核心网，保证两者之间的信息出入安全控制，实现防火墙与地址转换功能。

2）SBC 网元功能

（1）地址转换。SBC 在运营商的公共互联网和用户私网之间进行地址转换，完成两种网络间的互联并实现 NAT 穿越功能（引入 NAT 技术可以解决公用地址不足等问题）。它支持 H.248/MGCP/SIP/H.323/NCS 协议的地址转换、H.248/MGCP/SIP 协议的 NAT 穿越和语音、视频地址的转换功能。

SBC 向 IMS 核心网隐藏用户 IP 地址，同时也向用户隐藏 IMS 核心网的 IP 地址。UE 的 IP 地址在到达 P-CSCF 之前，已经被 SBC 将源 IP 地址进行了一次地址转换。SIP 信令地址表中 UE 的地址记录为转换后的 IP 和端口。

通话协商建立后，IM-MGW 向终端侧的媒体转发表还不能完整建立，因为 IM-MGW 还不知道经过 SBC 转换后的 UE 地址，其需要收到 UE 发来的第一个媒体包，确定终端媒体包被 SBC 转换后的地址，才能完全建立媒体通道。

（2）安全功能。SBC 建立了 IP 层防护、协议应用层防护和业务层防护这三层安全防护；实现了核心网络拓扑隐藏（B2BUA 方式）；提供了关闭路由功能。只有目的地址是 SBC 地址的包才会进行后续处理，而 MAC 地址是 SBC，IP 地址不是 SBC 的数据包若想要通过 SBC 路由到 IMS 核心网将被丢弃。SBC 还支持访问控制列表（ACL）功能，可以完成异常 IP 包的过滤防护功能。

在媒体安全功能方面，SBC 能够根据信令中协商的带宽进行媒体带宽的检查和限制，防止媒体资源盗用；能够识别并判断媒体源地址，保证媒体转接安全；具备根据用户信令 IP 源地址进行媒体准入判断的能力，防止媒体攻击。

SBC 的信令防火墙功能主要包括：

① 拦截异常信号功能，对于消息头必要字段不全的消息和未注册用户的非注册消息予以丢弃。

② DOS 攻击发现和防护，具备攻击发现机制（目前主要是通过发现异常流量来识别攻

击），识别攻击后，生成动态 ACL，在微码层对该攻击源进行过滤并产生警告。

③ 为 IMS 核心网屏蔽一些不必要的流量，对于终端发送的监测 P-CSCF 存活的 OPTION 消息和频繁发送的重注册消息，直接予以回复。

④ 支持业务层黑名单。

⑤ 安全日志/TRAP。

⑥ H.248/MGCP/SIP/H.323 信令跟踪。

⑦ 关闭非服务端口，通常只开放 TCP(22 telnet、23 SSH)和 UDP(5060 SIP、161 SNMP)，以避免其他端口被攻击。

⑧ 微码层过滤。

⑨ 呼叫接纳控制 CAC。

（3）QoS 保证。SBC 具有先进的队列调度机制(PQ、CQ、WFQ)；支持 802.1p、DiffServ；支持将信令和媒体、用户侧和核心网侧分别进行 DSCP 标记的功能；支持 DSCP 重标记。SBC 可以根据配置对消息进行不同的优先级处理，可以为紧急呼叫和 VIP 用户打较高优先级标签。SBC 还具备根据其接收到的软交换消息 SDP 的相关参数对相应的呼叫媒体消息包进行优先级标记的功能。

（4）紧急呼叫标识。SBC 可以在信令分组上增加相关接入地字段，供核心网 CSCF 等网元进行紧急呼叫号码（如 110 等)的分区域变换后落地。

3）SBC 接口协议

SBC 相关网元接口示意图如图 3.27 所示。

SBC 相关接口与协议如下：

（1）Gm 接口。Gm 接口用于 UE 和 P-CSCF 之间的通信，该接口采用 SIP 协议。

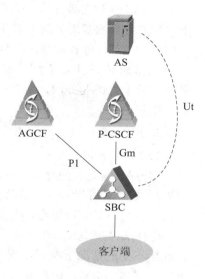

图 3.27　SBC 相关网元接口

（2）P1 接口。P1 接口用于 AGCF 之间的通信，该接口采用 H.248 协议。

2. EDS

1）EDS 网元介绍

EDS 为 ENUM 和 DNS 的合称，ENUM(E.164 Number URI Mapping，电话号码映射)位于核心网内给用户提供 E.164 格式的映射服务。

DNS 位于核心网内，给域名、主机名、IP 地址提供映射服务。

2）EDS 网元功能

（1）DNS 查询主要为三类：NAPTR 查询、SRV 查询、A/AAAA 查询。

① NAPTR 查询。查询用户域名时，返回用户归属域的 I-CSCF 的主机名。

② SRV 查询。查询用户主机名时，返回一个或者多个用户的主机名。通常是多个，按照优先级或权重排名，以此来实现对被查询主机的容灾。

③ A/AAAA 查询。查询主机名时，返回 IP 地址，核心网元直接向此地址发送消息。A 表示查询 IPv4 地址；AAAA 表示查询 IPv6 地址。

（2）ENUM 查询为 NAPTR 查询。NAPTR 查询返回的结果一般有两种（只带其中一种即可）：一为正则表达式，由查询网元自己分析得出结果；二为直接的 SIP 格式。

3）EDS 接口协议

EDS 相关网元接口示意图如图 3.28 所示。

EDS 相关接口与协议如下：

（1）业务网元与 EDS 接口。业务网元与 EDS 接口为业务网元查询 ENUM/DNS 的接口，该接口采用 DNS 协议。

（2）SPN 接口。该接口在 SPN 给 EDS 放号时使用。

（3）EDS 与上级接口。该接口用于 EDS 在自身上没有查询到数据时，向上级 EDS 进行查询。通常

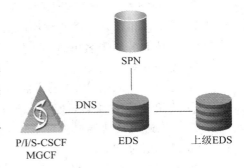

图 3.28　EDS 相关网元接口

的组网方案为：每省或地区有自己的 EDS(与一级全国 EDS 相连)，当本地网元查询本地 EDS 而本地 EDS 上没有相关数据时，就向一级 EDS 进行查询，然后将一级 EDS 返回的结果返回给本地的业务网元。若通过一级 EDS 查询的结果为空，则给本地方业务网元返回无该用户信息。

3. SIP AS

1）SIP AS 网元介绍

SIP AS 是业务的存放及执行者(这是一个基于 SIP 的主持和执行 IP 多媒体服务的应用服务器)，它可以基于业务影响一个 SIP 对话。由于 ISC 接口采用了 SIP 协议，所以它可以直接与 S-CSCF 相连，从而减少了信令的转换过程。SIP AS 主要是为 Internet 业务服务，这种结构使 Internet 业务可以直接移植到通信网中。在此平台上可以部署多个部件，在底层不变的情况下实现不同业务的组合。SIP AS 有自己的媒体服务器、计费服务器来进行多媒体的会议、用户业务计费等功能。

2）SIP AS 网元功能

（1）IM 业务。IM 业务用户使用点对点或点对多点的方式发送和接收消息，包括内容文本多媒体等。

（2）Presence（呈现）业务。Presence 业务主要用于支撑其他增值业务，如基于 Presence 的智能路由(包括呼叫、消息等)、通话过程中的状态显示、PoC、会议电话等。

Presence 业务用户订阅其他用户/应用的 Presence，Presence 改变后，自动通知被授权者更改 Presence 信息。即通过 Presence 业务，一方面，用户可以使自己的状态被选定的联系对象所知道；另一方面，用户也可以知道自己的联系对象的状态，从而选择合适的通信手段或者时段与对方通信。

（3）Group（群组）功能。Group 功能与具体的业务无关，一个 Group 可以被多种业务使用，特定的业务也可以定义一些业务专用的 Group。Group 功能除了一般的管理以外，还可以与具体业务建立通知订阅关系，如果 Group 信息发生变化，Group 会自动通知相关业务采取相应的措施。

一个 Group 功能可以执行创建 Group、加入 Group 等操作，Group 属性更改后，可通知相关人员。Group 功能包括用户个人信息管理(PIM)、私有 Group 管理、公共 Group 管理、Group 改变通知等功能。Group 上的所有业务信息都通过 XML 文档来进行管理，对

于新的业务需求可以通过制定相应的 Shema 来进行满足。

（4）Messaging（消息传递）业务。IMS 的 Messaging 业务可以承载任何媒体类型的消息，也可以为用户发送和接收历史消息提供网络存储功能。IMS 的 Message（消息）可以分为 Instant Message（即时消息）和 Deferred Message（延时消息）。Instant Message 为发送方发送的、立即送达接收方的消息，消息格式可以是短消息文本、图片甚至视频等。它包含两种实现方式：Page Mode 和 Session Mode。

· Page Mode 指的是消息模式，每条消息之间是独立的。这种模式强调实时可达性，确保本次的发送对方能收到，如果发送失败，则会给发送方返回失败回执。以这种模式发送的消息，接收方不在线时可以根据接收方的消息策略转换成离线消息。

· Session Mode 指的是聊天模式，强调实时性、交互性和会话的控制性。参加会话的每个客户端都必须是在线的，都会启动一个用户实时聊天窗口，显示本次聊天的所有信息（包括每个聊天方的状态和当前动作）。聊天模式中的所有消息都是在线消息，不支持离线消息。

Deferred Message 指为用户发送的和接收的历史消息提供网络存储功能。

（5）Conference（会议）业务。通过基于 IMS 的 Conference 业务，用户可以在此业务的使用过程中用语音或消息等多媒体进行通信。根据 Conference 策略，Conference 向有权限的用户提供各种会议操作（Conference 建立、Conference 控制和监控、文件及电子白板共享、综合的多媒体功能），系统同时也支持对 Conference 日志进行网络存储。IMS 的 Conference 可包含多种媒体。

（6）Centrex/PPT/视频、文件共享业务。

3）SIP AS 接口协议

SIP AS 相关网元接口示意图如图 3.29 所示。

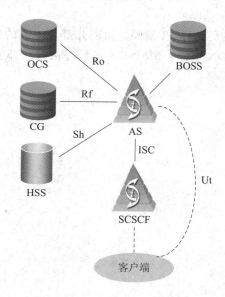

图 3.29　SIP AS 相关网元接口

SIP AS 相关接口与协议如下：

　　(1) Ut 接口。Ut 接口用于 UE 与 SIP 应用服务器（AS）之间的通信，该接口采用 HTTP协议。

　　Ut 接口的主要功能包括：

　　① 使得用户能够安全地管理和配置在 AS 上的、与网络服务相关的信息。

　　② 用户使用 Ut 接口创建和分配公共服务标识(PSI)，例如资源列表。

　　③ 用于呈现业务，以及会议策略管理等的认证策略管理。

　　(2) Sh 接口。Sh 接口用于 SIP AS、OSA-SCS 和 HSS 之间的通信，该接口采用 Diameter 协议。

　　(3) ISC 接口。ISC 接口用于 S-CSCF 与 AS 之间的通信，该接口采用 SIP 协议。

　　(4) Ro 接口。Ro 接口用于 AS、MRFC、S-CSCF 与 OCS 进行在线计费，该接口采用 Diameter 协议。

　　(5) Rf 接口。Rf 接口用于 AS 与 CCF 进行离线计费，该接口采用 Diameter 协议。

习　　题

3-1　EPS 主要由哪几部分组成？画出系统结构。

3-2　简述 eNB 网元的功能。

3-3　画出 EPS 与 2G/3G 共网架构图，并标注各网元之间的接口。

3-4　会话控制管理器 CSCF 有哪几类逻辑实体？

3-5　简述 HSS 网元的作用。

3-6　简述 MRFP 网元的作用。

3-7　简述 MGCF 网元的作用。

3-8　LIG 主要功能包括哪些？

3-9　什么是 IMSI 编码？IMSI 编码是由哪几部分组成的？

3-10　什么是 MSISDN 编码？MSISDN 编码是由哪几部分组成的？

第 4 章　OFDM 技术原理及关键技术

4.1　OFDM 原理介绍

4.1.1　OFDM 的基本原理

在数字通信中，通常采用的通信模型是单载波传输系统模型，如图 4.1 所示。

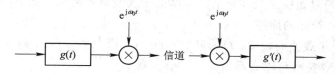

图 4.1　单载波传输示意图

图中，$g(t)$ 是匹配滤波器（对于给定的码元波形，使输出信噪比最大的线性滤波器），这种系统在传输速率不是很高的情况下，因时延产生的码间干扰不是特别严重，可以通过均衡技术消除这种干扰。所谓码间干扰（ISI，Inter Symbol Interference），就是当一个码元的时延信号产生的拖尾延伸到相邻码元中的时候，会影响信号的正确接收，造成系统误码性能的降低。而当数据传输速率较高时，若想要消除 ISI，则对均衡的要求更高，需要引入更复杂的均衡算法。

随着 OFDM 技术的兴起与发展，可以使用该技术进行高速数据传输，它可以很好地对抗信道的频率选择性衰落，减少甚至消除码间干扰的影响。OFDM 的全称是正交频分复用，是一项多载波传输技术，可以被看做是调制技术，也可以当做一种复用技术。其基本原理是把传输的数据流串并变换后分解为若干个并行的子数据流（也可以看做将一个信道划分为若干个并行的相互正交的子信道），这样每个子数据流的速率比串行过来的数据流的速率低得多（速率变为多少取决于变换为多少路并行数据流），从而每个子信道上的码元周期变长，此时每个子信道是平坦衰落，然后用每个子信道上的低速率数据去调制相应的子载波，从而构成多个低速率码元合成的数据发送的传输系统，如图 4.2 所示。

在单载波系统中，一次衰落或者干扰就可以导致整个链路性能恶化甚至失效；但是在多载波系统中，某一时刻只会有少部分子信道受到衰落的影响，而不会使整个通信链路性能失效。

在衰落信道中，根据多径信号最大时延 T_m 和码元时间 T_s 的关系，可以把性能降级分为两种类型：频率选择性衰落和平坦衰落。如果 $T_m > T_s$，则信道呈现频率选择性衰落。只要一个码元的多径时延扩展超出了码元的持续时间，就会出现这种情况，而信号的这种时延扩展导致了信号码间干扰的产生。如果 $T_m < T_s$，则信道呈现平坦衰落，在这种情况下，一个码元的多径时延分量都在一个码元的持续时间内到达，因此信号是不可分辨的，

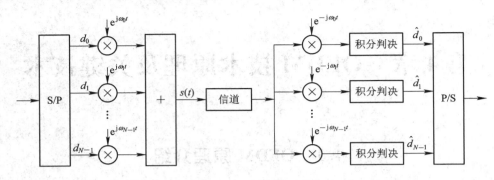

图 4.2 OFDM 系统调制解调原理框图

此时就不会引起码间干扰的出现，因为此时信号的时间扩展并不导致相邻接收码元的显著重叠。

一个 OFDM 符号由一系列经过数字调制的子载波信号组成。如果 N 表示子载波的个数，T 表示 OFDM 符号的周期，$d_i (i = 0, 1, 2, \cdots, N-1)$ 是分配给每个子载波的数据符号，f_0 是第 0 个子载波的频率，矩形函数 $\mathrm{rect}(t) = 1$，$|t| \leqslant T/2$，则从 $t = t_s$ 开始的一个周期 T 内的 OFDM 符号可以表示为

$$
\begin{cases}
s(t) = \mathrm{Re}\left\{ \displaystyle\sum_{i=0}^{N-1} d_i \mathrm{rect}\left(t - t_s - \frac{T}{2}\right) \exp\left[\mathrm{j}2\pi\left(f_0 + \frac{i}{T}\right)(t - t_s) \right] \right\} & t_s \leqslant t \leqslant t_s + T \\
s(t) = 0 & t < t_s \wedge t > t_s + T
\end{cases}
$$
(4.1)

通常采用复等效基带信号来描述 OFDM 的输出信号，如式 (4.2) 所示。

$$
\begin{cases}
s(t) = \mathrm{Re}\left\{ \displaystyle\sum_{i=0}^{N-1} d_i \mathrm{rect}\left(t - t_s - \frac{T}{2}\right) \exp\left[\mathrm{j}2\pi \frac{i}{T}(t - t_s) \right] \right\} & t_s \leqslant t \leqslant t_s + T \\
s(t) = 0 & t < t_s \wedge t > t_s + T
\end{cases}
$$
(4.2)

由于 OFDM 子载波之间的正交性，即

$$
\frac{1}{T}\int_0^T \exp(\mathrm{j}\omega_n t)\exp(-\mathrm{j}\omega_n t)\mathrm{d}t = \begin{cases} 1 & m = n \\ 0 & m \neq n \end{cases}
$$
(4.3)

如对式 (4.2) 中的第 k 个子载波进行解调，然后再在时间长度 T 内进行积分，得

$$
\begin{aligned}
\hat{d}_k &= \frac{1}{T}\int_{t_s}^{t_s+T} \exp\left[\frac{-\mathrm{j}2\pi k}{T}(t - t_s)\right] \sum_{i=0}^{N-1} d_i \exp\left[\frac{\mathrm{j}2\pi i(t - t_s)}{T}\right]\mathrm{d}t \\
&= \frac{1}{T}\sum_{i=0}^{N-1} d_i \int_{t_s}^{t_s+T} \exp\left[\frac{\mathrm{j}2\pi(i - k)(t - t_s)}{T}\right]\mathrm{d}t \\
&= d_k
\end{aligned}
$$
(4.4)

由式 (4.4) 可以看出，对第 k 个子载波进行积分解调可以恢复出期望数据符号；而对其他载波来说，如果在积分间隔内，频率差别为 $(i-k)/T$ 的整数倍则如图 4.3 所示，所以积分结果为零。

这种正交性还可以从频域角度来解释。在式 (4.1) 中，每个 OFDM 符号在其周期 T 内包括多个非零的子载波，因此其频谱可以看做是周期为 T 的矩形脉冲的频谱与一组位于各

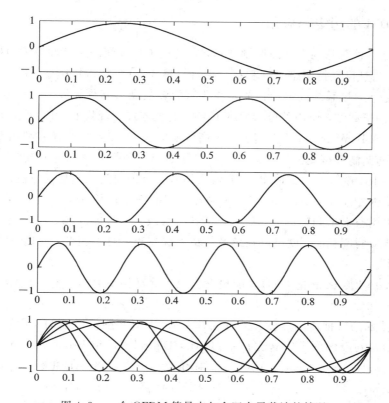

图 4.3　一个 OFDM 符号内包含四个子载波的情况

个子载波频率上的 δ 函数的卷积。矩形脉冲的频谱幅值为 sinc(fT) 函数，这种函数的零点出现在频率为 $1/T$ 整数倍的位置上。

图 4.4 给出了互相覆盖的各个子载波的频谱。从图中可以看出，在每个子载波频率最大值处，其他子载波的频谱值恰好为零。因为在对 OFDM 符号进行解调的过程中，需要计算每个子载波上取最大值的位置所对应的信号值，所以可以从多个相互重叠的子载波符号频谱中提取每个子载波符号，而不会受到其他子载波的干扰，也由此可以避免子载波间干扰的出现。

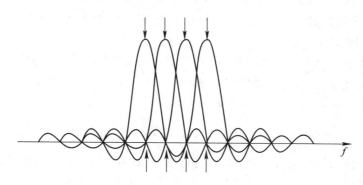

图 4.4　OFDM 系统中子载波频谱图

4.1.2 OFDM 的历史与应用

OFDM 是一种特殊的多载波调制技术，它利用子载波间的正交性极大地提高了系统的频谱利用率，而且可以抗窄带干扰和多径衰落。早在 20 世纪 50 年代，G. A. Doelz 等提出了 Kineplex 系统，该系统的设计目的是在严重的多径衰落高频无线信道中实现数据传输，系统使用 20 个子载波，使用差分 QPSK 调制，实现方式和现代的 OFDM 几乎一样。

1971 年，S. B. Weinstei 等提出了一种高效的实现 OFDM 的方法：利用 IDFT 和 DFT 实现 OFDM 的调制和解调。他们的研究重点是如何高效处理和解决信道间相互干扰的问题。为了解决 ISI 和 ICI，他们在时域上插入符号间保护间隔以及加窗方法。

1980 年，A. Peled 和 A. Ruiz 引入了循环前缀的概念，用 OFDM 的循环延伸填充保护间隔来替代采用空保护间隔的办法，解决了各子载波正交性的问题。当循环前缀的时间比信道的脉冲响应时间长时，就可以在色散信道上保持正交性。至此，现代 OFDM 的概念已经完全形成了。

1985 年，L. J. Cimini 把 OFDM 的概念引入了蜂窝移动通信系统，为无线 OFDM 系统的发展奠定了基础。

OFDM 技术的数据传输速度相当于 GSM 和 CDMA 技术标准的 10 倍。OFDM 以其良好的性能应用在欧洲的数字音频广播（DAB，Digital Audio Broadcasting）、数字视频广播（DVB，Digital Video Broadcasting）、非对称数字用户环路（ADSL，Asymmetric Digital Subscriber Line）、甚高速数字用户线路（VDSL，Very High bit rate Digital Subscriber Line）中，并被确定为 802.11a 的物理层标准。宽带移动通信系统 HiperLan2 也采用了 OFDM 技术，并且该技术在电力线网络中也得到了很好的应用。OFDM 与 CDMA 技术结合产生了 MA-RDMA，与智能天线波束形成技术结合产生频域波束形成 OFDM 系统和时域波束形成 OFDM 系统。OFDM 不仅是一种适合现代无线通信发展要求的技术，且可以与其他接入方式灵活地结合衍生出新的系统。

4.1.3 OFDM 调制解调的 IDFT/DFT 实现

1971 年，S. B. Weinstei 等提出用 IDFT 和 DFT 来实现多个调制解调器的功能，原始的 OFDM 系统采用这种思想实现了 OFDM 系统的多载波调制、解调，这极大地促进了 OFDM 技术应用的发展。

对子载波数 N 较大的系统来说，式(4.2)中的 OFDM 复等效基带信号可以用 DFT 来实现。令式(4.2)中的 t_s 为零，忽略矩形函数，对信号 $s(t)$ 以 N/T 的速率进行抽样，即令 $t=kT/N$（$k=0,1,\cdots,N-1$），则得到

$$s_k = s(kT/N) = \sum_{i=0}^{N-1} d_i \exp\left(\frac{\mathrm{j}2\pi ik}{N}\right) \qquad 0 \leqslant k \leqslant N-1 \qquad (4.5)$$

由式(4.5)可以看出，s_k 等效为对 d_i 进行 N 点的 IDFT 运算。同样的，在接收端为了恢复原始的基带数据 d_i，可以对接收到的 s_k 进行 N 点 DFT 运算，可得

$$d_i = \sum_{k=0}^{N-1} s_k \exp\left(\frac{-\mathrm{j}2\pi ik}{N}\right) \qquad 0 \leqslant i \leqslant N-1 \qquad (4.6)$$

由式(4.5)、式(4.6)可看出，OFDM 通信系统中的多载波调制和解调可以分别由 IDFT 和 DFT 来代替。

在 OFDM 系统的实际应用中，可以采用更加方便快捷的快速傅立叶变换/快速傅立叶逆变换(FFT/IFFT)，可大大简化系统的复杂度。N 点 IDFT 运算需要实施 N^2 次的复数乘法(为了方便，只比较复数乘法的运算量)，而 IFFT 可以显著地降低运算的复杂度。对常用的基 2IFFT 算法来说，其复数乘法的次数仅仅为 $(N/2)\log_2(N)$。以 16 点的变换为例，IDFT 和 IFFT 中所需要的乘法数量分别是 256 次和 32 次，而且随着子载波个数 N 的增大，这种算法复杂度之间的差距也越明显，IDFT 的计算复杂度会随着 N 的增加而呈现二次方增长，而 IFFT 的计算复杂度的增加只是稍稍快于线性变化。对于子载波数量非常大的 OFDM 系统来说，可以进一步采用基 4IFFT 算法，其复数乘法的数量仅为 $3N(\log_2 N - 2)/8$。

4.1.4　OFDM 信号的产生流程

OFDM 信号的发送接收过程如图 4.5 所示，该过程需要经过下面两个步骤。

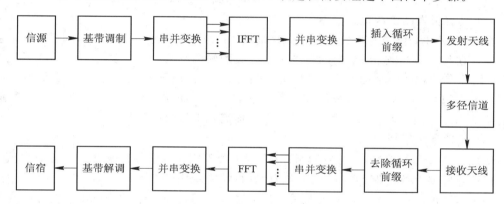

图 4.5　OFDM 信号的发送接收过程

1. 发送过程

(1) 基带调制：对信源产生的数据编码交织后，按照一定的映射关系进行基带信号的星座映射，也就是将一个二元比特按照一定的规则转换为一个一元符号，数据映射方式常选用 QPSK、QAM 等。

(2) 串并转换：使速率为 R 的串行输入的信号变为 N 个并行的输出。这 N 个并行输出的信号中任何一路的数据传输速率为 R/N。

(3) IFFT：可以把频域离散的数据转化为时域离散的数据，实现 OFDM 的多载波调制。

(4) 并串转换：用于将并行数据转换为串行数据。

(5) 插入循环前缀：为单个 OFDM 符号创建一个保护带，在信噪比边缘损耗中被丢掉，以极大地减少符号间的干扰。

2. 接收过程

(1) 去除循环前缀：由于多径时延小于循环前缀的长度，所以去除循环前缀后，可以消除码间干扰。

（2）串并变换：将串行数据变换为 N 个并行的数据，为后续的 FFT 解调提供条件。

（3）FFT：实现 OFDM 的多载波解调。

（4）并串变换：将 FFT 解调之后的信号变为一路信号输出，并送至基带解调。

（5）基带解调：解除信号的基带映射关系，并进行反编码、反交织，将信号变为基带信号。

4.1.5　OFDM 技术的主要优缺点

1. OFDM 的优点

OFDM 的优点如下：

（1）适用于多径环境和衰落信道中的高速数据传输。

它将高速串行数据分割成多个子信号，以降低码元速率，也延长了码元周期；当传输的符号周期大于最大延迟时间时，就能够有效地减弱多径扩展的影响。所以 OFDM 对信道中因多径传输而出现的 ISI 有很强的鲁棒性，系统总的误码率性能好。

（2）具有很强的抗信道衰落能力。

在 OFDM 中，由于并行数据码元周期很长，一般大于深衰落的延续时间，所以深衰落通常发生在某个子载波上，这时通过各个子载波的联合编码便可恢复。如果衰落不是特别严重，则简单的均衡器结构是 OFDM 的突出优点之一。由于 OFDM 在每个子信道上通常经历的是平坦衰落，所以可以方便地对各个子信道进行频域均衡。一般情况下，一阶抽头滤波器结构的均衡器便可满足要求，这也很大地简化了接收机的复杂度。

（3）频谱利用率高。

传统的频分多路传输方法是将频带分为若干个不相交的子频带来并行传输数据流，各个子信道之间要保留足够的保护频带。而 OFDM 系统由于各个子载波之间存在正交性，且允许子信道的频谱互相重叠，因此与常规的频分复用系统相比，OFDM 系统可以最大限度地利用频谱资源。

（4）可以采用 IDFT 和 DFT 方法来实现。

各个子信道中的正交调制和解调可以采用 IDFT 和 DFT 方法来实现。尤其在子载波数目多的情况下，采用 FFT 算法能大大减少系统的复杂度，简化系统结构，从而使 OFDM 技术更趋于实用化。

（5）容易实现上行和下行链路中不同的传输速率。

无线数据业务一般都存在非对称性，即下行链路中传输的数据量要远远大于上行链路中的数据传输量，如 Internet 业务中的网页浏览、FTP 下载等。另一方面，移动终端功率一般小于 1 W，在大蜂窝环境下传输速率低于 10 kb/s；而基站发送功率可以较大，有可能提供 1 Mb/s 以上的传输速率。因此无论从用户数据业务的使用需求，还是从移动通信系统自身的要求考虑，都希望物理层支持非对称高速数据传输，而 OFDM 系统可以很容易地通过使用不同数量的子信道来实现上行和下行链路中不同的传输速率。

（6）易于与其他技术相结合。

OFDM 系统可以与其他多种接入方法相结合使用，构成 OFDMA 系统，其中包括多载波码分多址 MA-RDMA、跳频 OFDM 以及 OFDM-TDMA 等，这使得多个用户可以同时利用 OFDM 技术进行信息传递。

（7）抗窄带干扰。

因为窄带干扰只能影响一小部分的子载波，因此 OFDM 系统可以在某种程度上抵抗这种窄带干扰。

2. OFDM 的缺点

OFDM 的缺点如下：

（1）对定时和频率偏移敏感。

由于子信道的频谱相互覆盖，这就对它们之间的正交性提出了严格的要求。然而由于无线信道存在时变性，在传输过程中会出现无线信号的频率偏移，例如多普勒频移，或者由于发射机载波频率与接收机本地振荡器之间存在的频率偏差，都会使得 OFDM 系统子载波之间的正交性遭到破坏，从而导致子信道间干扰（ICI），这种对频率偏差的敏感性是 OFDM 系统的主要缺点之一。

（2）存在较高的峰值平均功率比。

多载波系统的输出是多个子信道信号的叠加，因此如果多个信号的相位一致，所得到的叠加信号的瞬时功率就会远远高于信号的平均功率，导致较大的峰值平均功率比，这就对发射机内放大器的线性度提出了很高的要求。较大的峰值平均功率比可能带来信号畸变，使信号的频谱发生变化，从而导致各个子信道间的正交性遭到破坏，产生干扰，使系统的性能恶化。

4.2　OFDM 关键技术介绍

4.2.1　循环前缀

应用 OFDM 的一个重要原因是其可以有效地对抗多径时延扩展造成的码间干扰问题。为了最大限度地消除符号间的干扰，一个比较常用的方法是在每个 OFDM 符号之间插入保护间隔（GI，Guard Interval），且保护间隔的长度 ΔT 一般要大于无线信道的最大时延扩展，这样一个符号的时延分量就不会对下一个符号造成干扰。

此时，符号周期由 T 增加至 $T' = T + \Delta T$，而各子载波的间距仍为 $1/T$，接收机相关接收的时间也仍为 $[0, T]$。加入的保护间隔可以不插入任何信号，即为一段空白的传输时段，但这种情况下，由于多径时延的影响，会破坏子载波间的正交性，产生子载波间的干扰，如图 4.6 所示。这里所说的多径时延是指对同一个符号而言的时延，即第一个到达的符号为 s_1，经过 t 时延到达的第一个符号 s_1 的时延信号为 s_2，如果在积分周期 T 内，s_1 的第一个子载波 f_1 与第二个子载波 f_2 之间的周期数相差为整数个，则在 T 内对第一个子载波解调时，其他子载波不会产生影响。但是由于时延信号 s_2，接收到的信号就是 s_1 与 s_2 的和信号，即接收信号含有两个信号，也就是说接收信号中含有两套第一子载波和第二子载波，s_1 中的第一个子载波与第二个子载波之间的周期数相差必定为整数个。如果 s_1 中的第一个子载波与 s_2 中的第二个子载波相差不是整数个周期，则在积分周期内对第一个子载波解调的时候，s_2 中的第二个子载波会对 s_1 中的第一个子载波产生影响，即 s_2 中的第二个子载波在积分周期 T 内的积分不为 0，也就是破坏了正交性，产生了子载波间的干扰。

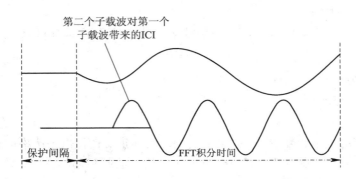

图 4.6　多径情况下空白保护间隔在子载波间造成的干扰

因此为了保持子载波间的正交性，在 OFDM 系统中，将 OFDM 符号的后 ΔT 时间中的样点复制到 OFDM 符号的前面，形成前缀。这样整个符号的长度增加了，每一个子载波解调的时间 T 内都有一个整数个子载波的循环，时延小于 ΔT 的时延信号就不会在解调过程中产生子载波间的干扰。此时将保护间隔称为循环前缀（CP，Cyclic Prefix），如图 4.7 所示。

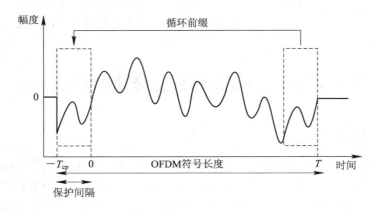

图 4.7　保护间隔为循环前缀

引入循环前缀会使系统的传输效率有所下降。假设插入循环前缀的长度为 T_{cp}，未插入循环前缀的 OFDM 符号的长度为 T，数据速率为 V，则插入循环前缀后数据速率 V_{cp} 为

$$V_{cp} = \frac{T}{T + T_{cp}} V \tag{4.7}$$

由式（4.7）可知，插入循环前缀后数据速率降为原来的 $T/(T + T_{cp})$ 倍，即频谱利用率降低为原来的 $T/(T + T_{cp})$ 倍，所以插入的循环前缀长度一般小于 $T/4$。

插入循环前缀后还会带来功率损失。循环前缀与功率损失之间的关系为

$$P_{loss} = 10 \lg\left(1 - \frac{T}{T + T_{cp}}\right) \tag{4.8}$$

由式（4.7）和式（4.8）可以看出，当循环前缀占到 20％时，功率损失不到 1 dB，带来的信息速率损失达到 20％。但是与插入循环前缀后可以消除多径信道引起的 ISI 和 ICI 的影响相比，这个代价是值得的。

4.2.2　峰均比(PAR)

1. 形成原因

在单载波系统中，例如 FSK、PSK 等的调制信号的包络是恒定的。在这样的系统中，发射机的功放可以工作在效率很高的非线性区，而输出信号的频谱扩展和带外失真很小。与单载波系统相比，OFDM 采用的是一组具有正交关系的多载波调制方式，它是在二进制比特映射到复信号后使用 IFFT 进行调制的，而 OFDM 信号是由多个经过调制的子载波信号相加而成的。如果把每一个子载波看成是相位随机的余弦信号，虽然每一个子载波的包络值统计独立，但是当所有子载波相加时，由于其相位随机，则合成后的 OFDM 符号的包络值是起伏不定的，并非恒包络信号。当各个子载波呈现相同极性的峰值时，叠加信号不可避免地出现很高的峰值，但是总的信号的平均功率是一定的，由此会带来较大的峰值功率比，即峰均比(PAR，Peak-to-Average Ratio)。虽然在整个 OFDM 系统中，幅度低的分量在整个信号中所占的相对概率比幅度高的相对概率大，而且随着幅度的增大，概率只会越来越低，但是高峰值的存在必然会对系统的线性提出较高的要求，特别是对系统中的 D/A、A/D 和射频放大器有较高的要求。

2. 峰均比的定义及基本原理

OFDM 信号是 N 个独立样值信号的叠加，根据中心极限定理，当 N 取足够大时，OFDM 的信号幅度是服从高斯分布的，其包络值是不恒定的，会产生较大的峰值功率。这种信号包络的变化特性通常是用峰值功率与平均功率比来表征的。峰均比公式为

$$PAR(dB) = 10 \lg \left\{ \frac{\max\limits_{0 \leqslant t \leqslant T_{OFDM}} \{|x(t)|^2\}}{E\{|x(t)|^2\}} \right\} \tag{4.9}$$

式中：$x(t)$ 表示表示经过 IFFT 运算之后得到的输出信号。对于 N 个子信道来说，当各个子信道的相位都相同时，此时各个子信道调制信号都以同相位、幅度相加，得到的 OFDM 符号的峰值最大，峰值功率为平均功率的 N 倍，同时 $PAR = 10 \lg N$，但这是一种极端的情形，一般情况下是不会达到的。PAR 值越大，信号包络的不恒定性越严重。

从测量角度来看，用式(4.9)计算的 PAR 值来表征 OFDM 不具有实际意义。因为 OFDM 信号功率峰值观察到的可能性微乎其微，而且如果 $x(t)$ 是一个高斯随机过程，当测量时间足够长时，$\max x(t)$ 会无穷大，因此测量 OFDM 的峰值统计分布更具有理论分析价值。

OFDM 符号的幅值服从瑞利分布，功率分布要服从两个自由度的中心 χ^2 分布，其中均值为零，方差为 1。对于两个自由度的中心 χ^2 分布，即 $Y = X_1^2 + X_2^2$，$X_i(i=1,2)$ 是数学期望为 0，方差为 σ^2 且相互独立的高斯变量，则 $R = \sqrt{Y = X_1^2 + X_2^2}$ 为瑞利分布。可知功率分布的累计分布函数为

$$P(Power \leqslant z) = F_{Power}(z) = \int_0^z \exp(-y) \mathrm{d}y = 1 - \exp(-z) \tag{4.10}$$

再计算 OFDM 符号的累计分布函数。假设 OFDM 符号周期内每个信号样值间彼此独立(只要不是过采样，这一点是满足的；即便有过采样，也是近似成立的)，则 OFDM 符号周期内的 N 个采样值当中的 PAR 小于某一门限的概率分布，即累计概率分布(CDF，

Cumulative Distribution Function)，$P(\text{PAR} \leqslant z) = F_{\text{Power}}(z)^N = (1 - e^{-z})^N$；当 PAR 超过某一门限值时得到互补累计分布函数（CCDF，（Complementary Cumulative Distribution Function)，$P(\text{PAR} \geqslant z) = 1 - (1 - e^{-z})^N$。CCDF 用以描述 OFDM 信号的分布特性。

另外一个常用参数是 OFDM 信号的峰值因子（CF，Crest Factor），其定义为 OFDM 信号的幅度峰值与 rms（即包络平方值的均值）。

$$CF(dB) = 10 \lg \left\{ \frac{\max\limits_{0 \leqslant t \leqslant T_{\text{OFDM}}} \{ |x(t)| \}}{\sqrt{E\{ |x(t)|^2 \}}} \right\} \tag{4.11}$$

3. PAR 问题对 OFDM 系统的影响

PAR 问题对 OFDM 系统的影响如下：

（1）增加了 D/A 的复杂度；要求转化器有较大的转换宽度。

当 OFDM 信号出现较大峰值时，需要 A/D、D/A 转换器具有较大的信号动态范围，且至少应大于信号的峰值。但是此时，D/A、A/D 转换器的效率会非常低，因为大部分信号的幅度范围都远小于这个动态范围，而且转换器的位数是有一定限度的，如果峰值过高，则会超过转换的位数。另外，为了保证量化噪声在可以接受的范围内，需要很多量化电平，从而需要用较长的字长去表示一个量化电平。在量化电平字长数相同的条件下，高的 PAR 值会引入更多的量化噪声。

这里还需要考虑 D/A 的转换精度，在 D/A 转换中经常用分辨率和转换误差来描述转换精度。分辨率用输入的二进制数码的位数表示，在分辨率为 n 的转换器中，根据输出模拟电压的大小可以区分出输入代码从 $00\cdots00$ 到 $11\cdots11$ 全部 2^n 个不同的状态。也可以用转换器能够分辨出的最小电压与最大输出电压之比给出分辨率，如 10 位转换器的分辨率表示为 $1/(2^{10} - 1) = 1/1023 \approx 0.001$。比如 8 位的 A/D 转换的幅值电压为 $1/2^8 \times V_{\text{ref}} \times 255$ 接近 V_{ref}，V_{ref} 为基准电压。如果信号幅值超过 V_{ref}，而 A/D 转换只能转换 $0 \sim V_{\text{ref}}$，此时对超过 V_{ref} 的信号只能作为 V_{ref} 进行转换，信号就会产生失真。

（2）要求射频放大器具有更大的线性范围。

对收到的信号进行 IFFT 后得到的离散时间抽样进行 D/A 转换和脉冲成形滤波，形成连续时间传输信号 $y(t)$。较大的 PAR 值同样导致信号 $y(t)$ 幅度的较大峰值。当传输信号经过功率放大器时，若放大器的线性动态范围小于信号的峰值，会有部分信号进入到功率放大器的非线性区，由此会产生非线性失真（进入饱和区则产生饱和失真，即下削波；进入截止区则产生截止失真，即上削波），放大器会给信道引入无记忆的、非线性的相位失真。非线性失真会引起带内失真和频谱扩展干扰，带内失真会导致系统大的误码率，而频谱扩展干扰会导致相邻信道间的干扰，产生子载波间的互调和带外辐射（指在信道带宽以外由于调制及发射机的非线性所产生的辐射），破坏子载波间的正交性。为了减少这种非线性失真，要求放大器具有高线性特征，或者对放大器进行很大的补偿。但是无论哪种方法，都会造成放大器的效率下降，造成发射端产生很大的功耗。特别是在移动通信中，这是绝对不允许的。因此为了获得较好的系统性能，必须降低 OFDM 信号内较大的峰均比值。

（3）一些通信组织，如 FCC（美国联邦通信委员会）、CEPT（欧洲邮电行政大会），经常会为给定的频带设置峰值功率上限，这样，相对于单载波系统，多载波方式就很难最大限度地利用这些功率限制，从长远来看也会阻碍 OFDM 的发展。

4. 改善方法

目前所存在的减小 PAR 的方法可以被分为三类：

第一类是信号预畸变技术，即在信号经过放大之前，首先要对功率值大于门限值的信号进行非线性畸变，包括限幅（Clipping）、峰值加窗或者峰值消除等操作。这些信号畸变技术的好处在于直观、简单，但信号畸变会对系统性能造成损害。

第二类是编码方法，即避免使用那些会生成大峰值功率信号的编码图样，例如采用循环编码方法。这种方法的缺陷在于，可供使用的编码图样数量非常少，特别是当子载波数量 N 较大时，编码效率会非常低，从而导致这一矛盾会更加突出。

第三类就是利用不同的加扰序列对 OFDM 符号进行加权处理，从而选择 PAR 较小的 OFDM 符号来传输。

4.2.3 同步技术

在数字通信系统中，为了能正确地恢复信息，需要对接收信号进行同步。与单载波系统相比，OFDM 系统的符号由多个正交的子载波信号叠加构成，各个子载波之间利用正交性来区分，因此确保这种正交性的同步技术尤其重要。

OFDM 系统的同步可以分为：符号同步、载波同步、样值同步。

（1）符号同步是为了区分每个 OFDM 符号的正确起始位置。如果同步不正确，会引起 FFT 窗的位置偏差，使解调信号受到一个偏移因子的加权，严重时还会引起 ISI 和 ICI。

（2）载波同步是为了实现接收信号的相干解调，如果本地载波频率和发射机的载波频率并不完全相同以及存在多普勒效应的影响，解调信号时会有一个时变的频率偏差。如果不对该频率偏差进行估计修正，它将破坏 OFDM 子载波的正交性，引起 ICI。

（3）样值同步是为了使接收端的取样时刻与发送端完全一致，因为每个 OFDM 符号块包含 N 个样值，接收机 A/D 和发射机 D/A 的采样时钟周期不完全同步，会造成时变相位偏移以及 FFT 窗起始点与真实符号起始点发生偏差，但通常情况下这种影响很小。

OFDM 系统中的同步过程一般分为捕获和跟踪两个阶段，捕获阶段进行粗同步，跟踪阶段进行细同步，以进一步减小误差。

对于突发式的数据传输，一般是通过发送辅助信息来实现同步。在当前提出的 OFDM 系统中，采用辅助信息的同步方式主要可以分为：插入导频符号的同步和基于循环前缀的同步。这两种同步方法，各有其优缺点。插入导频符号的同步法性能较好，但是这种方法浪费了带宽和功率资源，降低了系统的有效性；基于循环前缀的同步法可以应用最大似然估计算法，克服了插入导频符号浪费资源的缺点，且简单、易实现，但是同步范围较小。

同步是 OFDM 技术中的一个难点，其中较常用的有利用奇异值分解的 ESPRIT 同步算法和 ML 估计算法，ESPRIT 同步算法虽然估计精度高，但计算复杂、计算量大；而 ML 估计算法利用 OFDM 信号的循环前缀，可以有效地对 OFDM 信号进行频偏和时偏的联合估计，而且与 ESPRIT 算法相比，其计算量要小得多。

4.2.4 训练序列和导频及信道估计技术

信道估计也是 OFDM 技术中的一个研究热点与难点。OFDM 信号在衰落信道中传输时，其幅度会发生衰落，相位会发生偏移。在接收端需要有一个参考信号（包含信道特性），才能正确恢复出原来的发送信息。为了解决参考信号的问题，有两种方法：一种是采用相干检测，另一种是采用差分检测。相干检测需要先对参考信号的幅度和相位进行估计（也就是需要做信道估计），然后用估计得到的信道信息进行均衡，从而消除或减小信道对信号造成的失真。在差分检测中，不使用绝对的幅度和相位值，而是发送相邻信号幅度或者相位的差值。因此，差分检测不需要绝对的参考信号，也就是无需做信道估计。但使用差分检测时，仍需要一些导频信号用于提供初始的相位参考，因此该方法降低了系统的复杂度和导频的数量，但却损失了信噪比。

OFDM 系统可等效为 N 个独立的并行子信道，如果不考虑信道噪声，N 个子信道上的接收信号等于各自子信道上的发送信号与信道的频谱特性的频率乘积。如果通过估计方法预先获知信道的频谱特性，将各子信道上的接收信号与信道的频谱特性相除，即可实现接收信号的正确接收。

信道估计的方法有很多，常见的信道估计方法有两类：基于导频信息的信道估计和基于训练序列的信道估计。训练序列通常用在非时变信道中，在时变信道中一般使用导频信号。基于导频信息的信道估计方法又可分为基于导频信道的估计和基于导频符号的估计。基于导频符号的估计是在发送端信号的某些固定位置插入一些已知的符号和序列，在接收端利用这些导频符号和导频序列按照某些算法进行信道估计。OFDM 系统具有时频二维结构，因此可以在时间轴和频率轴同时插入导频符号，使设计更加灵活，也可以插入连续导频和分散导频，导频的数量是估计精度和系统复杂的折中。如图 4.8 所示，导频信号之间的间隔取决于信道的相干时间和相干带宽，在时域上，导频的间隔应小于相干时间；在频域上，导频的间隔应小于相干带宽。在实际应用中，导频模式的设计要根据具体情况而定。

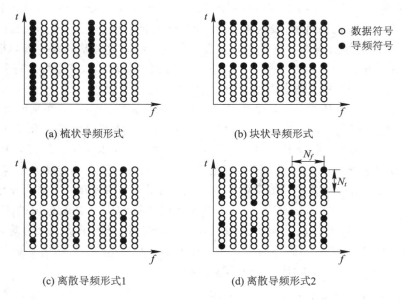

图 4.8　导频插入示意图

在图 4.8(a)中，导频符号均匀分布在每个 OFDM 符号内，对时间方向的慢衰落并不敏感，而对频率选择性衰落是敏感的，这种导频形式又称为梳状导频形式（Comb-Type）。

在图 4.8(b)中，某一个 OFDM 符号全是导频数据，即周期性地发送导频，它适合于时间方向的慢衰落信道，对频率选择性不敏感，这种导频方式又称为块状导频形式（Block-Type）。图 4.8(c)和图 4.8(d)是另外两种导频形式，信道估计时，需要在时间和频率两个方向上进行内插，但它比前两种方法使用的导频数目更少。

在 OFDM 系统中，信道估计器的设计主要有两个问题：

一是导频信息的选择。由于无线信道是衰落信道，需要不断地对信道进行跟踪，因此，导频信息也必须不断地被传送。

二是复杂度较低且导频跟踪能力良好的信道估计器的设计。在确定导频发送方式和估计准则的条件下，寻找最佳的信道估计器结构。实际设计中，估计器的性能和导频信息的传输方式有关，所以导频信息的选择和最佳估计器的设计两者之间是相通的。

4.2.5　编码技术

在 OFDM 系统中，为了抵抗突发脉冲错误和多径衰落，可以通过信道编码和交织技术来进一步改善整个系统的性能。

OFDM 系统的结构为各个子载波进行编码提供了机会，通过将各个信道联合编码，可以使系统具有很强的抗衰落能力。这种将信道编码和 OFDM 结合起来的技术称为信道编码正交频分复用技术（COFDM，Coded OFDM）。COFDM 是最早的 OFDM 技术之一，它在进行 OFDM 调制之前，在子载波中引入了前向纠错码（FEC），以进一步补偿频率选择性衰落信道的影响，从而提高了系统误码率。

常用的前向纠错码有以 RS（Reed-Solomon）和 CRC 为代表的分组码、卷积码、网格编码调制（TCM）以及空时编码等。在 OFDM 系统中对纠错技术研究的发展方向是结合多天线技术并使用空时编码，即所谓的 MIMO-OFDM 技术，这项技术可显著地提高 OFDM 系统的性能，成为了下一代无线通信系统的热点技术。

交织使信息在频域和时域扩展，使传输时各单元码信号受到的衰落可以认为在频域上统计独立，利用信道编码技术可以使部分由于频率选择性衰落或干扰而被破坏的数据依靠另外一些频率分量得到增强的部分数据恢复，这表明 OFDM 系统具有频率隐分集和时间隐分集的作用，这对频率选择性衰落及时间选择性衰落是有效的。编码和交织的使用将一个局部的衰落在整个带宽和时间交错深度内进行平均，在通常系统中频率选择性这一缺点，在 OFDM 中就转化为了优点，它实际上提供了频率上的分集效果。

衰落信道会产生数据突发性错误，有效的方法是对编码后的数据进行交织，使突发性信道变为随机信道。交织可以在频域和时域进行。采用交织器和去交织器，可以使突发错误在时域扩展开来，可将一个有记忆的突发差错信道变成基本上无记忆的随机独立差错信道，再利用纠错码来纠错，从而可大大提高系统的纠错能力。在 OFDM 系统中，发送端编码后的数据先经交织器按行读出重新排序后再进行调制，接收端在解调后，由去交织器恢复出原始顺序进行译码。交织器的结构有两种：分组结构和卷积结构，二者配合使用效果更佳。可根据具体的应用选择不同的编码和交织方案。

4.2.6　OFDM 的子载波和功率分配问题

在频率选择性衰落明显的信道中，OFDM 的不同的子信道受到不同的衰落，因此有不同的传输能力，将自适应技术应用于 OFDM 系统，根据子信道的瞬时特性动态地分配数据速率和传输功率，可以优化系统性能。在单用户 OFDM 系统中，由于频率选择性衰落的缘故，有相当一部分子信道由于衰落严重而不被使用；而在多用户 OFDM 系统中，由于传输路径不同，使得相对于某一用户衰落严重的子信道对于其他用户的衰落并不一定严重。事实上，各用户的衰落是相互独立的，很少会出现对所有用户都严重衰落的子信道。因此，在 OFDM 系统中，采用自适应资源分配和调制技术，即根据信道的瞬时特性在每个 OFDM 符号周期内分配给每个子信道不同的信息比特数，使系统达到最大比特率。各子信道信息的分配应遵循信息论中的"注水定理"，即优质信道多传送、较差信道少传送、劣质信道不传送的原则。

习　　题

4 - 1　相对于单载波系统，多载波系统有什么优点？

4 - 2　OFDM 的优点是什么？缺点是什么？

4 - 3　峰均比的问题对 OFDM 系统的影响有哪些？有哪些改善方法？

4 - 4　OFDM 系统的同步分为哪几类？每一种同步的目的是什么？

4 - 5　OFDM 系统中的信道估计方法有哪些？它们各自有什么特点？

4 - 6　常见的前向纠错码有哪些？它们的发展方向是什么？

第 5 章　MIMO 技术原理及关键技术

新一代移动通信系统所追求的目标就是任何人，在任何时候可以与任何地方的任何人进行通信，并能以更低的成本提供上百兆比特每秒的多媒体数据通信速率。显然，必须开发高频谱效率的无线传输方案才可能实现此目标。而随着无线通信技术的快速发展，频谱资源的严重不足已经日益成为遏制无线通信事业的瓶颈。所以如何充分开发利用有限的频谱资源，提高频谱利用率，是当前通信急需解决的挑战之一。这种挑战促使人们努力开发高效的编码，发展调制及信号处理技术来提高无线频谱的效率。MIMO 技术被认为是未来移动通信与个人通信系统实现高速率数据传输，提高传输质量的重要途径。近几年来，对无线系统中使用多天线以及空时编码与调制技术的研究已成为无线系统中新的领域，而且在理论和实践上也日渐成熟。当前，空时处理技术已经引入 3G 系统、4G 系统、固定和移动 IEEE 802.11 协议和无线局域网 IEEE 802.21 协议等标准中，而且使用空时技术的专利产品也已经出现。

5.1　MIMO 技术概述

从理论上可以证明，如果在发射端和接收端同时使用多天线，那么 MIMO 系统的内在信道并行性必然在提高整个系统容量的同时，提高系统性能。如果接收端可以准确地估计信道信息，并保证不同发射接收天线对之间的衰落相互独立，则对于一个拥有 n 个发射天线和 m 个接收天线的系统，能达到的信道容量会随着 $\min(n,m)$ 的增加而线性增加。也就是说，在其他条件都相同的前提下，多天线系统的容量是单天线系统的 $\min(n,m)$ 倍。

MIMO 技术利用多根发射天线和多根接收天线来抑制信道衰落，提高信道容量和频谱利用率。MIMO 信道是在收发两端使用多根天线，每根收发天线之间形成一个 MIMO 子信道，假定发送端存在 n_R 根发射天线，接收端有 n_T 根接收天线，在收发天线之间形成 $n_R \times n_T$ 信道矩阵 $\boldsymbol{H}$，则

$$\boldsymbol{H} = \begin{bmatrix} h_{11} & h_{12} & \cdots & h_{1n_T} \\ h_{21} & h_{22} & \cdots & h_{2n_T} \\ \vdots & \vdots & \ddots & \vdots \\ h_{n_R 1} & h_{n_R 2} & \cdots & h_{n_R n_T} \end{bmatrix} \tag{5.1}$$

其中 $\boldsymbol{H}$ 的元素是任意一对收发天线之间的子信道。当天线相互之间足够远时，各发射天线之间到各接收天线之间的信号传输就可以看成是相互独立的，矩阵 $\boldsymbol{H}$ 的秩较大，理想情况下能达到满秩。如果收发天线相互之间较近，各发射天线到各接收天线之间的信号传输则可以看成是相关的，且矩阵 $\boldsymbol{H}$ 的秩较小。因此，MIMO 信道容量和矩阵 $\boldsymbol{H}$ 的大小关系密切。目前较为典型的实现方法是仅仅在基站处配备多副天线，以达到降低移动终端的成

本和复杂性的目的。如果不知道发射端的信道消息，但是信道矩阵的参数确定，且总的发射功率 P 一定，那么把功率平均分配到每一根发射天线上，则容量公式为

$$C = \text{lb} \det \left(I_{n_R} + \frac{P}{n_T} \boldsymbol{H}\boldsymbol{H}^{\text{H}} \right) \tag{5.2}$$

考虑满秩 MIMO 信道，$n_R = n_T = n$，则秩为 n，且矩阵 $\boldsymbol{H}$ 是单位阵，$\boldsymbol{H}\boldsymbol{H}^{\text{H}} = \boldsymbol{I}_{n \times n}$，可以得到容量公式为

$$C = \text{lb} \det \left(I_n + \frac{P}{n} I_n \right) = \sum_{i=1}^{n} \text{lb} \left(1 + \frac{P}{n} \right) = n \, \text{lb} \left(1 + \frac{P}{n} \right) \tag{5.3}$$

从式(5.3)可以看出，满秩 MIMO 信道矩阵 $\boldsymbol{H}$ 在单位阵情况下，信道容量在确定的信噪比下随着天线数量的增大而几乎线性增大。也就是说在不增加带宽和发送功率的情况下，可以利用增加收发天线数成倍地提高无线信道容量，从而使得频谱利用率成倍地提高。同时可以利用 MIMO 技术的空间复用增益和空间分集增益提高信道的可靠性，降低误码率。若进一步将多天线发送和接收技术与信道编码技术相结合，还可以极大地提高系统的性能。目前 MIMO 技术领域的研究热点之一是空时编码，该技术真正实现了空分多址。空时编码利用空间和时间上的编码实现一定的空间分集和时间分集，从而降低信道误码率。总之，MIMO 技术有效利用了随机衰落和多径传播力量，在同样的带宽条件下可改善无线通信的性能。

5.2　MIMO 系统的基本原理

5.2.1　MIMO 系统模型

考虑一个点到点的 MIMO 通信系统，该系统包括 n_T 根发射天线和 n_R 根接收天线。MIMO 系统框图如图 5.1 所示。

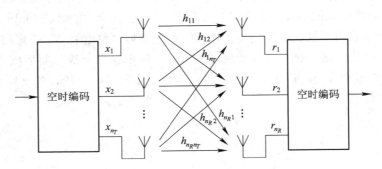

图 5.1　MIMO 系统结构图

在系统的每一个符号周期内，发送信号可以用一个 $n_T \times 1$ 的列向量 $\boldsymbol{x} = [x_1 \quad x_2 \cdots x_i \cdots x_{n_T}]^{\text{T}}$ 表示，其中 x_i 表示在第 i 根天线上发送的数据。通常我们假设信道是高斯分布的，因此，根据信息论，最优的信号分布也应该是高斯的。所以 $\boldsymbol{x}$ 是一个均值为零、独立同分布的高斯变量。发送信号的协方差可以表示为

$$R_{xx} = \boldsymbol{E}\{\boldsymbol{x}\boldsymbol{x}^{\text{H}}\} \tag{5.4}$$

发送信号的功率可以表示为

$$P = \mathrm{tr}(R_{xx}) \tag{5.5}$$

当发送信号所占用的带宽足够小时，信道可以被认为是平坦的。这样，MIMO 系统的信道用一个 $n_R \times n_T$ 的复数矩阵 $\boldsymbol{H}$ 描述式（5.1），其中 h_{ij} 表示从第 i 根发射天线到第 j 根接收天线的信道衰落系数。

接收信号和噪声可以分别用两个 $n_R \times 1$ 的列向量 $\boldsymbol{y}$ 和 $\boldsymbol{n}$ 表示。$\boldsymbol{n}$ 均值为 0，功率为 σ^2。

通过这样一个线性模型，接收信号可以表示为

$$\boldsymbol{y} = \boldsymbol{Hx} + \boldsymbol{n} \tag{5.6}$$

接收信号的功率可表示为

$$\mathrm{tr}(R_{xx}) = \mathrm{tr}(\boldsymbol{E}[\boldsymbol{yy}^{\mathrm{H}}]) = \mathrm{tr}(\boldsymbol{H} R_{yy} \boldsymbol{H}^{\mathrm{H}}) \tag{5.7}$$

5.2.2　MIMO 信道

1. 信道模型

在此以基站和移动台作为发射端和接收端来分析。图 5.1 所示的两个线性天线阵列，在基站的天线阵列上的信号可表示为 $\boldsymbol{x}(t) = [x_1(t), x_2(t), \cdots, x_{n_T}(t)]^{\mathrm{T}}$，同理在移动台天线阵列上的信号为 $\boldsymbol{y}(t) = [y_1(t), y_2(t), \cdots, y_{n_R}(t)]^{\mathrm{T}}$。

1）非频率选择性信道模型

在非频率选择性衰落情况下，MIMO 信道模型相对比较简单，由于各天线间的子信道等效成一个瑞利的子信道，此时 MIMO 信道模型中的各个子信道可以建立为 $h_{j,i}(\tau, t) = h_{j,i}(t)\delta(\tau - \tau_0)$。其中 $i = 1, \cdots, n_T$；$j = i = 1, \cdots, n_R$。$|h_{j,i}(t)|$ 服从瑞利分布，MIMO 信道矩阵为 $\boldsymbol{H} = (h_{j,i})_{n_R \times n_T}$，则对应的 MIMO 系统模型为 $\boldsymbol{Y} = \boldsymbol{HX} + \boldsymbol{Z}$，其中 $\boldsymbol{Z}$ 为零均值高斯白噪声矩阵。

2）频率选择性信道模型

此时，MIMO 信道模型矩阵可以表示为

$$\boldsymbol{H}(\tau) = \sum_{l=1}^{L} \boldsymbol{H}^l \delta(\tau - \tau_l) \tag{5.8}$$

其中，

$$\boldsymbol{H}^l = \begin{pmatrix} h_{11}^l & \cdots & h_{1n_T}^l \\ \vdots & \ddots & \vdots \\ h_{n_R 1}^l & \cdots & h_{n_R n_T}^l \end{pmatrix}_{n_R \times n_T} \tag{5.9}$$

式中：$\boldsymbol{H}^l$ 是一个复数矩阵，它描述了时延为 τ 时所考虑的两个天线阵列之间的线性变换；$h_{j,i}^l$ 表示第 i 根发射天线到第 j 根接收天线之间的复传输系数。

图 5.2 给出了将频率选择性信道表示为抽头延时模型，图中 D 是中继器，L 个时延的信道系数可用矩阵表示。矢量 $\boldsymbol{x}(t)$ 和 $\boldsymbol{y}(t)$ 之间的关系可以表示为 $\boldsymbol{y}(t) = \int \boldsymbol{H}(\tau) \boldsymbol{x}(t - \tau) \mathrm{d}\tau$。

上述 MIMO 信道模型可以看成是单输入单输出信道标准模型的推广，主要差别是信道模型的抽头系数不再是一个简单的标量，而是一个矩阵，矩阵的大小跟 MIMO 系统两端所用的天线数有关。

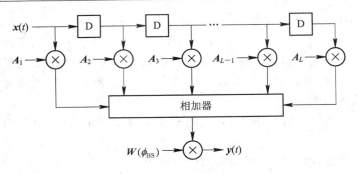

图 5.2　抽头延时模型

2. 相关信道

1) 信道相关模型

对典型的城区环境进行研究，设定移动台被许多散射体包围，基站天线附近不存在本地散射物，基站天线阵列位于本地散射物之上，这样会使在基站观察到的功率方位谱（PAS）被限制在相对窄的波束内。在这些给定的条件下，又假定 PAS 服从偶整数的升余弦高斯函数和拉普拉斯函数分布，从而推导出空间相关函数的表达式。

在以上条件下，得到基站的第 i_1 根天线和第 i_2 根天线之间的相关系数为

$$\rho_{i_1, i_2}^{\mathrm{BS}} = \langle |h_{j, i_1}^{l}|^2, |h_{j, i_2}^{l}|^2 \rangle \tag{5.10}$$

式中假定了基站端的相关系数与移动台的天线数无关。只要移动台的所有天线靠得较近，且每根天线具有相同的辐射模式，则这个假设就是合理的。因为从这些天线发射出去的电波到达基站周围相同的散射体上，在基站产生相同的 PAS，也将产生相同的空间相关函数。

从移动台端观察的空间功率相关函数中，假定移动台被许多本地散射物包围，由于相距半个波长以上的两根天线在实际中可以认为是不相关的，因此

$$\rho_{j_1, j_2}^{\mathrm{BS}} = \langle |h_{j_1, i}^{l}|^2, |h_{j_2, i}^{l}|^2 \rangle \approx 0 \qquad j_1 \neq j_2 \tag{5.11}$$

根据式（5.10）和式（5.11），分别定义基站和移动台的两个对称相关矩阵为

$$\boldsymbol{R}^{\mathrm{BS}} = \begin{pmatrix} \rho_{11}^{\mathrm{BS}} & \cdots & \rho_{1n_T}^{\mathrm{BS}} \\ \vdots & \ddots & \vdots \\ \rho_{n_T 1}^{\mathrm{BS}} & \cdots & \rho_{n_T n_T}^{\mathrm{BS}} \end{pmatrix}_{n_T \times n_T} \tag{5.12}$$

$$\boldsymbol{R}^{\mathrm{MS}} = \begin{pmatrix} \rho_{11}^{\mathrm{MS}} & \cdots & \rho_{1n_R}^{\mathrm{MS}} \\ \vdots & \ddots & \vdots \\ \rho_{n_R 1}^{\mathrm{MS}} & \cdots & \rho_{n_R n_R}^{\mathrm{MS}} \end{pmatrix}_{n_R \times n_R} \tag{5.13}$$

然而基站和移动台的空间相关函数并没有提供足够的信息来求得矩阵 $\boldsymbol{H}^l$，因此需要确定连接两组不同天线之间的两个传输系数之间的相关性，即

$$\rho_{i_2 j_2}^{i_1 j_1} = \langle |h_{j_1 i_1}^{l}|^2, |h_{j_2 i_2}^{l}|^2 \rangle \qquad i_1 \neq i_2 \qquad j_1 \neq j_2 \tag{5.14}$$

只要式（5.10）和（5.11）分别与 i 和 j 独立，则从理论上可以证明

$$\rho_{i_2 j_2}^{i_1 j_1} = \rho_{i_1 i_2}^{\mathrm{MS}} \rho_{j_2 j_2}^{\mathrm{BS}} \tag{5.15}$$

在式（5.10）和式（5.11）中，将 MIMO 子信道间的相关性在接收端和发射端分离，即发射天线 j_1 和接收天线 i_1 构成的子信道与由发射天线 j_2 和接收天线 i_2 组成的另一个子信道

间的相关性只与发射天线 j_1 和 j_2 之间的相关性以及接收天线 j_2 和 j_1 之间的相关性有关。

这样，对于整个矩阵 $\boldsymbol{H}$ 来说，有如下的相关函数的表达式：

$$\text{cov}(\text{vec}(\boldsymbol{H})) = E(\text{vec}(\boldsymbol{H})\text{vec}^T(\boldsymbol{H})) = \boldsymbol{R}^{\text{BS}} \otimes \boldsymbol{R}^{\text{MS}} \tag{5.16}$$

这就是目前使用最为广泛的 kronecker 相关模型，从统计学的角度出发，可将相关信道 $\boldsymbol{H}$ 表示为

$$\boldsymbol{H} = (\boldsymbol{R}^{\text{BS}})^{1/2} \boldsymbol{H}_W (\boldsymbol{R}^{\text{MS}})^{1/2} \tag{5.17}$$

式中：$\boldsymbol{H}_W$ 为独立同分布的复高斯矩阵。

2）信道相关系数

天线间的相关系数 ρ 具有指数形式、Salz-Winters 形式等，这里将对这两种形式进行具体的分析。

（1）指数相关。指数形式是一种非常简单的单参数相关，天线 i 和天线 k 之间的相关系数被描述为 $\rho_{ik} = r^{|i-k|}$，其中 r 为相关系数。该模型的物理意义是天线之间的相关性随其距离的增加而呈指数下降。

（2）Salz-Winters 相关。Salz 和 Winters 提出，天线 i 和天线 k 之间的相关系数可以描述为

$$\rho_{ik} = \frac{1}{2\Gamma} \int_{\varphi-T}^{\varphi+T} \exp[j(i-k)\sin\beta]\mathrm{d}\beta \tag{5.18}$$

式中：φ 为波达角；Γ 为角度扩展，$\Gamma = 2\pi d/\lambda$，d 为相邻两根天线间的距离，λ 为波长。

当角度扩展 Γ 为 π 时，式（5.18）可简化为经典的 Jakes 模型：$\rho_{ik} = J_0[z(i-k)]$。当 φ 为 0 且 Γ 较小时，式（5.18）可以近似为

$$\rho_{ik} \approx \frac{\sin[z(i-k)\Gamma]}{z(i-k)\Gamma} \tag{5.19}$$

一般来说，角度扩展 Γ 越小，该近似就越准确。一般情况下，还是以指数相关进行研究。

5.2.3　MIMO 信道容量

1. 平均功率分配的 MIMO 信道容量

假定信道容量的分析模型为复数基带线性系统，发射端配有 n_T 根天线，接收端配有 n_R 根天线，发射端未知信道的状态信息；总的发射功率为 P，每根天线的功率为 P/n_T，接收天线接收到的总功率等于总的发射功率；信道受到加性白高斯噪声（AWGN）的干扰，且每根天线上的噪声功率为 σ^2，于是每根接收天线上的信噪比（SNR）为 $\zeta = P/\sigma^2$；并且假定发射信号的带宽足够窄，信道的频率响应可以认为是平坦的，且 $n_R \times n_T$ 的复矩阵 $\boldsymbol{H}$ 表示信道矩阵，$\boldsymbol{H}$ 的第 ji 元素 h_{ji} 表示第 i 根发射天线到第 j 根接收天线的信道衰落系数。

下面分别分析单输入单输出（SISO）、多输入单输出（MISO）、单输入多输出（SIMO）和多输入多输出（MIMO）4 种情况的信道容量。

1）SISO 信道的容量

对于确定的 SISO 信道，$n_T = n_R = 1$，信道矩阵 $\boldsymbol{H} = h = 1$，信噪比大小为 ζ，根据 Shannon 公式，该信道的归一化容量可以表示为

$$C = \text{lb}(1 + \zeta) \tag{5.20}$$

该容量的取值一般不受编码或信号设计复杂性的限制，即只要信噪比每增加 3 dB，信道容量每秒每赫兹增加 1 比特。

实际的无线信道是时变的，要受到衰落的影响，如果用 h 表示在观察时刻单位功率的复高斯信道的幅度（$H=h$），则信道容量可表示为 $C=\mathrm{lb}(1+\zeta\,|h|^2)$。这是个随机变量，可以计算其分布，SISO 信道容量累计分布的仿真结果在图 5.3～图 5.5 中都有所表示。从图 5.3～图 5.5 中可以看出，由于受到衰落的影响，SISO 信道的容量值较小。从随机信道容量的分布图中可以提取两个与实际设计相关的统计参数，一个是平均值容量 C_{av}，即 C 的所有样本的平均，它表示了一条无线链路能够提供的平均数据传输速率；另一个参数是中断容量 C_{out}，它定义了确保高可靠服务的数据传输率，即 $\mathrm{prob}\{C>C_{\mathrm{out}}\}=99.99\%$。

2）MISO 信道的容量

对于 MISO 信道，发射端配有 n_T 根天线，接收端只有一根天线，这相当于发射分集，则信道矩阵 $\boldsymbol{H}$ 变成一矢量 $\boldsymbol{H}=[\mathrm{h}_1\quad \mathrm{h}_2\quad \cdots\quad \mathrm{h}_{n_T}]$，其中 h_i 表示第 i 根发射天线到接收天线的信道幅度。

如果信道的幅度固定，则该信道的容量可以表示为

$$C=\mathrm{lb}(1+\boldsymbol{HH}^{\mathrm{H}}\zeta/n_T)=\mathrm{lb}\left(\frac{1+\sum_{i=1}^{n_T}|h_i|^2\zeta}{n_T}\right)=\mathrm{lb}(1+\zeta) \tag{5.21}$$

式中：$\sum_{i=1}^{n_T}|h_i|^2=n_T$，这是由于假定信道的系数固定，且受到归一化的限制，该信道不会随着发射天线数目的增加而增大。

如果信道系数的幅度随机变化，则该信道容量可以表示为

$$C=\mathrm{lb}(1+\chi_{2n_T}^2\zeta/n_T) \tag{5.22}$$

式中：$\chi_{2n_T}^2$ 表示自由度为 $2n_T$ 的 χ 平方随机变量，且 $\chi_{2n_T}^2=\sum_{i=1}^{n_T}|h_i|^2$。显然，信道容量也是一个随机变量。图 5.3 为 MISO 信道容量与天线数的累计曲线图，它反映了信道容量累计

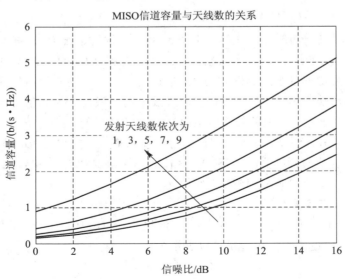

图 5.3　MISO 信道容量累计分布曲线

分布与发射天线数目的变化关系。仿真假定信道系数服从瑞利分布，发射天线数分别取 1、3、5、7、9，迭代次数均为 10 000。从图中可以看到随着发射天线数的增加，信道容量也增加，但如果天线数已经很大，再增加数量，信道容量的改善并不明显。

3）SIMO 信道的容量

对于 SIMO 信道，即接收端配有 n_R 根天线，发射端只有一根天线，这相当于接收分集，信道可以看成是由 n_R 个不同的系数：$\boldsymbol{H} = \begin{bmatrix} h_1 & h_2 & \cdots & h_{n_R} \end{bmatrix}^{\mathrm{T}}$ 组成，其中 h_j 表示从发射端到接收端第 j 根天线的信道幅度。

如果信道幅度固定，则该信道容量可以表示为

$$C = \mathrm{lb}(1 + \boldsymbol{HH}^{\mathrm{H}}\zeta) = \mathrm{lb}\left(1 + \sum_{i=1}^{n_T} |h_i|^2 \zeta\right) = \mathrm{lb}(1 + n_R\zeta) \tag{5.23}$$

式中：$\sum\limits_{i=1}^{n_T} |h_i|^2 = n_R$，这是由于信道系数被归一化。从信道容量的计算公式可看出，与 SISO 信道相比，SIMO 信道获得了 n_R 倍的分集增益。

如果信道系数的幅度随机变化，则该信道容量可以表示为

$$C = \mathrm{lb}(1 + \chi^2_{2n_R}\zeta) \tag{5.24}$$

式中：$\chi^2_{2n_R} = \sum\limits_{i=1}^{n_T} |h_i|^2$，信道容量也是随机变量。图 5.4 为 SIMO 信道容量累计分布曲线图，它反映了信道容量累计分布与接收天线数的变化关系。仿真假定信道系数服从瑞利分布，接收天线数分别取 1、3、5、7、9，迭代次数均为 10 000。从图中可以看到随着接收天线数的增加（从左到右），信道容量也增加。与 MISO 信道一样，如果天线数已经很大，这时再增加天线的数量，信道容量的改善不是很大。

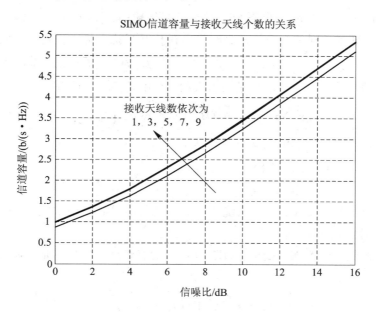

图 5.4　SIMO 信道容量的累计分布图

4）MIMO 信道的容量

对于分别配有 n_T 根发射天线和 n_R 根接收天线的 MIMO 信道，发射端在不知道传输信道的状态信息条件下，如果信道的幅度固定，则信道容量可以表示为

$$C = \text{lb}\left[\det\left(I_{\min} + \frac{\zeta}{n_T}Q\right)\right] \tag{5.25}$$

式中：min 为 n_T 和 n_R 的最小数。矩阵 Q 的定义为

$$Q = \begin{cases} H^H H, & n_R > n_T \\ HH^H, & n_R < n_T \end{cases} \tag{5.26}$$

常见的 MIMO 系统分为如下两种情况：

（1）全"1"信道矩阵的 MIMO 系统。如果接收端采用相干检测合并技术，那么经过处理后的每根天线上的信号应同频同相，这时可以认为来自 n_T 发射天线上的信号都相同，即 $s_i = s, i = 1, 2, \cdots, n_T$，而第 j 根天线接收到的信号可表示为 $r_i = n_T s_i = n_T s, j = 1, 2, \cdots, n_R$，且该天线的功率可表示为 $n_T{}^2(P/n_T) = n_T P$，则在每根接收天线上取得的等效信噪比为 $n_T \zeta$，因此在接收端取得的总信噪比为 $n_T n_R \zeta$。

此时的多天线系统可等效为某种单天线系统，但这种单天线系统相对于原来纯粹的单天线系统，取得了 $n_T n_R$ 倍的分集增益，信道容量可以表示为 $C = \text{lb}(1 + n_T n_R \zeta)$。

如果接收端采用非相干检测合并技术，由于经过处理后的每根天线上的信号不尽相同，在每根接收天线上取得的信噪比仍然为 $\lambda_k(\Delta)$，接收端取得的总信噪比为 $n_R \zeta$，则此时等效的单天线系统与原来纯粹的单天线系统相比，获得了 n_R 倍的分集增益，信道容量表示为 $C = \text{lb}(1 + n_R \zeta)$。

（2）正交传输信道的 MIMO 系统。对于正交传输的 MIMO 系统，即多根天线构成的并行子信道相互正交，则单个子信道之间不存在相互干扰。为方便起见，假定收发两端的天线数相等（$n_T = n_R = L$），则信道矩阵可以表示为：$H = \sqrt{L} I_L$，I_L 为 $L \times L$ 的单位矩阵。该系统是为了满足功率归一化的要求而引入的，利用式（5.24）可得

$$C = \text{lb}\left[\det\left(I_L + \frac{\zeta}{L}HH^H\right)\right] = \text{lb}\left[\det\left(I_L + \frac{\zeta}{L}L I_L\right)\right]$$
$$= \text{lb}[\det(1 + \zeta)]$$
$$= \text{lb}(1 + \zeta)^L$$
$$= L\,\text{lb}(1 + \zeta) \tag{5.27}$$

与原来的单天线系统相比，该系统的信道容量获得了 L 倍的增益，这是由于各个天线的子信道之间耦合的结果。

如果信道系数的幅度随机变化，MIMO 信道的容量为一随机变量，则它的平均值可以表示为

$$C = E\left\{\text{lb}\left[\det\left(I_r + \frac{\zeta}{n_T}Q\right)\right]\right\} \tag{5.28}$$

式中：r 为信道矩阵 H 的秩，$r = \min(n_T, n_R)$。图 5.5 是 MIMO 信道容量累计概率分布曲线图，它反映了信道容量累计分布与发射天线和接收天线数的变换关系。仿真假定信道系

数服从瑞利分布，发射天线数和接收天线数分别取 1×1、3×3、5×5、7×7、9×9，信噪比仍然取 10 dB，迭代次数均为 10 000。从图中可以看到随着天线数的增加，信道容量也在不断增加，而且与 SISO 系统相比，MIMO 系统的信道容量有了大幅度的提高。

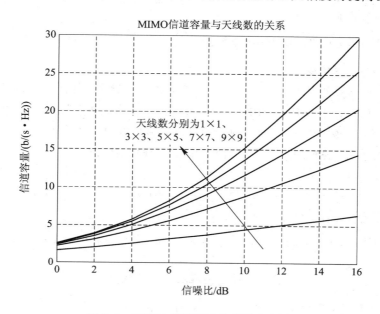

图 5.5　MIMO 信道容量的累计分布图

5）MIMO 信道的极限容量分析

当发射天线数和接收天线数很大时，式（5.28）的计算会变得很复杂，但可以借助于 Laguerre 多项式进行估计，即

$$C = \int_0^\infty \mathrm{lb}\left(1 + \frac{1}{n_T}\zeta\lambda\right) \sum_{k=0}^{m-1} \frac{k!}{(k+n+m)!} \left[L_k^{(n-m)}(\lambda)\right]^2 \lambda^{n-m} \mathrm{e}^{-\lambda} \mathrm{d}\lambda \qquad (5.29)$$

式中：$m = \min(n_T, n_R)$；$n = \max(n_T, n_R)$；$L_k^{(n-m)}(\lambda)$ 为次数为 k 的 Laguerre 多项式。

如果令 $\lambda = n/m$，即当天线数（n_T, n_R）增加时，它们的比值 λ 保持不变，可以推得用 m 归一化的信道容量表示式为

$$\lim_{n \to \infty} \frac{C}{m} = \frac{1}{2\pi} \int_{v_1}^{v_2} \mathrm{lb}\left(1 + \frac{m\zeta}{n_T}v\right) \sqrt{\left(\frac{v_2}{v} - 1\right)\left(1 - \frac{v_1}{v}\right)} \mathrm{d}v \qquad (5.30)$$

式中：$v_1 = (\sqrt{\tau} - 1)^2$；$v_2 = (\sqrt{\tau} + 1)^2$。

在快速瑞利衰落的条件下，令 $m = n = n_T = n_R$，得 $v_1 = 0$，$v_2 = 4$，则渐近信道容量式（5.30）可为

$$\lim_{n \to \infty} \frac{C}{n} = \frac{1}{\pi} \int_0^4 \mathrm{lb}(1 + \zeta v) \sqrt{\left(\frac{1}{v} - \frac{1}{4}\right)} \mathrm{d}v \qquad (5.31)$$

再利用不等式 $\mathrm{lb}(1 + x) \geqslant \mathrm{lb}x$，可将式（5.31）化简为

$$\lim_{n \to \infty} \frac{C}{n} \geqslant \frac{1}{\pi} \int_0^4 \mathrm{lb}(\zeta v) \sqrt{\left(\frac{1}{v} - \frac{1}{4}\right)} \mathrm{d}v \geqslant \mathrm{lb}\zeta - 1 \qquad (5.32)$$

式（5.32）表明，极限容量与天线数 n 呈线性关系，与信噪比 ζ 呈对数关系。

一般来说,当平均发射功率一定时,信道容量与最小的天线数成正比。因此在理论上,对于理想的随机信道,可以获得无限大的信道容量,只要能为多根天线和相应的射频链路付出足够的代价和提供更大的空间。实际上这是不可能的,因为它要受到实现方法和物理信道本身的限制。

2. 自适应功率分配的 MIMO 信道容量

1)奇异值与特征值分析法

MIMO 技术的研究目的是为了探求在丰富的多径环境下,如何去获得多个有效的通信正交子信道,以便进一步增加链路两端的信道容量。正交性意味着这些子信道互相之间是独立的,在数学上,两个终端之间的独立子信道数目可以通过信道矩阵 H 进行奇异值分解(SVD)或者对瞬时相关矩阵 R 进行特征值(EVD)分解来估计。

具体过程为

$$\text{SVD}: H = U\Sigma V^H \tag{5.33}$$

式中:U、V 均为酉矩阵,可表示为矢量的形式,$U = [u_1, u_2, \cdots, u_{n_T}]$,$V = [v_1, v_2, \cdots, v_{n_R}]$;$\Sigma$ 为对角矩阵,$\Sigma = \text{diag}(\sigma_1, \sigma_2, \cdots, \sigma_k)$,$\sigma_k$ 为第 k 个奇异值,且 $\sigma_1 \geqslant \sigma_2 \geqslant \cdots \geqslant \sigma_k \geqslant 0$。

$$\text{EVD}: R = U\Gamma U^H, R^H = V\Gamma V^H \tag{5.34}$$

式中:Γ 为对角矩阵,$\Gamma = \text{diag}(\gamma_1, \gamma_2, \cdots, \gamma_k)$,$\gamma_k$ 为第 k 个特征值,$\Gamma_{ij} = \Sigma_{ij}^2$ 且 $\gamma_1 \geqslant \gamma_2 \geqslant \cdots \geqslant \gamma_k \geqslant 0$。

通常使用归一化特征值 λ_k,而不是 γ_k,对式(5.34)进行归一化。归一化是对所有的单个移动台天线单元和单个基站天线单元之间的平均功率 $|\alpha_{mn}|^2$ 进行的。λ_k 定义如下:

$$\lambda_k = \frac{\gamma_k}{E}\left[\frac{1}{n_T n_R}\sum_{m=1}^{n_T}\sum_{n=1}^{n_R}|\alpha_{mn}|^2\right]n_T n_R \tag{5.35}$$

不管使用哪种数值分析法,通信信道矩阵 H 可以提供 k 个不同功率增益 λ_k 的并行子信道,且 $k = \text{rank}(R) \leqslant \min(n_T, n_R)$。一般来说,为了得到加权矢量,数学上对 H 进行 SVD 比较方便;而要得到特征值,则对 R 进行 EVD 比较方便。EVD 是提取 MIMO 子信道的功率增益的一种最佳方式。然而在实际系统的实现中,如果要使这种方法真正有效,则在链路两端需要分别使用合适的酉矩阵 U 和 V。因此,只有当信道的状态信息在发射端和接收端完全已知时,EVD 技术才能发挥作用。

2)信道容量的特征值表示与分析

前面已经给出了平均功率分配方案下的 MIMO 信道容量的计算公式,为了突出 L 条并行子信道的作用,这里将式(5.25)改写为 $C = \sum_{l=1}^{L}\text{lb}(1+\zeta_l)$,其中,$\zeta_l$ 为第 l 个子信道的信噪比,其定义为 $\zeta_l = \lambda_l p_l / \sigma_l^2$,$p_l$ 为分配给第 l 个子信道的功率,σ_l^2 为相应子信道的噪声功率。因此可以选择不同的功率分配方案,使总的发射功率以不同的方式在这些子信道上进行分配。

根据注水原理,给每一个信道分配的功率满足下列关系式:

$$p_1 + \frac{1}{\lambda_1} = p_2 + \frac{1}{\lambda_2} = \cdots = p_l + \frac{1}{\lambda_l} = \kappa \qquad (5.36)$$

各个子信道所分配到的发射功率要受总发射功率的限制，即 $\sum_{l=1}^{L} p_l = P$。式(5.36)说明，具有较大特征值或最高增益的子信道被分配到最大一部分功率。当 $1/\lambda_l > k$ 时，$p_k = 0$。因此信道容量公式可写为

$$C = \sum_{l=1}^{L} \mathrm{lb}\left(1 + \lambda_l \frac{p_l}{\sigma_l^2}\right) \qquad (5.37)$$

5.3　MIMO 系统中的空时处理技术

MIMO 系统通过多天线发射并由多天线接收实现最佳处理，可达到很高的信道容量且具有很强的抗衰落能力。这种最佳处理是通过空时编码和解码实现的，即在继续使用传统通信系统具有的时间维的基础上，通过使用多副天线来增加空间维，从而实现多维的信号处理。空时块编码(STBC)、空时格码(STTC)和分层空时码(LST)是三种常见的空时编码，其中，STBC 具有良好的分集增益；STTC 不仅具有优良的分集增益，还具有良好的编码增益；LST 结构可获得较高的复用增益。以下主要就 STBC、STTC 和 LST 三种空时码的编码原理和译码准则进行详细的介绍。

5.3.1　空时码的设计

在 MIMO 系统中，信号的输入输出关系可用矩阵式(5.38)表示：

$$\boldsymbol{y} = \boldsymbol{H}\boldsymbol{x} + \boldsymbol{n} \qquad (5.38)$$

式中：$\boldsymbol{y}$、$\boldsymbol{x}$、$\boldsymbol{n}$ 分别表示输出、输入、噪声向量；$\boldsymbol{H}$ 为信道的冲激响应矩阵。

假设信道服从平坦型瑞利衰落，且发送端未知信道信息，则输入、输出均为矩阵，其维数与天线数和时间有关。令 $\boldsymbol{X} = [x_1, x_2, \cdots, x_p]$ 表示 $n_T \times p$ 的信道输入矩阵，第 i 列 x_i 表示第 i 时刻的输入向量；令 $\boldsymbol{Y} = [y_1, y_2, \cdots, y_T]$ 表示 $n_R \times p$ 的信道输出矩阵，第 i 列 y_i 表示第 i 时刻的输出向量；令 $\boldsymbol{N} = [n_1, n_2, \cdots, n_p]$ 表示 $n_R \times p$ 的噪声矩阵，第 i 列 n_i 表示第 i 时刻的输出向量。其中 $i \in \{1, 2, \cdots, p\}$。于是 p 个码元周期内的输入输出关系可表示为

$$\boldsymbol{Y} = \boldsymbol{H}\boldsymbol{X} + \boldsymbol{N} \qquad (5.39)$$

1. 最大似然检测

若接收端已知信道的冲激响应矩阵 $\boldsymbol{H}$。对于给定的接收矩阵 $\boldsymbol{Y}$，最大似然发送矩阵 $\hat{\boldsymbol{X}}$ 满足

$$\hat{\boldsymbol{X}} = \arg \min_{X \in \chi^{n_T \times p}} \| \boldsymbol{Y} - \boldsymbol{H}\boldsymbol{X} \|_F^2 = \arg \min_{X \in \chi^{n_T \times p}} \sum_{i=1}^{T} \| y_i - \boldsymbol{H}x_i \|^2 \qquad (5.40)$$

其中，$\| \cdot \|_F$ 表示矩阵的 Frobenius 范数。式(5.40)是对所有可能的空时输入矩阵 $\chi^{n_T \times p}$ 求最小。将发送矩阵 $\boldsymbol{X}$ 错判为 $\hat{\boldsymbol{X}}$ 的成对错误率 $P(\hat{\boldsymbol{X}} \rightarrow \boldsymbol{X})$ 只决定于经过信道传输后的这两个矩阵之间的距离以及噪声功率 σ^2，即

$$P(\hat{X} \to X) = Q\left(\sqrt{\frac{\parallel H(X - \hat{X}) \parallel_F^2}{2\sigma^2}}\right) \tag{5.41}$$

令 $D_X = X - \hat{X}$ 表示两个矩阵之差，由 Chernoff 界可得

$$P(\hat{X} \to X) \leqslant \exp\left[-\frac{\parallel HD_X \parallel_F^2}{4\sigma^2}\right] \tag{5.42}$$

令 h_i 表示 H 的第 i 行，$i = 1, 2, \cdots, n_R$，则

$$\parallel HD_X \parallel_F^2 = \sum_{i=1}^{n_R} h_i D_X D_X^H h_i^H \tag{5.43}$$

令 $\widetilde{H} = \text{vec}(H^T)^T$，其中 $\text{vec}(\cdot)$ 表示将矩阵的列由上到下排列而成的列向量，则 $\widetilde{H}^T$ 为一个 $n_R \times n_T$ 的列向量。同时令 $\widetilde{D} = I_{n_R} \otimes D_X$，其中 $\otimes$ 表示 Kronecker 积，则

$$\parallel HD_X \parallel_F^2 = \parallel \widetilde{H} \widetilde{D}_S \parallel_F^2 \tag{5.44}$$

代入式(5.42)，并对所有可能的信道实现进行数学期望计算，可得

$$P(\hat{X} \to X) \leqslant \left(\det\left[I_{n_R \times n_T} + \frac{1}{4\sigma^2} E\left[\widetilde{D}_X^H \widetilde{H}^H \widetilde{H} \widetilde{D}\right]\right]\right)^{-1} \tag{5.45}$$

假设信道矩阵 H 服从高斯分布，则其元素为独立同分布、零均值、单位方差的复高斯随机变量，则式(5.45)的数学期望可转化为

$$P(\hat{X} \to X) \leqslant \left(\frac{1}{\det[I_{n_T} + \Delta]}\right)^{n_R} \tag{5.46}$$

式中：$\Delta = D_X D_X^H$。式(5.46)可进一步简化为

$$P(\hat{X} \to X) \leqslant \prod_{k=1}^{R_\Delta} \left(\frac{1}{\det[1 + \gamma \lambda_k(\Delta)/(4n_R)]}\right)^{n_R} \tag{5.47}$$

式中：$\gamma = E_s/\sigma_n^2$，表示输入信号的信噪比；$\lambda_k(\Delta)$ 表示 Δ 的第 k 个非零特征值，$k = 1, 2, \cdots, R_\Delta$，$R_\Delta$ 为 Δ 的秩。高斯信噪比 $\gamma \gg 1$ 时，式(5.47)可简化为

$$P(\hat{X} \to X) \leqslant \left(\prod_{k=1}^{R_\Delta} \lambda_k(\Delta)\right)^{-n_R} \left(\frac{\gamma^{-R_\Delta n_R}}{4n_T}\right) \tag{5.48}$$

2. 空时码的设计准则

从式(5.48)可以得到空时码的设计准则。式(5.48)表明成对误码率随 γ^{-d} 的减小而减小，其中 $d = R_\Delta n_R$，因此 $R_\Delta n_R$ 为空时码的分集增益。n_R 个接收天线和 n_T 个发射天线可获得的最大分集增益为 $n_R \times n_T$，因此，空时码要想获得最大的分集增益，必须将任意的两个码字的相差矩阵 Δ 设计为满秩 n_T，这样的设计准则称为秩准则。

于是式(5.48)中的成对误码率相关的编码增益取决于 $\left(\prod_{k=1}^{R_\Delta} \lambda(\Delta)\right)^{-n_R}$。因此，为了提高空时码的编码增益，必须使所有的输入矩阵对 X 和 $\hat{X}$ 的差 Δ 中，最小的那个行列式最大化，这样的设计准则称为行列式准则。

与传统的二进制编码不同，秩准则和行列式准则是基于不同的发送矩阵之间的成对误码率而形成的，一般需要计算机搜索来得到较好的空时码。

5.3.2　空时块编码(STBC)

STBC 能使 MIMO 系统获得良好的分集增益，其本质是将信号经过正交编码后由两根天线发射，由于经过正交编码后的信号相互独立，所以在接收端可以很容易地将两路信号区别开来。同时，在接收端只需进行简单的线性合并即可获得发射信号。

1. Alamouti STBC

Alamouti STBC 编码器结构如图 5.6 所示。信源发出的二进制比特信息首先进行数字调制，调制为 $M = 2^m$ 进制的符号。然后 STBC 编码器选取连续的两个符号，再根据式 (5.49) 映射为发射信号矩阵。

$$\boldsymbol{X} = \begin{bmatrix} x_1 & -x_2^* \\ x_2 & x_1^* \end{bmatrix} \tag{5.49}$$

天线 1 发射信号矩阵 $\boldsymbol{X}$ 的第一行，天线 2 发射信号矩阵的第二行。

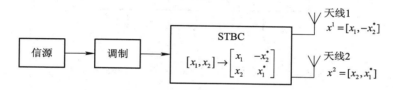

图 5.6　Alamouti STBC 编码器结构

Alamouti STBC 是在时域和空域上进行编码。令天线 1 和天线 2 的发射信号矢量分别为

$$x^1 = [x_1, -x_2^*] \tag{5.50}$$

$$x^2 = [x_2, x_1^*] \tag{5.51}$$

可以明显地看出，两根天线发射的信号矢量是相互正交的，即

$$x^1 \cdot (x^2)^{\mathrm{H}} = x_1 x_2^* - x_2^* x_1 = 0 \tag{5.52}$$

相应的，编码矩阵的特征如式 (5.53) 所示：

$$\boldsymbol{X} \cdot \boldsymbol{X}^{\mathrm{H}} = \begin{bmatrix} |x_1|^2 + |x_2|^2 & 0 \\ 0 & |x_1|^2 + |x_2|^2 \end{bmatrix}$$

$$= (|x_1|^2 + |x_2|^2)\boldsymbol{I}_2 \tag{5.53}$$

式中：$\boldsymbol{I}_2$ 是 2×2 的单位矩阵。

假设接收机采用单天线接收。天线 1 和天线 2 所发射的信号所经历的信道响应系数分别为

$$h_1 = |h_1| \mathrm{e}^{\mathrm{j}\theta_1} \tag{5.54}$$

$$h_2 = |h_2| \mathrm{e}^{\mathrm{j}\theta_2} \tag{5.55}$$

在接收端，相邻两个符号周期接收到的信号可以表示为

$$r_1 = h_1 x_1 + h_2 x_2 + n_1 \tag{5.56}$$

$$r_2 = -h_1 x_2^* + h_2 x_1^* + n_2 \tag{5.57}$$

其中，n_1 和 n_2 表示第一个符号和第二个符号所受到的加性白高斯噪声的干扰。在接收端采用如图 5.7 所示的译码器结构进行译码。

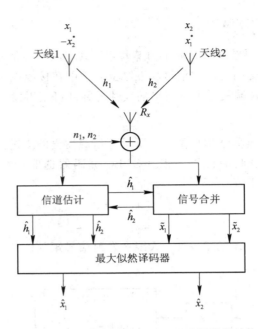

图 5.7　两发一收的 Alamouti STBC 译码器结构

2. Alamouti STBC 最大似然译码算法

假设在接收端可以获得理想的信道估计，且每个信号落到信号星座图上的概率是相等的，则最大似然译码算法要求在信号星座图上选择一对信号 $(\hat{x}_1, \hat{x}_2)$ 来最小化与接收信号之间的欧氏距离，即

$$d^2(r_1, h_1\hat{x}_1 + h_2\hat{x}_2) + d^2(r_2, -h_1\hat{x}_2^* + h_2\hat{x}_1^*) \tag{5.58}$$

$$= |r_1 - h_1\hat{x}_1 - h_2\hat{x}_2|^2 + |r_2 + h_1\hat{x}_2^* - h_2\hat{x}_1^*|^2$$

将式(5.51)和式(5.52)代入式(5.58)可得最大似然译码准则为

$$(\hat{x}_1, \hat{x}_2) = \arg\min_{(\hat{x}_1, \hat{x}_2) \in C} (|h_1|^2 + |h_2|^2 - 1)(|\hat{x}_1|^2 + |\hat{x}_2|^2)$$
$$+ d^2(\tilde{x}_1, \hat{x}_1) + d^2(\tilde{x}_2, \hat{x}_2) \tag{5.59}$$

其中，C 表示调制符号对的组合；$\tilde{x}_1$，$\tilde{x}_2$ 是判决统计量，表示为

$$\tilde{x}_1 = h_1^* r_1 + h_2 r_2^* \tag{5.60}$$

$$\tilde{x}_2 = h_2^* r_1 - h_1 r_2^* \tag{5.61}$$

上式可进一步简化为

$$\tilde{x}_1 = (|h_1|^2 + |h_2|^2)x_1 + h_1^* n_1 + h_2 n_2^* \tag{5.62}$$

$$\tilde{x}_2 = (|h_1|^2 + |h_2|^2)x_2 - h_1 n_2^* + h_2^* n_1 \tag{5.63}$$

由此可知，给定信道的冲激响应，则两个判决统计量分别为各自发射信号的函数。最大似然准则可分解为独立的两个准则，即

$$\hat{x}_1 = \arg\min_{\hat{x} \in S}(|h_1|^2 + |h_2|^2 - 1)|\hat{x}_1|^2 + d^2(\tilde{x}_1, \hat{x}_1) \tag{5.64}$$

$$\hat{x}_2 = \arg\min_{\hat{x}_2 \in S}(|h_1|^2 + |h_2|^2 - 1)|\hat{x}_2|^2 + d^2(\tilde{x}_2, \hat{x}_2) \tag{5.65}$$

当采用 MPSK 调制时，对于所有的信号点 $(|h_1|^2 + |h_2|^2 - 1)|\hat{x}_i|^2$，$i = 1, 2$ 是常量。因此，最大似然判决准则可以进一步简化为

$$\hat{x}_1 = \arg \min_{\hat{x}_1 \in S} d^2(\tilde{x}_1, \hat{x}_1) = \arg \min_{\hat{x}_1 \in S} |h_1^* r_1 + h_2 r_2^* - \hat{x}_1|^2 \tag{5.66}$$

$$\hat{x}_2 = \arg \min_{\hat{x}_2 \in S} d^2(\tilde{x}_2, \hat{x}_2) = \arg \min_{\hat{x}_2 \in S} |h_2^* r_1 - h_1 r_2^* - \hat{x}_2|^2 \tag{5.67}$$

3. 多接收天线下的译码算法

两发一收的 STBC 最大似然译码准则可以很容易地推广到多根接收天线。令第 j 根接收天线相邻，则连续两个符号周期的信号为

$$r_1^j = h_{j,1} x_1 + h_{j,2} x_2 + n_1^j \tag{5.68}$$

$$r_2^j = -h_{j,1} x_2^* + h_{j,2} x_1^* + n_2^j \tag{5.69}$$

式中：$h_{j,i}(i = 1, 2, \cdots, n_R, j = 1, 2)$ 是发射天线 i 到接收天线 j 的信道冲激响应系数；n_1^j，n_2^j 分别表示相邻两个时刻的加性噪声样值。

将式(5.70)和式(5.71)进一步推广，可以得到判决统计量

$$\tilde{x}_1 = \sum_{j=1}^{n_R} h_{j,1}^* r_1^j + h_{j,2} (r_2^j)^* \tag{5.70}$$

$$\tilde{x}_2 = \sum_{j=1}^{n_R} h_{j,2}^* r_1^j - h_{j,1} (r_2^j)^* \tag{5.71}$$

类似地，可以得到独立的两个准则

$$\begin{cases} \tilde{x}_1 = \arg \min_{\hat{x}_1 \in S} \left[\left(\sum_{j=1}^{n_R} (|h_{j,1}|^2 + |h_{j,2}|^2) - 1 \right) |\hat{x}_1|^2 + d^2(\tilde{x}_1, \hat{x}_1) \right] \\ \tilde{x}_2 = \arg \min_{\hat{x}_2 \in S} \left[\left(\sum_{j=1}^{n_R} (|h_{j,1}|^2 + |h_{j,2}|^2) - 1 \right) |\hat{x}_2|^2 + d^2(\tilde{x}_2, \hat{x}_2) \right] \end{cases} \tag{5.72}$$

对于 MPSK 调制，最大似然译码准则可进一步简化为式(5.12)和式(5.13)的形式。

4. STBC 编码

STBC 编码器的基本原理如图 5.8 所示，信源发出的数据首先经过调制，然后进行 STBC，经过 STBC 后的数据被分别送至 n_T 根天线，经 n_T 根天线发射。STBC 的输出可以用一个 $n_T \times p$ 的矩阵 X 表示，其中 n_T 为发射天线的数目，p 为发射每个块所需要的周期数。

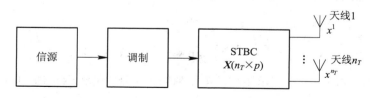

图 5.8　STBC 编码的基本原理

假设发射信号星座图由 2^m 个星座点组成。在调制的过程中，将一个 $k \times m$ 长度的信息比特映射到星座图上，调制后的信号为 $x_1, x_2, \cdots, x_k$。这 k 个符号经过 STBC 编码器后发送到 n_T 根并行的天线上，信号序列的长度 p 由传输矩阵 X 决定。最后，这些信号在 p 个周期内经过 n_T 根天线并行发射出去。

STBC 的码率定义为输入符号的个数和输出符号的周期的个数之比。在上述的 STBC 编码过程中，输入的符号为 k，这 k 个符号的传输周期个数为 p。因此，其码率为

$$R = \frac{k}{p} \qquad (5.73)$$

STBC 编码的效率为

$$\eta = \frac{r_b}{B} = \frac{r_s mR}{r_s} = \frac{km}{p} \ \text{b/(s · Hz)} \qquad (5.74)$$

式中：r_b 和 r_s 分别为比特速率和符号速率；B 为信号带宽。

传输矩阵 $\boldsymbol{X}$ 为 k 个调制符号 x_1，x_2，$\cdots$，x_k 和它们的共轭 x_1^*，x_2^*，$\cdots$，x_k^* 的线性组合。为了获得发射端全分集增益，传输矩阵采用正交设计的方法，如式(5.75)所示。

$$\boldsymbol{X} \cdot \boldsymbol{X}^{\mathrm{H}} = c(|x_1|^2 + |x_2|^2 + \cdots + |x_k|^2)\boldsymbol{I}_{n_T} \qquad (5.75)$$

式中：c 为固定常数；$\boldsymbol{X}^{\mathrm{H}}$ 为 $\boldsymbol{X}$ 的轭密矩阵；$\boldsymbol{I}_{n_T}$ 为 $n_T \times n_T$ 的单位阵。矩阵 $\boldsymbol{X}$ 的第 i 行表示第 i 根天线在 p 个发送周期内发送的符号，第 j 列表示 n_T 根天线在 j 时刻发送的符号。矩阵 $\boldsymbol{X}$ 中的元素可表示为 $x_{i,j}$，$i = 1, 2, \cdots, n_T$，$j = 1, 2, \cdots, p$。$x_{i,j}$ 表示在 j 时刻第 i 根天线发送的符号。

从矩阵 $\boldsymbol{X}$ 的构造过程中可知，STBC 的码率 $R \leqslant 1$。一般来讲，当发射天线数 $n_T = 2$ 时，可获得全分集增益，$R = 1$；当发送天线数 $n_T > 2$ 时，STBC 不能获得全分集增益，$R < 1$。

STBC 的编码矩阵 $\boldsymbol{X}$ 是利用正交性的原理来构建的。矩阵 $\boldsymbol{X}$ 的各行之间是相互正交的，即

$$\boldsymbol{X}_{m.} \cdot \boldsymbol{X}_{n.} = \sum_{t=1}^{p} x_{m,t} \cdot x_{n,t}^* = 0 \qquad m \neq n, m, n \in \{1, 2, \cdots, n_T\} \qquad (5.76)$$

式中：$\boldsymbol{X}_{m.}$、$\boldsymbol{X}_{n.}$ 表示矩阵 $\boldsymbol{X}$ 的第 m 行和第 n 行；$\boldsymbol{X}_{m.} \cdot \boldsymbol{X}_{n.}$ 表示 $\boldsymbol{X}_{m.} = \{x_{m,1}, x_{m,1}, \cdots, x_{m,q}\}$ 和 $\boldsymbol{X}_{n.} = \{x_{n,1}, x_{n,1}, \cdots, x_{n,q}\}$ 的内积。这种正交性使得发射天线可获得全分集增益，同时也有利于接收端使用最大似然法进行解调。

5. STBC 最大似然译码

假设信道的冲击响应 $h_{j,i}(t)$ 在 p 个符号周期内不变，即

$$h_{j,i}(t) = h_{j,i} \qquad t = 1, 2, \cdots, p \qquad (5.77)$$

在接收端采用最大似然译码，同 Alamouti 译码一样，也可以利用统计判决理论来估计发射信号 $\hat{x}_i$。

$$\hat{x}_i = \sum_{t=1}^{n_T} \sum_{j=1}^{n_R} \mathrm{sgn}_t(i) \cdot r_t^j \cdot h_{j,\in_t(i)}^* \qquad (5.78)$$

式中：$i = 1, 2, \cdots, n_T$；$\in_t$ 表示矩阵的第 1 列到第 t 列，则第 i 行第 t 列元素 x_i 的位置可表示为 $\in_t(i)$，其符号用 $\mathrm{sgn}_t(i)$ 表示。

由于发射信号矩阵的任意行之间是相互正交的，所以采用最大似然译码准则

$$\sum_{t=1}^{n_T} \sum_{j=1}^{n_R} \left| r_t^j - \sum_{i=1}^{n_T} h_{j,i} x_t^i \right|^2 \qquad (5.79)$$

等同于采用联合判决准则

$$\sum_{i=1}^{n_T} \left[\mid \tilde{x}_i - x_i \mid^2 + \left(\sum_{t=1}^{n_T} \sum_{j=1}^{n_R} \mid h_{j,t} \mid^2 - 1 \right) \mid x_i \mid^2 \right] \tag{5.80}$$

可以看出，$\hat{x}_i$ 只与发送符号 x_i 有关。给定发送符号 x_i、信道冲激响应矩阵及正交调制矩阵 $\boldsymbol{X}$，联合判决准则可进一步转化为单个符号的判决准则

$$\mid \tilde{x}_i - x_i \mid^2 + \left(\sum_{t=1}^{n_T} \sum_{j=1}^{n_R} \mid h_{j,t} \mid^2 - 1 \right) \mid x_i \mid^2 \tag{5.81}$$

5.3.3　空时格码(STTC)

STTC 是由空时延时分集发展而来的，它利用网格图将同一信号通过多根天线发射，在接收端采用 Viterbi 译码。STTC 将编码、调制和发射分集结合在一起，可同时获得编码增益和分集增益，同时还可提高 MIMO 系统的频谱利用率。

1. STTC 的模型

STTC 系统模型如图 5.9 所示。

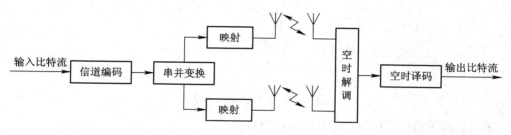

图 5.9　STTC 系统模型

假设 STTC 系统中接收端有 n_R 根天线，发送端有 n_T 根天线。在 t 时刻，送入 STTC 编码器的二进制信息比特流为

$$\boldsymbol{c}_t = (c_t^1, c_t^2, \cdots, c_t^m) \tag{5.82}$$

STTC 编码器将 m 个信息比特编码为 pn_T 个编码比特，然后进行 $M = 2^m$ 进制的线性调制，经过串并变换后，成为 pn_T 维的符号矢量。若取 $p = 1$，则可得到 n_T 个并行输出的数据流

$$\boldsymbol{x}_t = (x_t^1, x_t^2, \cdots, x_t^{n_T})^{\mathrm{T}} \tag{5.83}$$

最后，将这 n_T 个并行的数据流分别送至 n_T 根并行的天线发射。整个 STTC 编码器的码率为 $R = m / pn_T$。

令 t 时刻第 i 根天线的发送符号为 $\sqrt{E_s} x_t^i$，其中 x_t^i 是归一化的调制信号，E_s 表示信号的能量。在接收端，每根天线接收到的信号是 n_T 根天线收到独立信道衰落后的线性叠加信号。令 r_t^j 表示接收端第 j 根天线 t 时刻收到的信号，表示为

$$r_t^j = \sum_{i=1}^{n_T} a_{ji}^t \sqrt{E_s} x_t^i + n_t^j \quad j = 1, 2, \cdots, n_R, t = 1, 2, \cdots, N_f \tag{5.84}$$

式中：N_f 是数据帧长；$n_j(k)$ 是复白高斯随机序列，均值为 0，其实部与虚部的方差为 $\mathrm{var}[\mathrm{Re}(n_t^i)] = \mathrm{var}[\mathrm{Im}(n_t^i)] = N_0/2$；信道衰落系数 a_{ij} 表示 t 时刻，从发射天线 i 到接收天线 j 的路径增益，$i = 1, 2, \cdots, n_T, j = 1, 2, \cdots, n_R$。

2. STTC 编码器

STTC 编码器实际上是定义在有限域上的卷积编码器。对于 n_T 根发射天线，采用 MPSK 调制的 STTC 编码器的结构如图 5.10 所示（图中的 T 是转发器）。

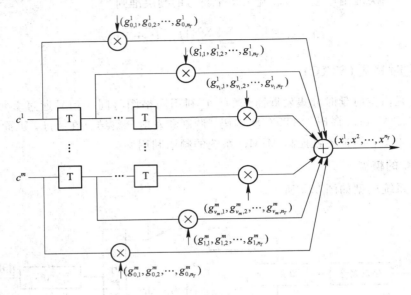

图 5.10　STTC 编码器结构

编码器输入的信息比特流 c 可以表示为式（5.85）

$$c = (c_0, c_1, \cdots, c_t, \cdots) \tag{5.85}$$

其中，c_t 表示 t 时刻的 $m = \text{lb}M$ 比特矢量，即

$$c_t = (c_t^1, c_t^2, \cdots, c_t^m) \tag{5.86}$$

编码器将输入的比特流映射为 MPSK 调制符号流，可以表示为式（5.83）

$$x = (x_0, x_1, \cdots, x, \cdots) \tag{5.87}$$

其中 x_t 表示 t 时刻的符号矢量，即

$$x_t = (x_t^1, x_t^2, \cdots, x_t^{n_T})^T \tag{5.88}$$

STTC 编码器由移位寄存器、模 M 乘法器和加法器等运算单元构成。m 个比特流 c^1，c^2，$\cdots$，c^m 送入到编码器的一组 m 个移位寄存器中，第 k 个输入比特 $c^k = c_0^k, c_1^k, \cdots, c_t^k$，$\cdots(k=1,2,\cdots,m)$，送入第 k 个移位寄存器中，然后与相应的编码器抽头系数相乘，所有乘法器对应的结果模 M 求和，得到编码器的输出符号流 $x = (x^1, x^2, \cdots, x^{n_T})$。$m$ 组抽头系数可以表示为式（5.89）

$$g^1 = [(g_{0,1}^1, g_{0,2}^1, \cdots, g_{0,n_T}^1), (g_{1,1}^1, g_{1,2}^1, \cdots, g_{1,n_T}^1), \cdots, (g_{v_1,1}^1, g_{v_1,2}^1, \cdots, g_{v_1,n_T}^1)]$$

$$g^2 = [(g_{0,1}^2, g_{0,2}^2, \cdots, g_{0,n_T}^2), (g_{1,1}^2, g_{1,2}^2, \cdots, g_{1,n_T}^2), \cdots, (g_{v_2,1}^2, g_{v_2,2}^2, \cdots, g_{v_2,n_T}^2)]$$

$$\vdots$$

$$g^m = [(g_{0,1}^m, g_{0,2}^m, \cdots, g_{0,n_T}^m), (g_{1,1}^m, g_{1,2}^m, \cdots, g_{1,n_T}^m), \cdots, (g_{v_1,1}^m, g_{v_1,2}^m, \cdots, g_{v_1,n_T}^m)]$$

$$\tag{5.89}$$

式中：抽头系数 $g_{j,i}^k \in \{0, 1, \cdots, M-1\}$，$k=1, 2, \cdots, m$，$j=1, 2, \cdots, v_k$，$i=1, 2, \cdots, n_T$，$v_k$ 是第 k 个编码分支的记忆长度。

由此，t 时刻第 i 根天线编码器的输出符号 x_t^i 可以表示为式(5.90)

$$x_t^i = \sum_{k=1}^m \sum_{j=0}^{v_k} g_{j,i}^k c_{t-j}^k \bmod M \quad i=1, 2, \cdots, n_T \tag{5.90}$$

其中移位寄存器的总数为式(5.91)

$$v = \sum_{k=1}^m v_k \tag{5.91}$$

则 STTC 编码器对应的 Trellis 状态数为 2^v。MPSK 中 v_k 的值由式(5.92)决定

$$v_k = \left\lfloor \frac{v+k-1}{\text{lb}M} \right\rfloor \tag{5.92}$$

以一个具有两根发射天线的 STTC 编码器为例，编码器结构如图 5.11 所示。

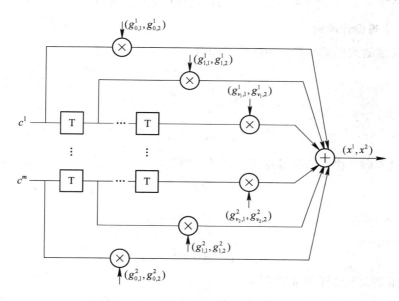

图 5.11　两根发送天线的 STTC 编码

发射端进行 QPSK 调制，二进制输入比特流为 $\boldsymbol{c}^1 = (c_0^1, c_1^1, \cdots, c_t^1, \cdots)$，$\boldsymbol{c}^2 = (c_0^2, c_1^2, \cdots, c_t^2, \cdots)$。编码器中移位寄存器的总长度为 $v = v_1 + v_2$，其中 v_1 和 v_2 分别为上下两个支路的寄存器长度。编码器的抽头系数可以表示为式(5.93)

$$\begin{aligned} \boldsymbol{g}^1 &= [(g_{0,1}^1, g_{0,2}^1), (g_{1,1}^1, g_{1,2}^1), \cdots, (g_{v_1,1}^1, g_{v_1,2}^1)] \\ \boldsymbol{g}^2 &= [(g_{0,1}^2, g_{0,2}^2), (g_{1,1}^2, g_{1,2}^2), \cdots, (g_{v_2,1}^2, g_{v_2,2}^2)] \end{aligned} \tag{5.93}$$

式中：$g_{j,i}^k \in \{0, 1, 2, 3\}$，$k=1, 2$，$i=1, 2$，$j=0, 1, \cdots, v_k$。

输出符号 x_t^i 可以表示为式(5.94)

$$x_t^i = \sum_{k=1}^2 \sum_{j=0}^{v_k} g_{j,i}^k c_{t-j}^k \bmod 4 \quad i=1, 2 \tag{5.94}$$

经过 STTC 后的输出 x^1 和 x^2 是 QPSK 星座图上的点，它们分别由两根天线同时发出。

STTC 编码的过程也可以用生成多项式来表示，输入的二进制序列可以分别表示为式(5.95)和式(5.96)，D 为移位算子。

$$c^1(D) = c_0^1 + c_1^1 D + c_2^1 D^2 + \cdots \tag{5.95}$$

$$c^2(D) = c_0^2 + c_1^2 D + c_2^2 D^2 + \cdots \tag{5.96}$$

式中：c_j^k 为二进制符号，$j = 0, 1, 2\cdots, k = 1, 2$。

STTC 编码器的生成多项式可以分别表示为式(5.97)和式(5.98)

$$G_i^1(D) = g_{0,i}^1 + g_{1,i}^1 D + \cdots + g_{v_1,i}^1 D^{v_1} \tag{5.97}$$

$$G_i^2(D) = g_{0,i}^2 + g_{1,i}^1 D + \cdots + g_{v_2,i}^2 D^{v_2} \tag{5.98}$$

天线的输出可以表示为式(5.99)

$$x^i(D) = \begin{bmatrix} c^1(D), & c^2(D) \end{bmatrix} \begin{bmatrix} G_i^1(D) \\ G_i^2(D) \end{bmatrix} \mathrm{mod}\, 4$$

$$= c^1(D)G_i^1(D) + c^2(D)G_i^2(D) \,\mathrm{mod}\, 4 \tag{5.99}$$

3. STTC 编码设计准则

假设发射端的编码调制符号矩阵为式(5.100)

$$\boldsymbol{X} = \begin{bmatrix} x_1^1 & x_2^1 & \cdots & x_{N_f}^1 \\ x_1^2 & x_2^2 & \cdots & x_{N_f}^2 \\ \vdots & \vdots & \ddots & \vdots \\ x_1^{n_T} & x_2^{n_T} & \cdots & x_{N_f}^{n_T} \end{bmatrix} \tag{5.100}$$

而接收端经过译码判决后的符号矩阵为式(5.101)

$$\boldsymbol{X} = \begin{bmatrix} \hat{x}_1^1 & \hat{x}_2^1 & \cdots & \hat{x}_{N_f}^1 \\ \hat{x}_1^2 & \hat{x}_2^2 & \cdots & \hat{x}_{N_f}^2 \\ \vdots & \vdots & \ddots & \vdots \\ \hat{x}_1^{n_T} & \hat{x}_2^{n_T} & \cdots & \hat{x}_{N_f}^{n_T} \end{bmatrix} \tag{5.101}$$

信道采用最大似然译码准则，即

$$\arg \max_{\hat{x}} \left(\| R - \sqrt{E_s}\boldsymbol{H}\boldsymbol{X} \|_F^2 \geqslant \| R - \sqrt{E_s}\boldsymbol{H}\hat{\boldsymbol{X}} \|_F^2 \right) \tag{5.102}$$

其中，假设 $\boldsymbol{U}_{m\times n} = R - \sqrt{E_s}\boldsymbol{H}\boldsymbol{X}$，$\| \boldsymbol{U}_{m\times n} \|_F$ 表示矩阵 $\boldsymbol{U}$ 的 Frobenius 范数，即 $\| \boldsymbol{U} \|_F = \sqrt{\sum_{i=1}^m \sum_{j=1}^n |u_{ij}|^2}$。

将式(5.84)代入式(5.102)可得

$$\arg \max_{\hat{x}} \left(\sum_{t=1}^{N_f} \sum_{j=1}^{n_R} \left| r_t^j - \sqrt{E_s}\sum_{i=1}^{n_T} a_{ji}^t x_t^i \right|^2 \geqslant \sum_{t=1}^{N_f} \sum_{j=1}^{n_R} \left| r_t^j - \sqrt{E_s}\sum_{i=1}^{n_T} a_{ji}^t x_t^i \right|^2 \right) \tag{5.103}$$

将式(5.103)展开，可以得到等价的 ML 准则

$$\arg \max_{\hat{x}} \left(\sum_{t=1}^{N_f} \sum_{j=1}^{n_R} 2\mathrm{Re}\left\{ \sqrt{E_s}(r_t^j)^* \sum_{i=1}^{n_T} a_{ji}^t(\hat{x}_t^i - x_t^i) \right\} \geqslant \sum_{t=1}^{N_f} \sum_{j=1}^{n_R} \left| r_t^j - \sqrt{E_s}\sum_{i=1}^{n_T} a_{ji}^t x_t^i \right|^2 \right)$$

$$\tag{5.104}$$

式(5.104)左端是均值为 0 的高斯随机变量，在理想估计条件下，右端为常数。定义修

正的平方欧氏距离 $d^2(\boldsymbol{X}, \hat{\boldsymbol{X}})$ 为

$$d^2(\boldsymbol{X}, \hat{\boldsymbol{X}}) = \parallel \boldsymbol{H} \cdot (\boldsymbol{X} - \hat{\boldsymbol{X}}) \parallel_F^2 = \sum_{i=1}^{N_f} \sum_{j=1}^{n_R} \Big| \sum_{i=1}^{N_T} a_{ji}^t (x_t^i - \hat{x}_t^i) \Big|^2 \tag{5.105}$$

则在给定信道响应矩阵的条件下的最大似然译码错误概率为

$$P(\boldsymbol{X}, \hat{\boldsymbol{X}} \mid \boldsymbol{H}) = \frac{1}{2} \mathrm{erfc} \Big[\sqrt{\frac{E_s}{4N_0} d^2(\boldsymbol{X}, \hat{\boldsymbol{X}})} \Big] \leqslant \frac{1}{2} \exp \Big[-\frac{E_s}{4N_0} d^2(\boldsymbol{X}, \hat{\boldsymbol{X}}) \Big] \tag{5.106}$$

下面分别介绍在准静态衰落信道条件下及快衰落信道条件下 STTC 的设计准则。

1) 准静态衰落信道条件下 STTC 的设计准则

在准静态衰落信道条件下，信道响应矩阵与时间无关，即 $a_{ji}^t = a_{ji}$，$i = 1, 2, \cdots, n_T$，$j = 1, 2, \cdots, n_R$。

平方欧氏距离 $d^2(\boldsymbol{X}, \hat{\boldsymbol{X}})$ 实际上是一个二次型，因此可以展开为

$$d^2(\boldsymbol{X}, \hat{\boldsymbol{X}}) = \sum_{j=1}^{n_R} \boldsymbol{h}_j \boldsymbol{A}(\boldsymbol{X}, \hat{\boldsymbol{X}}) \boldsymbol{h}_j^H \tag{5.107}$$

式中：$\boldsymbol{h}_j = (a_{j1}, a_{j2}, \cdots, a_{jn_T})$；$n_T \times n_T$ 维矩阵 $\boldsymbol{A}(\boldsymbol{X}, \hat{\boldsymbol{X}})$ 的每一个元素为 $\boldsymbol{A}_{pq} = \sum_{t=1}^{n_f} [(x_t^i)_p - (\hat{x}_t^i)_p][(x_t^i)_p - (\hat{x}_t^i)_p]^*$，称为符号距离矩阵。定义符号序列差矩阵 $\boldsymbol{B}(\boldsymbol{X}, \hat{\boldsymbol{X}})$ 为

$$\boldsymbol{B}(\boldsymbol{X}, \hat{\boldsymbol{X}}) = \boldsymbol{X} - \hat{\boldsymbol{X}} = \begin{bmatrix} x_1^1 - \hat{x}_1^1 & x_2^1 - \hat{x}_2^1 & \cdots & x_{N_f}^1 - \hat{x}_{N_f}^1 \\ x_1^2 - \hat{x}_1^2 & x_2^2 - \hat{x}_2^2 & \cdots & x_{N_f}^2 - \hat{x}_{N_f}^2 \\ \vdots & \vdots & \ddots & \vdots \\ x_1^{n_T} - \hat{x}_1^{n_T} & x_2^{n_T} - \hat{x}_2^{n_T} & \cdots & x_{N_f}^{n_T} - \hat{x}_{N_f}^{n_T} \end{bmatrix} \tag{5.108}$$

显然，符号序列差矩阵 $\boldsymbol{B}(\boldsymbol{X}, \hat{\boldsymbol{X}})$ 是矩阵 $\boldsymbol{A}(\boldsymbol{X}, \hat{\boldsymbol{X}})$ 的平方根。因此，矩阵 $\boldsymbol{A}(\boldsymbol{X}, \hat{\boldsymbol{X}})$ 具有非负特征值。

接着对矩阵 $\boldsymbol{A}(\boldsymbol{X}, \hat{\boldsymbol{X}})$ 进行特征值分解，可以得到 $\boldsymbol{V}\boldsymbol{A}(\boldsymbol{X}, \hat{\boldsymbol{X}})\boldsymbol{V}^H = \boldsymbol{D}$，其中酉矩阵 $\boldsymbol{V} = (\boldsymbol{v}_1, \boldsymbol{v}_2, \cdots, \boldsymbol{v}_{n_T})^T$，$\boldsymbol{v}_i (i = 1, 2, \cdots, n_T)$ 是 $\boldsymbol{A}(\boldsymbol{X}, \hat{\boldsymbol{X}})$ 的特征矢量，$\boldsymbol{D} = \mathrm{diag}(\lambda_1, \lambda_2, \cdots, \lambda_{n_T})$，将 $\boldsymbol{A}(\boldsymbol{X}, \hat{\boldsymbol{X}}) = \boldsymbol{V}^H \boldsymbol{D} \boldsymbol{V}$ 代入式(5.107)可以得到

$$d^2(\boldsymbol{X}, \hat{\boldsymbol{X}}) = \sum_{j=1}^{n_R} \boldsymbol{h}_j \boldsymbol{V}^H \boldsymbol{D} \boldsymbol{V} \boldsymbol{h}_j^H = \sum_{j=1}^{n_R} \sum_{i=1}^{n_T} \lambda_j |\beta_{ji}|^2 \tag{5.109}$$

其中，$(\beta_{j1}, \beta_{j2}, \cdots, \beta_{jn_T}) = \boldsymbol{h}_j \boldsymbol{V}^H$，$\beta_{j,i} = \boldsymbol{h}_j \boldsymbol{v}_i^H$。

由于 a_{ji} 是高斯随机变量，均值为 $E(a_{ji})$，方差为 1，而 $\{\boldsymbol{v}_1, \boldsymbol{v}_2, \cdots, \boldsymbol{v}_{n_T}\}$ 是标准正交基，因此，β_{ji} 是相互独立的复高斯随机变量，则

$$E(\beta_{ji}) = E(\boldsymbol{h}_j) \boldsymbol{v}_i^H = E(a_{j1}, a_{j2}, \cdots, a_{jn_T}) \boldsymbol{v}_i^H \tag{5.110}$$

令 $K^{ji} = |E(\beta_{ji})|^2$，则 $|\beta_{ji}|$ 服从 Rician 分布，其概率密度为

$$f(|\beta_{ji}|) = 2 |\beta_{ji}| \exp(-|\beta_{ji}|^2 - K^{ji}) \mathrm{J}_0(2 |\beta_{ji}| \sqrt{K^{ji}}) \tag{5.111}$$

其中，$\mathrm{J}_0(\cdot)$ 是第一类修正的 0 阶贝塞尔函数。

对独立的一组 Rician 变量 $|\beta_{ji}|$ 进行平均就可以得到成对差错概率 $P(\boldsymbol{X}, \hat{\boldsymbol{X}})$，即

$$P(\boldsymbol{X}, \hat{\boldsymbol{X}}) \leqslant \int_0^\infty \cdots \int_0^\infty P(\boldsymbol{X}, \hat{\boldsymbol{X}} \mid \boldsymbol{H} \mid) f(\mid \beta_{11} \mid) \cdots f(\mid \beta_{n_R n_T} \mid) \cdot \mathrm{d} \mid \beta_{11} \mid \cdots \mathrm{d} \mid \beta_{n_R n_T} \mid$$

(5.112)

将式(5.106)代入式(5.112)得

$$P(\boldsymbol{X}, \hat{\boldsymbol{X}}) = \prod_{j=1}^{n_R} \left[\prod_{i=1}^{n_T} \frac{1}{1 + \dfrac{E_s}{4N_0}\lambda_i} \exp\left(- \frac{K^{ji} + \dfrac{E_s}{4N_0}\lambda_i}{1 + \dfrac{E_s}{4N_0}\lambda} \right) \right]$$

(5.113)

如果 $K^{ji} = 0$，即在 Rayleigh 衰落信道下，则式(5.113)变为

$$P(\boldsymbol{X}, \hat{\boldsymbol{X}}) \leqslant \left[\prod_{i=1}^{n_T} \frac{1}{1 + \dfrac{E_s}{4N_0}\lambda_i} \right]^{n_R}$$

(5.114)

令 $r = \mathrm{Rank}[\boldsymbol{A}(\boldsymbol{X}, \hat{\boldsymbol{X}})]$ 表示矩阵的秩，则 $\boldsymbol{A}(\boldsymbol{X}, \hat{\boldsymbol{X}})$ 矩阵有 r 个特征值为 0，$n-r$ 个特征值为非 0。令 $\lambda_1, \lambda_2, \cdots, \lambda_r$ 表示矩阵 $\boldsymbol{A}(\boldsymbol{X}, \hat{\boldsymbol{X}})$ 的非 0 特征值，在高信噪比条件下，式(5.114)可以表示为

$$P(\boldsymbol{X}, \hat{\boldsymbol{X}}) \leqslant \left(\prod_{i=1}^{r} \lambda_i \right)^{-n_R} \left(\frac{E_s}{4N_0} \right)^{-m_R}$$

(5.115)

由式(5.115)可知，STTC 编码的收发分集增益为 m_R，与信噪比成指数关系。在相同分集增益条件下，与未编码系统相比，STTC 的编码增益为 $\left(\prod\limits_{i=1}^{r} \lambda_i \right)^{-r}$。因此，STTC 编码的性能主要由分集增益和编码增益决定，从而可以得到准静态衰落信道条件下 STTC 码的设计准则。

(1) 秩准则。为了得到最大的分集增益 $n_T n_R$，对于任意的编码矩阵对 $(\boldsymbol{X}, \hat{\boldsymbol{X}})$，信号差矩阵 $\boldsymbol{B}(\boldsymbol{X}, \hat{\boldsymbol{X}})$ 必须满秩。如果 $\boldsymbol{B}(\boldsymbol{X}, \hat{\boldsymbol{X}})$ 的秩为 r，则 STTC 编码获得的分集增益为 m_R。

(2) 行列式准则。当 STTC 编码可以得到分集增益 $n_T n_R$ 时，则 $\prod\limits_{i=1}^{n_T} \lambda_i$ 就是矩阵 $\boldsymbol{A}(\boldsymbol{X}, \hat{\boldsymbol{X}})$ 的行列式。因此在满秩条件下，设计最优化码应当使最小的行列式 $\boldsymbol{A}(\boldsymbol{X}, \hat{\boldsymbol{X}})$ 最大化。如果矩阵不满秩，则应使最小特征值乘积最大化。

2）快衰落信道条件 STTC 的设计准则

上述在准静态衰落信道条件下的分析可以直接推广到快衰落信道。在每一个时刻 t，定义符号差矢量 $\boldsymbol{F}(\boldsymbol{x}_t, \hat{\boldsymbol{x}}_t)$ 为

$$\boldsymbol{F}(\boldsymbol{x}_t, \hat{\boldsymbol{x}}_t) = (x_t^1 - \hat{x}_t^1, x_t^2 - \hat{x}_t^2, \cdots, x_t^{n_T} - \hat{x}_t^{n_T})^{\mathrm{T}}$$

(5.116)

类似地，引入 $n_T \times n_T$ 的信号距离矩阵

$$\boldsymbol{C}(\boldsymbol{x}_t, \hat{\boldsymbol{x}}_t) = \boldsymbol{F}(\boldsymbol{x}_t, \hat{\boldsymbol{x}}_t) \boldsymbol{F}^{\mathrm{H}}(\boldsymbol{x}_t, \hat{\boldsymbol{x}}_t)$$

(5.117)

显然，$\boldsymbol{C}(\boldsymbol{x}_t, \hat{\boldsymbol{x}}_t)$ 是 Hermitian 矩阵。因此存在酉矩阵 $\boldsymbol{V}_t$ 和对角阵 $\boldsymbol{D}_t$，满足 $\boldsymbol{V}_t \boldsymbol{C}(\boldsymbol{x}_t, \hat{\boldsymbol{x}}_t) \boldsymbol{V}_t^{\mathrm{H}} = \boldsymbol{D}_t$。$\boldsymbol{V}_t$ 矩阵的行向量 $\boldsymbol{v}_t^i (i = 1, 2, \cdots, n_T)$ 是 $\boldsymbol{C}(\boldsymbol{x}_t, \hat{\boldsymbol{x}}_t)$ 的特征向量，$\boldsymbol{D}_t = \mathrm{diag}(\boldsymbol{D}_t^1, \boldsymbol{D}_t^2, \cdots, \boldsymbol{D}_t^{n_T})$。

当 $\boldsymbol{x}_i = \hat{\boldsymbol{x}}_t$ 时，$\boldsymbol{C}(\boldsymbol{x}_t, \hat{\boldsymbol{x}}_t)$ 是全 0 矩阵，秩为 0，$\forall i$，$\boldsymbol{D}_t^i = 0$；而当 $\boldsymbol{x}_t \neq \hat{\boldsymbol{x}}_t$，矩阵 $\boldsymbol{C}(\boldsymbol{x}_t, \hat{\boldsymbol{x}}_t)$

中的每个元素都是 $x_t^i - \hat{x}_t^i$ 的倍数。因此，所有行（列）之间线性相关，从而该矩阵的秩为 1，只有一个非 0 特征值，其余 $n_T - 1$ 个特征值都为 0。令 D_t^i 表示非 0 特征值，则它应当等于两个符号矢量的平方欧氏距离，即

$$D_t^i = |\boldsymbol{x}_t - \hat{\boldsymbol{x}}_t|^2 = \sum_{i=1}^{n_T} |x_t^i - \hat{x}_t^i|^2 \tag{5.118}$$

令其对应的特征矢量为 v_t^1。相应地，定义信道响应矢量 $\boldsymbol{h}_t^i = (a_{j1}^t, a_{j2}^t, \cdots, a_{jn_T}^t)$，则式 (5.107) 可以改写为

$$d^2(\boldsymbol{X}, \hat{\boldsymbol{X}}) = \sum_{t=1}^{N_f} \sum_{j=1}^{n_R} \sum_{i=1}^{n_T} D_t^i |\beta_{ji}^t|^2 \tag{5.119}$$

其中，$\beta_{ji}^t = h_t^i v_t^{i\mathrm{H}}$。由于每时刻最多有一个非 0 特征值，因此式 (5.119) 可以简化为

$$d^2(\boldsymbol{X}, \hat{\boldsymbol{X}}) = \sum_{t \in \Omega(X, \hat{X})} \sum_{j=1}^{n_R} D_t^1 |\beta_{ji}^t|^2 = \sum_{t \in \Omega(X, \hat{X})} \sum_{j=1}^{n_R} |\boldsymbol{x}_t - \hat{\boldsymbol{x}}_t|^2 |\beta_{ji}^t|^2 \tag{5.120}$$

其中，$\Omega(\boldsymbol{X}, \hat{\boldsymbol{X}}) = \{t \mid x_t \neq \hat{x}_t, t = 1, 2, \cdots, N_f\}$ 表示所有 $\boldsymbol{x}_t \neq \hat{\boldsymbol{x}}_t$ 的时间集合。将式 (5.120) 代入式 (5.106) 可得

$$P(\boldsymbol{X}, \hat{\boldsymbol{X}} \mid \boldsymbol{H}) \leqslant \frac{1}{2} \exp\left(-\frac{E_s}{4N_0} \sum_{t \in \Omega(X, \hat{X})} \sum_{j=1}^{n_R} |\boldsymbol{x}_t - \hat{\boldsymbol{x}}_t|^2 |\beta_{ji}^t|^2\right) \tag{5.121}$$

类似的，β_{ji}^t 也是相互独立的复高斯随机变量，因此可以得到快衰落信道条件下的成对差错概率为

$$P(\boldsymbol{X}, \hat{\boldsymbol{X}}) \leqslant \prod_{t \in \Omega(x, \hat{x})} \left(|\boldsymbol{x}_t - \hat{\boldsymbol{x}}_t|^2 \cdot \frac{E_s}{4N_0}\right)^{-n_R} \tag{5.122}$$

由式 (5.122) 可知，在快衰落信道条件下，STTC 编码的收发分集增益为 $|\Omega(x, \hat{x})| n_R$，与信噪比成负指数关系；而在相同分集增益条件下，与未编码系统相比，STTC 的编码增益为 $\prod\limits_{t \in \Omega(x, \hat{x})} |\boldsymbol{x}_t - \hat{\boldsymbol{x}}_t|^2$。因此，STTC 编码的性能也主要由分集增益和编码增益决定，从而可以得到快衰落信道条件下 STTC 码的设计准则。

(1) 距离准则。为了得到最大的分集增益 ωn_R，对于任意的编码矢量对 $(\boldsymbol{x}_t, \hat{\boldsymbol{x}}_t)$，$t = 1, 2, \cdots, N_f$，必须至少有 ω 个满足 $\boldsymbol{x}_t \neq \hat{\boldsymbol{x}}_t$。

(2) 乘积准则。为了获得最大的编码增益，在 STTC 编码序列中，最小的乘积 $\prod\limits_{t \in \Omega(x, \hat{x})} |\boldsymbol{x}_t - \hat{\boldsymbol{x}}_t|^2$ 必须最大化。

5.3.4　分层空时码（LST）

LST 能够极大地提高 MIMO 系统的频谱利用率，即可以获得良好的复用增益。其最大的优点在于允许采用一维的处理方法对多维空间信号进行处理，因此极大地降低了译码的复杂度。

1. LST 的分类

根据 LST 结构中是否进行纠错编码和调制后信号分配形式的不同，LST 可分为 VLST、HLST、DLST、TLST 等。LST 实际上描述了空时多维信号发送的结构。最简单

的未进行编码的 LST 结构就是贝尔实验室提出的 VLST 或称为 V-BLAST（Vertical Bell Labs Layered Space Time，垂直结构的分层空时码），其结构如图 5.12 所示。

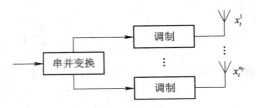

图 5.12　VLST 的结构

VLST 编码的基本原理为：信息比特序列首先进行串并变换，得到并行的 n_T 个子码流，每个子码流可以看做一层信息，然后分别进行 M 进制调制，得到 $n_T \times p$ 的矩阵 $\boldsymbol{X}$，矩阵 $\boldsymbol{X}$ 的元素用 x_t^i 表示在第 t 个时刻送至第 i 根天线的符号，最后将调制后的信号发送到相应的天线上。

如果 VLST 与编码器相结合，可以得到其他结构的 LST。图 5.13 和图 5.14 为两种不同结构的 HLST，这两种 HLST 结构都要经过编码、调制和交织，所不同的是编码器的位置不同。

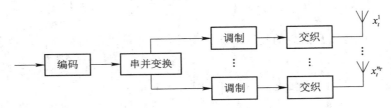

图 5.13　仅使用一个编码器的 HLST 结构

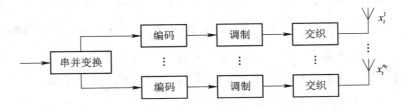

图 5.14　在每层上都使用编码器的 HLST 结构

HLST 结构的编码矩阵可表示为

$$\boldsymbol{X} = \begin{bmatrix} x_1^1 & x_2^1 & \cdots & x_t^1 & \cdots \\ x_1^2 & x_2^2 & \cdots & x_t^2 & \cdots \\ \vdots & \vdots & \ddots & \vdots & \vdots \\ x_1^{n_T} & x_2^{n_T} & \cdots & x_t^{n_T} & \cdots \end{bmatrix} \tag{5.123}$$

其中，矩阵 $\boldsymbol{X}$ 的行向量表示第 i 根天线的输出信号，列向量表示在某一时刻 n_T 根天线的输出。

在 HLST 结构中只采用了时域上的交织，如果采用空时二维交织，则可以获得更好的性能。DLST 和 TLST 结构正是采用空时二维交织，图 5.15 为 DLST 结构和 TLST 结构。

在 DLST 结构中，每一层的编码调制符号流沿着发射天线进行对角线分布，即从天线

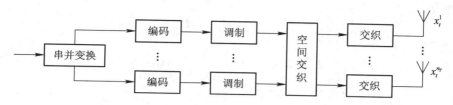

图 5.15　DLST 和 TLST 的结构

1 到天线 n_T，发送符号之间进行空时二维交织处理。以发射天线数 $n_T = 3$ 为例，其编码过程分为两步。第一步，各层数据之间引入相对时延，相应的符号矩阵为

$$\begin{bmatrix} x_1^1 & x_2^1 & x_3^1 & x_4^1 & x_5^1 & x_6^1 & \cdots \\ 0 & x_1^2 & x_2^2 & x_3^2 & x_4^2 & x_5^2 & \cdots \\ 0 & 0 & x_1^3 & x_2^3 & x_3^3 & x_4^3 & \cdots \end{bmatrix} \tag{5.124}$$

第二步，每个天线沿对角线发送符号，相应的矩阵为

$$\begin{bmatrix} x_1^1 & x_1^2 & x_1^3 & x_4^1 & x_4^2 & x_4^3 & \cdots \\ 0 & x_2^1 & x_2^2 & x_2^3 & x_5^1 & x_5^2 & \cdots \\ 0 & 0 & x_3^1 & x_3^2 & x_3^3 & x_6^1 & \cdots \end{bmatrix} \tag{5.125}$$

由于在 DLST 结构中引入了空间交织，因此，其性能要比 VLST 和 HLST 的好。但是，由于在 DLST 结构中编码矩阵的左下方引入了一些 0，导致码率或频谱效率降低。为了更加高效地提高数据传输速率和频谱效率，可以采用 TLST 结构。以发射天线数 $n_T = 4$ 为例，采用 TLST 结构的符号矩阵为

$$\begin{bmatrix} x_1^1 & x_2^1 & x_3^1 & x_4^1 & \cdots \\ x_1^2 & x_2^2 & x_3^2 & x_4^2 & \cdots \\ x_2^3 & x_2^3 & x_3^3 & x_4^3 & \cdots \end{bmatrix} \rightarrow \begin{bmatrix} x_1^1 & x_2^3 & x_3^2 & x_4^1 & \ddots \\ x_1^2 & x_2^1 & x_3^3 & x_4^2 & \ddots \\ x_1^3 & x_2^2 & x_3^1 & x_4^3 & \ddots \end{bmatrix} \tag{5.126}$$

从 TLST 的编码矩阵中可以看出，TLST 的每列实际上是原始符号矩阵的循环移位。通过循环移位操作，引入空间交织，且数据速率和频谱效率并没有损失。

2. VLST 的接收

VLST 可以采用最大似然译码算法进行译码，但最大似然译码算法复杂度较高，因此有许多简化的算法如 ZF（迫零）算法、QR 算法及 MMSE（最小均方误差）算法。

在准静态衰落信道下，接收端在 t 时刻接收到的信号矢量可以表示为式（5.127）

$$\boldsymbol{r}_t = \boldsymbol{H}\boldsymbol{x}_t + \boldsymbol{n}_t \tag{5.127}$$

式中：$\boldsymbol{r}_t$ 表示 $n_R \times 1$ 的接收信号矢量；$\boldsymbol{H}$ 是 $n_R \times n_T$ 维信道响应矩阵；$\boldsymbol{x}_t$ 是 $n_T \times 1$ 的发送信号矢量；$\boldsymbol{n}_T$ 是 $n_R \times 1$ 的 AWGN 噪声矢量，其每个分量都是均值为 0，方差为 σ^2 的相互独立的正态随机变量。

1）ZF 算法

ZF 算法的基本原理是：首先检测某一层的发送信号，然后从其他层中抵消这一层信号造成的干扰，逐次迭代，最后完成整个信号矢量的检测。假设 $\boldsymbol{S}$ 为一整数序列集合，即

$$\boldsymbol{S} = \{s_1, s_2, \cdots, s_{n_T}\} \tag{5.128}$$

表示自然序数 $\{1, 2, \cdots, n_T\}$ 的某种排列，则 ZF 算法可以描述为如下迭代过程。

初始化：

$$i = 1, \boldsymbol{G}_1 = \boldsymbol{H}^+ \tag{5.129}$$

迭代过程：

$$\begin{cases} s_i = \arg \min\limits_{j \notin \{s_1, s_2, \cdots, s_{i-1}\}} \parallel (\boldsymbol{G}_i)_j \parallel^2 \\ \boldsymbol{W}_{s_i} = (\boldsymbol{G}_i)_{s_i} \\ \boldsymbol{y}_{s_i} = \boldsymbol{W}_{s_i} \boldsymbol{r}_i \\ \hat{\boldsymbol{x}}_{s_i} = \boldsymbol{Q}(\boldsymbol{y}_{s_i}) \\ \boldsymbol{r}_{i+1} = \boldsymbol{r}_1 - \hat{\boldsymbol{x}}_{s_i} (\boldsymbol{H})_{s_j}^{\mathrm{T}} \\ \boldsymbol{G}_{i+1} = \boldsymbol{H}_{s_i}^+ \\ i = i + 1 \end{cases} \tag{5.130}$$

式中：$\boldsymbol{H}^+$ 表示 Moore-Penrose 广义逆；$\boldsymbol{H}_{s_i}^+$ 表示令 $s_1, s_2, \cdots, s_i$ 列为 0 得到的矩阵的广义逆；$(\boldsymbol{G}_i)_j$ 表示矩阵 $\boldsymbol{G}_i$ 的第 j 行；$\boldsymbol{Q}(\cdot)$ 函数表示根据星座图对应检测信号进行硬判决解调。

2）QR 算法

由矩阵论知识可知，当信道响应矩阵 $\boldsymbol{H}$ 满足 $n_R \geqslant n_T$ 时，则矩阵可以进行 QR 分解，得到式（5.131）

$$\boldsymbol{H} = \boldsymbol{U}_R \boldsymbol{R} \tag{5.131}$$

式中：$\boldsymbol{U}_R$ 是 $n_R \times n_T$ 酉矩阵；$\boldsymbol{R}$ 是 $n_T \times n_T$ 的上三角矩阵，可以表示为式（5.132）

$$\boldsymbol{R} = \begin{bmatrix} R_{11} & R_{12} & \cdots & R_{1n_T} \\ 0 & R_{22} & \cdots & R_{2n_T} \\ \vdots & \vdots & \ddots & \vdots \\ 0 & 0 & \cdots & R_{n_T n_T} \end{bmatrix} \tag{5.132}$$

式（5.127）左乘 $\boldsymbol{U}_R^{\mathrm{T}}$，可得到接收矢量为

$$\boldsymbol{y}_t = \boldsymbol{U}_R^{\mathrm{T}} \boldsymbol{r}_t = \boldsymbol{U}_R^{\mathrm{T}} \boldsymbol{H} \boldsymbol{x}_t + \boldsymbol{U}_R^{\mathrm{T}} \boldsymbol{n}_t \tag{5.133}$$

将式（5.132）代入可得

$$\boldsymbol{y}_t = \boldsymbol{R} \boldsymbol{x}_t + \boldsymbol{v}_t \tag{5.134}$$

式中：$\boldsymbol{v}_t = \boldsymbol{U}_R^{\mathrm{T}} \boldsymbol{n}_t$ 表示白噪声矢量经过正交变换后的噪声矢量。式（5.134）可展开为

$$\begin{bmatrix} y_t^1 \\ y_t^2 \\ \vdots \\ y_t^{n_T} \end{bmatrix} = \begin{bmatrix} R_{11} & R_{12} & \cdots & R_{1n_T} \\ 0 & R_{22} & \cdots & R_{2n_T} \\ \vdots & \vdots & \ddots & \vdots \\ 0 & 0 & \cdots & R_{n_T n_T} \end{bmatrix} \begin{bmatrix} x_t^1 \\ x_t^2 \\ \vdots \\ x_t^{n_T} \end{bmatrix} + \begin{bmatrix} v_t^1 \\ v_t^2 \\ \vdots \\ v_t^{n_T} \end{bmatrix} \tag{5.135}$$

由式（5.135）可知，接收矢量的每一个分量都可以表示为

$$\boldsymbol{y}_t^i = \sum_{j=i}^{n_T} \boldsymbol{R}_{ij} x_t^j + \boldsymbol{v}_t^i \quad i = 1, 2, \cdots, n_T \tag{5.136}$$

根据系数矩阵的上三角特性，可以采用迭代方法从下到上逐次解出各个发送信号分量为

$$\hat{\boldsymbol{x}}_t^i = \boldsymbol{Q} \left(\frac{\boldsymbol{y}_t^i - \sum\limits_{j=i+1}^{n_T} \boldsymbol{R}_{ij} \hat{\boldsymbol{x}}_t^j}{\boldsymbol{R}_{ii}} \right) \quad i = 1, 2, \cdots, n_T \tag{5.137}$$

其中，$Q(\cdot)$ 函数表示根据星座图对检测信号进行硬判决解调。

3）MMSE 算法

MMSE 算法的目标函数是最小化发送信号矢量 x_t 与接收信号矢量线性组合 $W^H r_t$ 之间的均方误差，即

$$\arg \min_{W} E\left[\parallel x_t - W^H r_t \parallel^2\right] \tag{5.138}$$

式中：W 是 $n_R \times n_T$ 的线性组合系数矩阵。由于上述目标函数是凸函数，因此，可以求其梯度得到最优解为

$$\nabla_W E\left[\parallel x_t - W^H r_t \parallel^2\right] = \nabla_W E\left[(x_t - W^H r_t)^H (x_t - W^H r_t)\right]$$
$$= 2E(r_t^H W^H r_t) - 2E(r_t^H x_t) \tag{5.139}$$

将式（5.127）代入可得

$$\nabla_W E\left[\parallel x_t - W^H r_t \parallel^2\right] = 2E\left[(Hx_t + n_t)^H W^H (Hx_t + n_t)\right] - 2E\left[(Hx_t + n_t)^H + x_t\right]$$
$$= 2H^H HW^H E(x_t x_t^H) + 2W^H E(n_t n_t^H) - 2H^H E(x_t x_t^H)$$
$$= 2(H^H H + \sigma^2 I_{n_T})W^H - 2H^H$$
$$= 0 \tag{5.140}$$

由此可得 MMSE 检测的系数矩阵为

$$W^H = (H^H H + \sigma^2 I_{n_T})^{-1} H^H \tag{5.141}$$

在上式的推导过程中，利用了 $E(x_t x_t^H) = I_{n_T}$，$E(n_t n_t^H) = \sigma^2 I_{n_T}$ 及 $E(x_t n_t^H) = 0$ 的关系式。MMSE 检测与干扰抵消组合可以得到类似 ZF 算法的迭代结构，具体的算法如下。

初始化：

$$i = n_T,\ r_t^{n_T} = r_t \tag{5.142}$$

当 $i \geqslant 1$ 时，进行如下的迭代操作：

$$W^H = (H^H H + \sigma^2 I_{n_T})^{-1} H^H$$
$$y_t^i = W_i^H r^j$$
$$\hat{x}_i^t = Q(y_i^t)$$
$$r^{i-1} = r^i - \hat{x}_t^i h_i$$

$$H = H_d^{i-1} = \begin{bmatrix} h_{11} & h_{12} & \cdots & h_{1i-1} \\ h_{21} & h_{22} & \cdots & h_{2i-1} \\ \vdots & \vdots & \ddots & \vdots \\ h_{n_R 1} & h_{n_R 2} & \cdots & h_{n_R i-1} \end{bmatrix}$$
$$i = i - 1 \tag{5.143}$$

5.3.5　STBC、STTC、LST 的改善方案

为进一步提高空时处理技术的性能，目前的研究方向主要有空时处理的性能及设计和空时技术的应用。这些经过改良的技术在一定程度上都提高了空时处理技术的有效性和可靠性，能进一步提高 MIMO 系统的性能。

1. 基于 STBC 的改善方案

线性预编码是一种纠错编码，用于纠正由于信道衰落在子载波上出现的零点而引起的误码。其主要特点是译码复杂度低、延迟较小，且引入的冗余信息比其他纠错编码小。在

发射端，线性预测编码将 K 个符号线性变换到 N 个符号（$N > K$）；在接收端，可以根据复杂度和性能要求，选择 ML 译码、球形译码、迫零译码、MMSE 均衡或者 Viterbi 译码算法。线性编码和 STBC 编码结合可进一步提高 MIMO 系统的性能。

1）STBC 与 LST 结合

在 LST 结构中，有一个限制条件：接收天线数必须大于等于发射天线数。如果将 STBC 与 LST 结合起来，就可以把接收天线的数目减少一半，即接收天线数只需大于等于发射天线数目的一半。另外，随着发射天线数目的增加，分集增益会增加得越来越缓慢且存在极限。所以如果结合 LST，不仅可以获得分集增益，还可以得到空间复用增益。

2）STBC 与天线优选技术结合

天线优选技术是一种低成本、低复杂度的技术，它按某种策略，从多个发射天线或接收天线中选择一个子集，从而获得一定的增益。天线优选的准则通常有两种：一是最大化接收端信噪比，在这种方式下，在多个天线中选择衰落最小的几个，也就是衰落因子的幅度最大的几个；二是基于信道的二阶统计特性，最小化平均错误概率。但这种技术需要反馈信道信息，或者在 TDD 系统中可以从上行信道中获得下行信道的信息，并且都会增加系统的开销。另外，在快衰落信道中，信道状况变化很快，因而选择的准确性就会受到影响。这些都是天线优选系统需要考虑的问题。

2. 基于 STTC 的改善方案

STTC 不仅可以获得很高的分集增益，还可以获得较高的编码增益。但是由于 STTC 一般要采用 Viterbi 译码，复杂度比较高。基于 STTC 的改善方案一般采用延迟发射分集。

延迟发射分集可以看做是 STTC 的特例，它结构简单，性能也较好，因此具有较大的实用价值。延迟发射分集的原理是：将发送信号从一个天线上发射出去，同时将相同的发送信号延迟一定时间后从另一发射天线上发射出去，相当于信道有两径，且时延是已知的，信道在频域上就体现为频率选择性。因此，通过适当的编码和交织，就可以获得空间和频域上的分集增益。延迟发射分集的最大优点在于它的结构简单。

Turbo 码的性能逼近 Shannon 极限，许多编码都可以利用 Turbo 码这种级联加交织的方法来提高编码的性能。译码时，Turbo 迭代次数越多得到的结果就越好，即使迭代一次，都比传统的 Viterbi 译码效果好。然而，Turbo 码译码本身的复杂度相当高，加上 STTC 有较高的网络复杂度，使得 Turbo-STTC 虽然有很好的性能，但是实用性较差。

3. 基于 LST 结构的改善方案

采用 LST 结构的 MIMO 系统可以明显地提高数据的传输速率，从而获得较高的频谱利用率，也可获得空间复用增益，但是 LST 结构要求接收天线数必须大于发射天线数且译码复杂度较高。若将 LST 与空间分集技术以及自适应技术相结合，可极大地提高系统的性能，即当信道条件好时，采用 LST 结构；在信道条件差时，采用空间分集技术。

5.4　MIMO 的关键技术

MIMO 无线通信技术源于天线分集技术与智能天线技术，它是 MISO 与 SIMO 技术的结合，具有两者的特征。MIMO 系统在发射端与接收端均采用多天线单元，运用先进的无线传输与信号处理技术，以及利用无线信道的多径传播，因势利导，开发空间资源，建立空间并行传输通道，在不增加带宽与发射功率的情况下，可成倍地提高无线通信的质量与数据速率，堪称现代通信领域的重要技术突破。

5.4.1　分集技术

分集的基本原理是通过信道特性不同的多个信道（时间、频率或者空间特性等不同），接收到承载相同信息的多个发送信号的副本。由于多个信道的传输特性不同，信号多个副本受衰落的影响就不会相同。使用接收到的多个信号副本，帮助接收端正确恢复出原发送信号。分集技术充分利用之前造成干扰的信号的多径特性，来提高接收信号的正确判决率，这要求不同信号副本之间具有不相关性。

如果不采用分集技术，为了克服快衰落影响，发射端必须要提高发射功率。手持移动终端的电池容量有限，所以反向链路中所能获得的功率也非常有限，而采用分集方法可以降低发射功率，延长移动终端的使用时间。目前常用的分集方式主要有两种：宏分集和微分集。

1. 宏分集

宏分集也称为"多基站分集"，主要是用于蜂窝系统的分集技术。在宏分集中，把多个基站设置在不同的地理位置和不同的方向上，同时和小区内的一个移动台进行通信。只要在各个方向上的信号传播不是同时受到阴影效应或地形的影响而出现严重的慢衰落，这种办法就可以保证通信不会中断。宏分集是一种减少慢衰落的技术。

2. 微分集

微分集是一种减少快衰落影响的分集技术，在各种无线通信系统中经常使用。目前微分集采用的主要技术有：空间分集、频率分集、时间分集、极化分集等。

1）空间分集

空间分集是一种常用的分集形式。所谓空间分集，是指将同一信息进行编码后从多根天线上发射出去的方式，接收端将信号区分出来并进行合并，从而获得分集增益，其模型如图 5.16 所示。

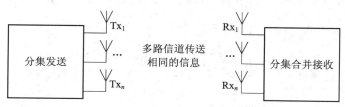

图 5.16　空间分集原理图

在空间分集系统模型中，当发射天线间距大于长度 d 时，可以认为不同子信道的信道增益相互独立，产生的信号路径也是不相关的。d 是与天线所处的散射环境和载波频率有关的常数。例如移动台接近地面时，散射丰富信道在很短的空间距离下就可以达到不相关。

对于位置比较高的基站来说，将需要几个到十几个波长的天线距离。空间发射分集技术经常用于城市蜂窝系统中，因为它可以通过选择最好的接收信号或其合成信号以减少衰落的影响。随着环境密度的增加，可以通过改善移动台接收增益(3～5 dB)使链路预算达到平衡。安装天线占用的空间较大是空间分集的一大缺点。实际中，分集支路数目受到较大的天线单元间距的限制，系统成本随着大间距而增大，各支路之间的平均接收功率的差异也因大间距而变大，而较小的天线间距会使各单元间的相关性变大，因此天线单元间距过大或者过小均导致空间分集性能下降。

2）频率分集

频率分集主要应用于频率衰落型信道，其在多于一个载频上对同一信号进行重复发送，发送信号副本以频率冗余的方式到达接收端，形成独立的衰落，然后对接收信号进行合成或选择。频率分集需要利用不同频段的信号经衰落信道后在特性上的差异来实现，其模型如图 5.17 所示。

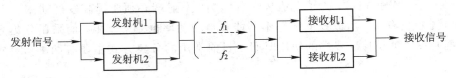

图 5.17　频率分集原理

频率分集的基本原理是频率间隔大于相关带宽的两个信号的衰落是不相关的，因此，可以用多个频率传送同一信息，以实现频率分集。

根据相关带宽的定义，即

$$B_c \geqslant \frac{1}{2\pi\Delta} \tag{5.144}$$

式中：B_c 为相关带宽；Δ 为时延扩展。例如在市区 $\Delta = 0.5\ \mu s$，此时 $B_c \geqslant 318\ \text{kHz}$，为了获得衰落独立信号，要求两个载波的间隔大于此带宽。相比于空间分集，频率分集使用的设备更少，然而由于引入了频率冗余，就占用了更多的频带资源，这对宝贵的频带资源来说是致命的。

3）时间分集

时间分集是将同一信号以超过信道相干时间的时间间隔进行重复发送，则各次发送间隔出现相互独立的衰落。在实现抗时间选择性衰落时，就是通过时间分集，利用时间上衰落在统计上互不相关的特性上的差异。时间分集模型如图 5.18 所示。

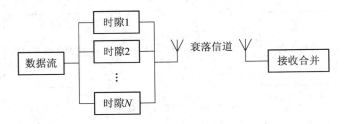

图 5.18　时间分集原理

重复发送的时间间隔必须保证发送出去的信号副本保持不相干的衰落，此时时间间隔 ΔT 应该满足：

$$\Delta T \geqslant \frac{1}{1\, f_m} = \frac{1}{2\left(\dfrac{v}{\lambda}\right)} \tag{5.145}$$

式中：f_m 是与信道环境相关的衰落频率，为统计测量值；v 是发射端的相对移动速度；λ 为工作波长。若收发端的相对移动速度 $v=0$，即收发端相对静止时，ΔT 为无穷大。这说明当收发端相对静止时，不能取得时间分集增益。在数字通信系统中，通常使用差错控制编码以获得时域上的冗余，由时间交织提供发射信号副本之间的时间间隔。时间分集由于引入了时间冗余，使得带宽利用受损，降低了传输效率。

　　4）极化分集

　　在移动环境下，两副在同一地点、极化方向相互正交的天线发出的信号呈现出不相关的衰落特性。利用这一特点，在收发端分别装上垂直极化天线和水平极化天线，就可以得到两路衰落特性不相关的信号。所谓定向双极化天线就是把垂直极化和水平极化这两副接收天线集成到一个物理实体中，通过极化分集接收来达到空间分集接收的效果，所以极化分集实际上是空间分集的特殊情况，其分集支路只有两路。

　　这种方法的优点是它只需一根天线，结构紧凑，节省空间；缺点是它的分集接收效果低于空间分集接收天线的，并且由于发射功率要分配到两副天线上，将会造成 3 dB 的信号功率损失。分集增益依赖于天线间不相关特性的好坏，通过在水平或垂直方向上天线位置间的分离来实现空间分集。

　　此外，若采用交叉极化天线，同样需要满足这种隔离度要求。对于极化分集的双极化天线来说，天线中两个交叉极化辐射源的正交性是决定微波信号上行链路分集增益的主要因素。该分集增益依赖于双极化天线中两个交叉极化辐射源是否在相同的覆盖区域内提供了相同的信号场强。两个交叉极化辐射源要求具有很好的正交特性，并且在整个 120°扇区及切换重叠区内保持很好的水平跟踪特性，以代替空间分集天线所取得的覆盖效果。为了获得好的覆盖效果，要求天线在整个扇区范围内均具有高的交叉极化分辨率。双极化天线在整个扇区范围内的正交特性，即两个分集接收天线端口信号的不相关性，决定了双极化天线总的分集效果。为了在双极化天线的两个分集接收端口获得较好的信号不相关特性，两个端口之间的隔离度通常要求达到 30 dB 以上。

5.4.2　合并技术

　　在分集接收中，在接收端从不同的 N 个独立信号支路所获得的信号，可以通过不同形式的合并技术来获得分集增益。如果从合并所处的位置来看：合并可以在检测器以前，即在中频和射频上进行合并，且多半是在中频上合并；也可以在检测器以后，即在基带上进行合并。合并时采用的准则与方式主要分为三种：最大比值合并、等增益合并和选择式合并。

　　假设 M 个输入信号电压为 $r_1(t)$，$r_2(t)$，$\cdots$，$r_M(t)$，则合并器输出电压 $r(t)$ 为

$$r(t) = a_1 r_1(t) + a_2 r_2(t) + \cdots + a_M r_M(t) = \sum_{k=1}^{M} a_k r_k(t) \tag{5.146}$$

式中：a_k 为第 k 个信号的加权系数。

1. 最大比值合并

　　最大比值合并是在接收端有 N 个分集支路，经过相位调整后，按适当的增益系统，同相相加，再送入检测器进行检测。利用切比雪夫不等式，设 N 为每个支路的噪声功率，可以证明当可变加权系数为 $a_i = r_i(t)/N$ 时，分集合并后的信噪比达到最大值。

　　最大比值合并的平均输出信噪比、最大比值合并增益分别如式(5.147)、式(5.148)所示。

$$\overline{\mathrm{SNR_R}} = M \cdot \overline{\mathrm{SNR}} \qquad (5.147)$$

$$K_\mathrm{R} = \frac{\overline{\mathrm{SNR_R}}}{\overline{\mathrm{SNR}}} = M \qquad (5.148)$$

可见，信噪比越大，最大比值合并对合并后的信号贡献越大。另外，平均输出信噪比随 M（分集支路数目）的增加而增加。

2. 等增益合并

等增益合并是各支路的信号等增益相加，即式(5.146)中的加权系数 $a_k = 1$，$k = 1, 2,$ $\cdots, M$。等增益合并后平均输出信噪比、等增益合并增益分别如式(5.149)、式(5.150)所示。

$$\overline{\mathrm{SNR_E}} = \overline{\mathrm{SNR}\left[1 + (M-1)\frac{\pi}{4}\right]} \qquad (5.149)$$

$$K_\mathrm{E} = \frac{\overline{\mathrm{SNR_E}}}{\overline{\mathrm{SNR}}} = 1 + (M-1)\frac{\pi}{4} \qquad (5.150)$$

3. 选择式合并

选择式合并是检测所有分集支路的信号，以选择其中信噪比最高的那一个支路作为合并器的输出。由式(5.146)可见，在选择式合并器中，加权系数只有一项为1，其余均为0。选择式合并又称为开关式相加，这种方式方法简单，实现容易。选择式合并的平均输出信噪比、选择式合并增益分别如式(5.151)、式(5.152)所示。

$$\overline{\mathrm{SNR_S}} = \overline{\mathrm{SNR_m}} \sum_{i=1}^{M} \frac{1}{i} \qquad (5.151)$$

$$K_\mathrm{S} = \frac{\overline{\mathrm{SNR_S}}}{\overline{\mathrm{SNR_m}}} = \sum_{i=1}^{M} \frac{1}{i} \qquad (5.152)$$

可见，每增加一条分集支路，对选择式分集输出信噪比的贡献仅为总分集支路数的倒数倍。图5.19给出了三种合并方式平均信噪比的改善程度。

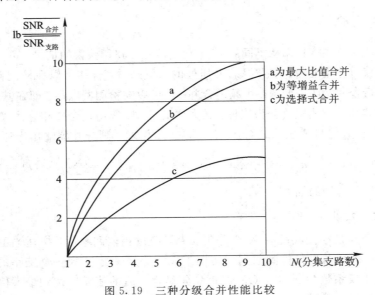

图 5.19　三种分级合并性能比较

可以看出，在这三种合并方式中，最大比值合并的性能最好，选择式合并的性能最差。当 N 较大时，等增益合并的合并增益接近于最大比值合并的合并增益。

5.4.3　空间复用技术

实现空间复用增益的算法主要有贝尔实验室的 BLAST 算法、ZF 算法、MMSE 算法、ML 算法。ML 算法具有很好的译码性能，但是复杂度比较大，对于实时性要求较高的无线通信不能满足要求；ZF 算法简单容易实现，但是对信道的信噪比要求较高；性能和复杂度最优的是 BLAST 算法。根据子数据流与天线之间的对应关系，空间多路复用系统大致分为三种模式：D-BLAST、V-BLAST 以及 T-BLAST。

1. D-BLAST

D-BLAST 最先由贝尔实验室的 Gerard J. Foschini 提出。原始数据被分为若干子流，每个子流之间分别进行编码，但子流之间不共享信息比特，每一个子流与一根天线相对应，但是这种对应关系周期性改变，如图 5.20 所示，它的每一层在时间与空间上均呈对角线形状，称为 D-BLAST(Diagonally-BLAST)。

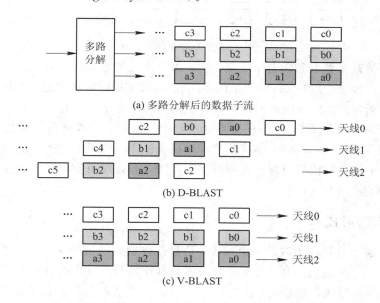

(a) 多路分解后的数据子流

(b) D-BLAST

(c) V-BLAST

图 5.20　V-BLAST 与 D-BLAST 中数据子流与天线的对应关系

D-BLAST 的好处是，它使得所有层的数据可以通过不同的路径发送到接收机端，从而提高了链路的可靠性。其主要缺点是，由于符号在空间与时间上呈对角线形状，使得一部分空时单元被浪费，或者增加了传输数据的冗余。如图 5.20(b)所示，在数据发送开始时，有一部分空时单元未被填入符号(对应图中右下角空白部分)，为了保证 D-BLAST 的空时结构，在发送结束后也会有一部分空时单元被浪费。如果采用 BURST 模式的数字通信，并且一个 BURST 的长度大于 M(发送天线数目)个发送时间间隔，则 BURST 的长度越小，这种浪费会越严重。D-BLAST 的数据检测需要一层一层进行，如图 5.20(b)所示，先检测 c0、c1 和 c2，然后检测 a0、a1 和 a2，接着检测 b0、b1 和 b2…。

2. V-BLAST

另外一种简化了的 BLAST 结构同样最先由贝尔实验室提出，即 V-BLAST(Vertical-BLAST)。它采用一种直接的天线与层的对应关系，即编码后的第 k 个子流直接送到第 k 根天线，不进行数据流与天线之间对应关系的周期改变。如图 5.20(c)所示，V-BLAST 的数据流在时间与空间上为连续的垂直列向量。由于 V-BLAST 中数据子流与天线之间只是简单的对应关系，因此在检测过程中，只要知道数据来自哪根天线即可以判断其是哪一层的数据，检测过程简单。

3. T-BLAST

考虑到 D-BLAST 以及 V-BALST 模式的优缺点，一种不同于 D-BLAST 与 V-BLAST 的空时编码结构被提出：T-BLAST。它的层在空间与时间上呈螺纹(Threaded)状分布，如图 5.21 所示。

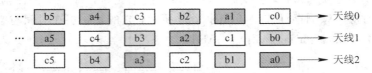

图 5.21　T-BLAST 中数据子流与天线的对应关系

原始数据流被多路分解为若干子流之后，每个子流被对应的天线发送出去，并且这种对应关系周期性改变。与 D-BLAST 系统不同的是，T-BLAST 在发送的初始阶段并不是只有一根天线进行发送，而是所有天线均进行发送，这使得单从一个发送时间间隔来看，它的空时分布很像 V-BALST，只不过在不同的时间间隔中，子数据流与天线的对应关系周期性改变。更普通的 T-BLAST 结构是这种对应关系不是周期性改变，而是随机改变。这样 T-BLAST 不仅可以使得所有子流共享空间信道，而且没有空时单元的浪费，并且可以使用 V-BLAST 检测算法进行检测。

5.4.4　波束赋形技术

波束赋形源于自适应天线的一个概念，是指接收端处理信号时，可以通过对多天线阵元接收到的各路信号进行加权合成，形成所需的理想信号。从天线方向图(Pattern)视角来看，这样做相当于形成了规定指向上的波束。例如，将原来全方位的接收方向图转换成了有零点、有最大指向的波瓣方向图。同样的原理也适用于发射端。对天线阵元馈电进行幅度和相位调整，可形成所需形状的方向图。

如果要采用波束赋形技术，前提是必须采用多天线系统。例如，MIMO 不仅采用了多接收天线，还可用多发射天线。由于采用了多组天线，从发射端到接收端的无线信号对应同一条空间流(Spatial Streams)，且是通过多条路径传输的。在接收端采用一定的算法对多个天线收到的信号进行处理，就可以明显改善接收端的信噪比。即使在接收端较远时，也能获得较好的信号质量。

图 5.22 所示为两个相邻的蜂窝小区，每个蜂窝小区都与位于两个蜂窝小区之间边界上的单独用户设备进行通信。图中，eNB1 正在与目标设备 UE1 通信，eNB1 发射使用波束赋形来最大限度地提高 UE1 所在方位方向上的信号功率。同时，我们还可以看到，

eNB1 正尝试通过控制 UE2 方向中的功率零点位置，最大限度地减少对 UE2 的干扰。同样，eNB2 正使用波束赋形最大限度地提高其在 UE2 方向上的发射接收率，同时减少对 UE1 的干扰。在此情景中，使用波束赋形显然能够为蜂窝小区边缘用户提供非常大的性能改善。必要时，可以使用波束赋形增益来提高蜂窝小区的覆盖率。

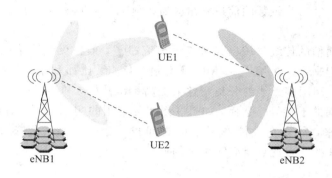

图 5.22　波束赋形改善小区边缘用户信号

波束赋形技术已经在 TD-SCDMA 系统中得到了成功的应用，在 TD-LTE R8 中也采用了波束赋形技术。在 TD-LTE R8 的 PDSCH 传输模式 7 中定义了基于单端口专用导频的波束赋形传输方案。TD-LTE R9 中则将波束赋形技术扩展到了双流传输方案中，通过新定义的传输模式 8 引入了双流波束赋形技术，并定义了新的双端口专用导频与相应的控制、反馈机制。

5.4.5　多用户 MIMO 技术

多用户 MIMO 上行链路通常被称做多址接入信道（MAC），下行链路则为广播信道（BC）。在上行链路中，所有用户工作在相同的频段上，向同一个基站发送信号，然后基站通过适当的方法来区分用户数据，主要问题是基站如何针对不同的多址接入方式采用阵列处理、多用户检测（MUD）或者其他有效的方法来分离各个用户的数据。下行链路中，基站将通过处理的数据串并转换成多个数据流，每一路数据流经脉冲成形、调制，然后通过多根天线同时发送到无线空间，每一根接收天线接收到的是基站发送给所有通信用户的信号与干扰噪声的叠加，主要问题是如何消除由此带来的多址干扰（MAI）。

由于多用户 MIMO 系统中各用户的信道彼此独立，因此，用户一般能够知道自己的信道状态信息，但却很难获得其他用户的信道信息，而获得其他用户的信道信息需要付出很大的代价，也就是说用户之间很难进行协作。与此相反，基站有条件获得所有通信用户的信道状态信息，对于 TDD 系统，这可由基站接收的上行链路的训练或者导频序列来获得；对于 FDD 系统，则可以通过反馈获得。另外，基站的处理能力也比移动台（MS）强得多，因此一般都是由基站在发射信号前做信号预处理（比如波束赋形），以消除、抑制干扰或者在接收到信号之后进行后处理来区分用户。图 5.23 描述了与两个空间分离的设备（UE3 和 UE4）同时进行的单小区（eNB3）通信。

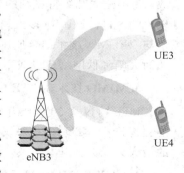

图 5.23　利用 MU-MIMO
改善小区容量

由于可以独立地对每个空间多路复用传输层应用不同的波束赋形加权值，所以可以结合使用空分多址（SDMA）和 多用户 MIMO（MU-MIMO）传输，以提高经过改善的小区容量。

与单用户 MIMO 不同的是，多用户 MIMO 系统的容量是一个多维的区域。假设总的发射功率一定，对于不同用户有可能分配不同的功率，从而产生许多不同的信息速率，结果就形成了以用户数目为维数的信道容量区域。例如，对于 K 个用户，信道容量区域则用 K 维的容量来表示。

虽然多用户通信的传统领域已经被充分研究过了，但在无线网络中引入多天线之后，问题又变得复杂起来了。多用户 MIMO 具有很多优点，比如利用多天线的复用增益来扩大系统的吞吐量，利用多天线的分集增益来提高系统性能，利用天线的方向性增益来区分用户而消除用户间的干扰等。然而，如果联系实际应用的实现问题，则必须把算法实现的复杂度也考虑进来，需要在性能和复杂度之间找一个折中点。复杂度可以说是多用户 MIMO 技术所带来的众多优点所必需付出的代价。

5.5　MIMO 系统在通信系统中的应用

下面介绍 MIMO 技术在通信系统中的应用。

1. MIMO 技术在 3G 中的应用

随着用户对数据传输速率和空中接口带宽需求的不断增加，在 3G 系统中采用了 HSPA＋技术，作为 3G 到 4G 的过渡。HSPA＋吸收了 LTE 中的先进技术，MIMO 就是其中重要的一环。它综合使用空间复用技术和空时编码技术，使得 MIMO 能够在不同的使用场景下都发挥出良好的效果。出于成本及性能的综合考虑，HSPA＋中的 MIMO 采用的是 2×2 的天线模式，下行是双天线发射，双天线接收；为了降低终端的成本，缩小终端的体积，上行采用了单天线发射。也就是说，MIMO 的效用主要是用在下行，上行只是进行传输天线的选择。

2. MIMO 技术在 WiMAX 中的应用

WiMAX 802.16e 正越来越多地被运营商作为首选的固定和移动宽带接入策略，从而为终端用户提供丰富的高宽带多媒体业务。这些策略对运营商的无线网络提出了极大的挑战，为了建立和维持赢利的商业模式，需要对网络容量、用户吞吐量、网络覆盖质量进行较大的改进。MIMO 多天线技术的应用，使 802.16e 能够应对这些挑战。同时，MIMO 技术与 OFDMA 技术结合使用，可以大幅提高网络的覆盖能力，使 WiMAX 系统容量倍增，从而大幅降低网络建设成本和维护成本，有力地推动了移动 WiMAX 的发展。

3. MIMO 技术在 LTE 中的应用

LTE 协议从 2006 年开始制定，而 MIMO 技术从一开始就成为 LTE 中频谱效率提升的关键技术。TD-LTE 协议的进展程度和 LTE-FDD 协议类似。LTE-FDD 协议目前支持的最大天线数为基站 4 发，终端 2 发。TD-TDD 协议可支持大于 4 天线的天线配置。

4. LTE 的 MIMO 模式协议

（1）单天线端口：端口＝0，主要适用于单天线传输的场景；

（2）发射分集：适用于小区边缘情况比较复杂、干扰较大的情况，以及高速或者 SINR

低的场景；

（3）开环空间复用：适合于终端（UE）高速移动和反射环境复杂的区域；

（4）闭环空间复用：适用于信道条件比较好的场景，用于提供比较高的数据传输速率；

（5）多用户 MIMO：主要用来提供小区的容量，用于找到两个 UE 正交的场景；

（6）闭环 Rank＝1 预编码：主要适用于小区边缘的厂家，以及低速移动和低 SINR 的场景；

（7）单天线端口：端口＝5，单流 Beamforming（一种通用信号处理技术，用于控制传播的方向和射频信号的接收）主要用于小区边缘，能够有效地对抗干扰，LET-TDD 专用；

（8）单双流自适应 Beamforming：双流 Beamforming 可以用于小区边缘，也可以用于低速移动、高 SINR 的场景，LTE-TDD 专用；

（9）单双四流自适应 BF：LTE-A 中新增加的一种模式，可以支持最大到 8 层的传输，可提升数据传输的速率，适用于低速移动、高 SINR 的场景。

5. LTE 主要支持的多天线类型

（1）发射分集 2TxSFBC，4TxSFBC＋FSTD，PVS（预编码向量切换），天线选择：用扰码隐式显示上行发射天线选择。

（2）SU-MIMO：支持不多于两个独立码字，支持 Rank 适配、酉预编码、恒模 Householder 码本、CDD。

（3）MU-MIMO：多用户合成的预编码矩阵，可以为酉也可以为非酉。

基于 LET-TDD 的技术特点，LET-TDD 相比 LET-FDD 还增加了下行的波束赋形技术。

习　　题

5-1　与单天线系统相比，多天线系统 MIMO 有哪些优势？

5-2　画出 MIMO 系统的结构图。

5-3　简述 STBC 的作用及实现原理。

5-4　简述 STTC 的作用及实现原理。

5-5　LST 的优势是什么？LST 可以分为哪几类？

5-6　简述分集技术的基本原理。

5-7　微分集的主要技术有些？它们各自的特点是什么？

5-8　常见的分集合并技术有哪些？

5-9　简述波束成形的原理。

5-10　多用户 MIMO 的优缺点是什么？

第 6 章　LTE 其他关键技术

6.1　链路自适应

移动无线通信信道的一个典型特征就是其瞬时信道变化较快，并且幅度较大，信道调度(Channel-dependent Scheduling)以及链路自适应可以充分利用信道这种变化的特征，提高无线链路的传输质量。链路自适应技术包含两种：功率控制以及速率控制，其中速率控制即 AMC(Adaptive Modulation and Coding，自适应调制编码)技术。

功率控制的一个目的是通过动态调整发射功率，维持接收端一定的信噪比，从而保证链路的传输质量。因此，当信道条件较差时需要增加发射功率，当信道条件较好时需要降低发射功率，从而保证恒定的传输速率，如图 6.1 所示。而链路自适应技术是在保证发送功率恒定的情况下，通过调整无线链路传输的调制方式与编码速率，确保链路的传输质量。因此，当信道条件较差时选择较小的调制方式与编码速率，当信道条件较好时选择较大的调制方式，从而最大化传输速率，如图 6.2 所示。显然，速率控制的效率要高于功率控制的效率，这是因为使用速率控制时总是可以使用满功率发送，而使用功率控制则没有充分利用所有的功率。

上述结论并不意味着不需要使用功率控制，在采用非正交的多址方式(比如 CDMA)时，功率控制可以很好地避免小区内用户间的干扰。特别的，对于 LTE 的链路自适应技术，下行支持自适应调制编码技术，上行支持自适应调制编码技术、功率控制技术以及自适应传输带宽技术，而功率控制技术可以认为是信道调度技术的一部分。在进行 AMC 时，一个用户的一个码字中所对应的资源块使用相同的调制与编码方式。

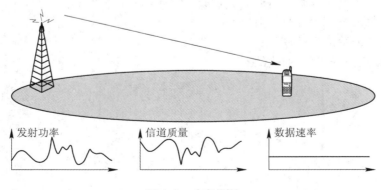

图 6.1　功率控制

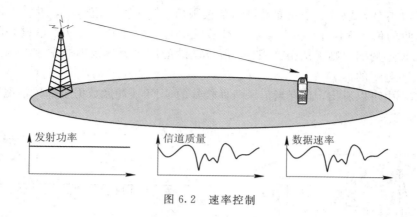

图 6.2　速率控制

6.2　快速分组调度

调度算法有两个重要的设计参数：一个是吞吐量，另一个是公平性。调度算法是数据业务系统的一个特色，其目的是充分利用信道的时变特性，得到多用户分集增益，以提高系统的吞吐量。吞吐量一般用小区单位时间内传输的数据量来衡量；公平性指小区所有用户是否都获得一定的服务机会，最公平的算法是所有用户享有相同的服务机会，所以调度算法应该兼顾吞吐量和公平性。调度算法根据其特点主要可分为轮询（RR，Round Robin）算法、最大 C/I 算法（MAX C/I）和正比公平（PF，Proportional Fair）算法。

1. 轮询算法

在考虑公平性时，一般都把轮询算法作为衡量的标准。这种算法循环地调用每个用户，即从调度概率上说，每个用户都以同样的概率占用服务资源（时隙、功率等）。与最大 C/I 算法相同，轮询算法在每次调度时，并不考虑用户以往被服务的情况，即是无记忆性方式。轮询算法是最公平的算法，但其资源利用率不高，因为当某些用户的信道条件非常恶劣时也可能会得到服务，因此系统的吞吐量比较低。

从图 6.3 中可以看出，尽管 UE1 和 UE2 的信道环境不同（与基站的距离不同），但系统为其分配了相同的信道使用时间。

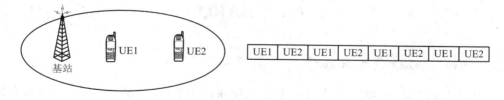

图 6.3　轮询算法资源分配

2. 最大 C/I 算法

在选择传输用户时，最大 C/I 算法只选择最大载干比 C/I 的用户，即让信道条件最好的用户占用资源传输数据，当该用户信道变差后，再选择其他信道最好的用户，基站始终为该传输时刻信道条件最好的用户服务。

最大 C/I 算法获取的吞吐量是吞吐量的极限值，但在移动通信中，用户所处的位置不同，其所接收的信号强度不一样，最大 C/I 算法必然照顾了离基站近、信道好的用户，而其他离基站较远的用户则无法得到服务，所以基站的服务覆盖范围非常小。因此，这种调度算法是最不公平的。

从图 6.4 中可以看出，只有当信道条件较好的 UEI 缓冲区数据全部传输完毕，系统才调度 UE2 服务。

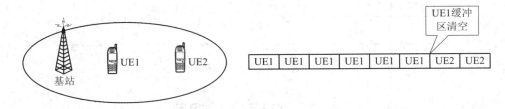

图 6.4　最大 C/I 算法资源分配

3. 正比公平算法

从图 6.5 中可以看出，尽管 UE1 的信道条件好于 UE2 的，但经过一段时间后，UE2 的平均吞吐量下降导致其优先权增大，因此 UE2 仍然可以被调度。

图 6.5　正比公平算法资源分配

正比公平算法的主要优点是综合考虑了用户的信道条件与用户之间的服务公平性，能够在系统吞吐量和服务公平性之间取得一定的折中，是目前采用较多的一种算法。

上面介绍的三种算法在实际系统中应用时，一般都要进行一定的修改，例如将业务的 QoS 要求（时延和吞吐量要求）等因素考虑在内。

6.3　HARQ

6.3.1　FEC、ARQ 以及 HARQ

利用无线信道的快衰特性可以进行信道调度和速率控制，但是总会有一些不可预测的干扰导致信号传输失败，因此需要使用前向纠错编码（FEC）技术。FEC 的基本原理是在传输信号中增加冗余，即在信号传输之前在信息比特中加入校验比特（Parity bits）。校验比特使用由编码结构确定的方法对信息比特进行运算得到。这样，信道中传输的比特数目将大于原始信息的比特数目，从而在传输信号中引入冗余。

另外一种解决传输错误的方法是使用自动重传请求（ARQ）技术。在 ARQ 方案中，接收端通过错误检测（通常为 CRC 校验）判断接收到的数据包的正确性。如果数据包被判断为正确的，则说明接收到的数据是没有错误的，并且通过发送 ACK 信息告知发射机；如果数据包被判断为是错误的，则通过发送 NACK 信息告知发射机，发射机将重新发送相同的信息。

大部分通信系统都将 FEC 与 ARQ 结合起来使用，称为混合自动重传请求，即 Hybird ARQ，或者 HARQ。HARQ 使用 FEC 纠正所有错误的一部分，并通过错误检测判断不可纠正的错误。错误接收的数据包会被丢掉，接收机请求重新发送相同的数据包。

LTE 采用多个并行的停等 HARQ 协议。所谓停等，是指使用某个 HARQ 进程传输数据包后，在收到反馈信息之前，不能继续使用该进程传输其他任何数据。单路停等协议的优点是简单，但是传输效率比较低。而采用多路并行停等协议，同时启动多个 HARQ 进程，则可以弥补传输效率低的缺点，其基本思想在于同时配置多个 HARQ 进程，在等待某个 HARQ 进程反馈信息的过程中，可以继续使用其他的空闲进程传输数据包。确定并行的进程数目要求保证最小的 RTT 中任何一个传输机会都有进程使用。如图 6.6 所示，以 FDD 的下行传输为例，T_{RTT} 包括下行信号传输时间 T_P，下行信号接收时间 T_{sf}，下行信号处理时间 T_{RX}，上行 ACK/NACK 传输时间 T_P，上行 ACK/NACK 接收时间 T_{TX}，上行 ACK/NACK 处理时间 T_{RX}，即 $T_{RTT} = 2 \times T_P + 2 \times T_{sf} + T_{RX} + T_{TX}$。那么进程数等于 RTT 中包含的下行子帧数目，即 $N_{proc} = T_{RTT} / T_{sf}$。可以发现，在不考虑信号的接收时间和处理时间时，$T_{RTT} = 2 \times T_P$，即信号传输一个来回的时间总和。

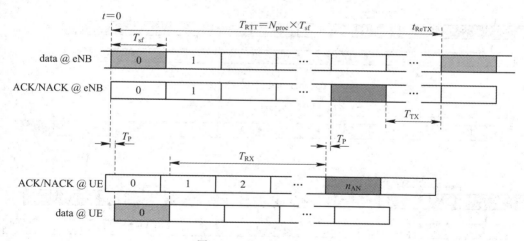

图 6.6　FDD 的下行 HARQ

FDD 的上行 HARQ 如图 6.7 所示，其 $T_{RTT} = 2 \times T_P + 2 \times T_{sf} + T_{RX} + T_{TX}$，进程数为 $N_{proc} = T_{RTT} / T_{sf}$。

对于 TDD 来说，其 RTT 大小不仅与传输时延、接收时间和处理时间有关，还与 TDD 系统的时隙比例、传输所在的子帧位置有关。进程数目为 RTT 中包含的同一方向的子帧数目。以下行 HARQ 为例进行说明，假设基站侧的处理时间为 $3 \times T_{sf}$，终端侧的处理时间为 $3 \times T_{sf} - 2 \times T_P$，如图 6.8 所示。对于子帧 0 开始的数据传输，不同的时隙比例其 RTT 以及进程数目是不同的，如图 6.8(a) 和图 6.8(b) 所示；在相同的时隙比例下，不同子帧位置开始的数据传输，其 RTT 以及进程数目也是不同的，如图 6.8(a) 和图 6.8(c) 所示。

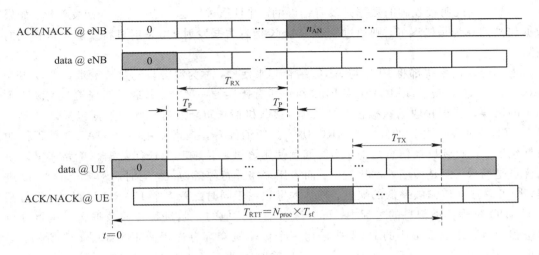

图 6.7　FDD 的上行 HARQ

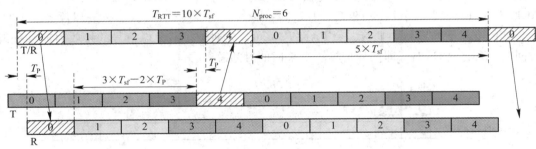

(a) 子帧0，DL：UL＝3：2

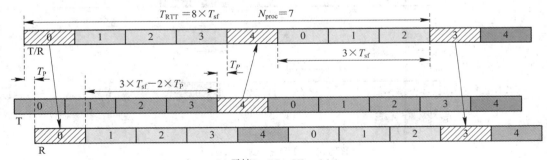

(b) 子帧0，DL：UL＝4：1

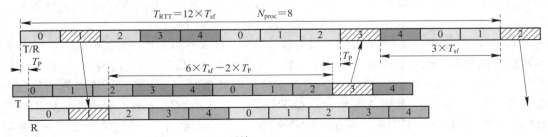

(c) 子帧1，DL：UL＝3：2

图 6.8　TDD 的下行 HARQ

对于某一次传输，其应答消息（ACK/NACK）需要在事先约定好的时间上进行传输。对于 FDD 来说，由于其任何一个方向的传输都是连续的，所以对于在任何一个子帧中进行的传输，其应答可以与其相差规定的时间间隔，比如 LTE 中已经确定对于在任何一个下行子帧 n 中进行的传输，其 ACK/NACK 在上行子帧 $n+4$ 中进行传输；对于 TDD 来说，由于其在任何一个方向的传输都是不连续的，因此 ACK/NACK 与上一次传输之间采用固定的时间间隔是无法保证的，因此 TDD 中，ACK/NACK 的定时也是与时隙比例、子帧位置有关的。如图 6.9 所示，同样假设基站侧的处理时间为 $3\times T_{sf}$，终端侧的处理时间为 $3\times T_{sf}-2\times T_P$。

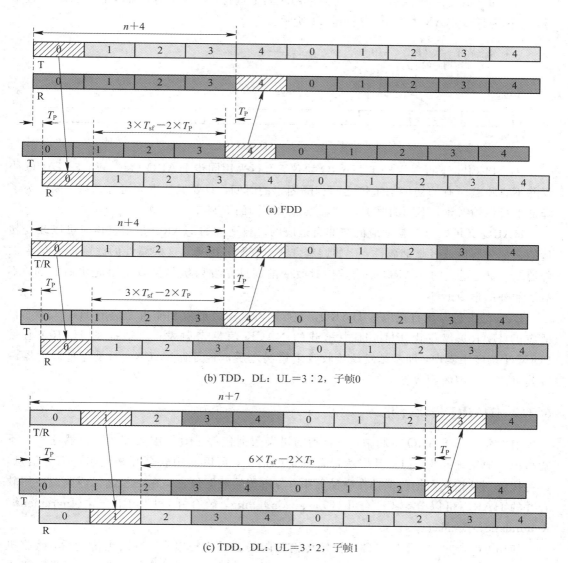

(a) FDD

(b) TDD，DL：UL＝3∶2，子帧0

(c) TDD，DL：UL＝3∶2，子帧1

图 6.9　应答消息（ACK/NACK）

　　如果重传在预先定义好的时间进行，接收机不需要告知进程号，则称为同步 HARQ 协议，如图 6.10 所示。

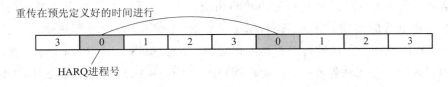

图 6.10　同步 HARQ 协议

　　如果重传在上一次传输之后的任何可用时间上进行，接收机需要显示告知具体的进程号，则称为异步 HARQ 协议，如图 6.11 所示。

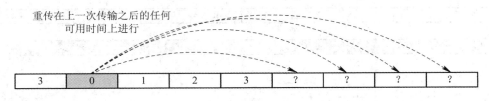

图 6.11　异步 HARQ 协议

　　在 LTE 中，下行采用异步 HARQ 协议，上行采用同步 HARQ 协议。同步 HARQ 协议并不意味着所有的初传与重传之间相隔固定的时间，只要保证事先可知即可，因此为了降低上行传输时延，不同的时隙比例可以选取不同的 RTT。

　　HARQ 又可以分为自适应的与非自适应的。自适应的 HARQ 是指重传时可以改变初传的一部分属性或者全部属性，比如调制方式、资源分配等，这些属性的改变需要信令额外通知；非自适应的 HARQ 是指重传时改变的属性是发射机与接收机事先协商好的，不需要额外的信令通知。

　　LTE 的下行采用自适应的 HARQ，上行同时支持自适应和非自适应的 HARQ，非自适应的 HARQ 仅仅由 PHICH 中承载的 NACK 信息来触发；自适应的 HARQ 通过 PDCCH 调度来实现，即基站发现接收输出错误之后，不反馈 NACK，而是通过调度器调度其重传所使用的参数。

6.3.2　HARQ 与软合并

　　前面介绍的 HARQ 机制中，接收到的错误数据包都是直接被丢掉的。虽然这些包不能够独立地正确译码，但是其依然包含一定的信息，可以使用软合并来利用这部分信息，即将接收到的错误数据包保存在存储器中，与重传的数据包合并在一起进行译码。使用软合并的 HARQ 可以分为 CC 合并（Chase Combining，软合并）以及 IR 合并（Incremental Redundancy，增量冗余）。

　　使用 CC 合并时，重传包含与初始传输相同的编码比特集合，每次重传之后，接收机使用最大比合并对每一个接收到的比特与前面传输中的相同比特进行合并，然后送到译码器进行译码。由于每一次重传都是与原始传输相同的副本，因此 CC 合并可以看做额外的重复编码。CC 合并没有传输任何新的冗余，因此 CC 合并不能提供额外的编码增益，其仅仅是增加了接收到的 Eb/No(接收机解调门限，定义为每比特能量除以噪声功率谱密度)，如图 6.12 所示。

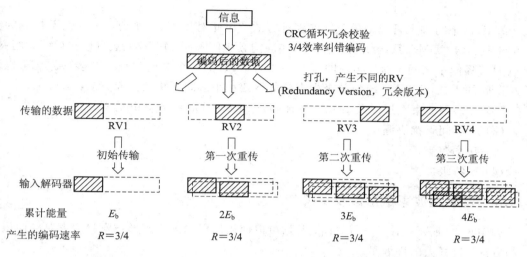

图 6.12　CC 合并过程

使用 IR 合并时，每一次重传不一定与初始传输相同。相同的比特信息可以对应于多个编码的比特集合，当需要进行重传时，使用与前面的传输不同的编码比特集合进行重传。由于重传时可能包含前面传输中没有的额外的校验比特，所以整体的编码速率被降低。此外，每一次重传不一定是与原始传输数目相同的编码比特。因此，不同的重传可以采用不同的调制方式。

一般的，IR 合并通过对编码器的输出进行打孔以获得不同的冗余版本，但通过多次传输以及合并之后会降低整体的编码速率，如图 6.13 所示。

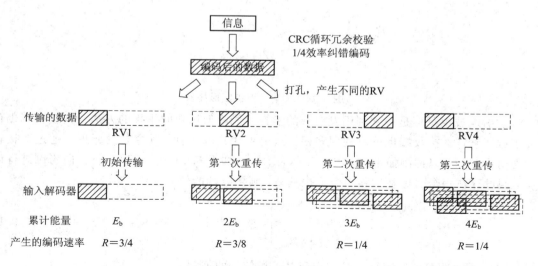

图 6.13　IR 合并过程

LTE 支持使用 IR 合并的 HARQ，其中 CC 合并可以看做是 IR 合并的一个特例。

6.4　小区间干扰消除

LTE 的下行和上行都采用正交的多址方式，因此对于 LTE 来说，小区间干扰成为主要的干扰。与 CDMA 系统使用软容量来实现同频组网不同，LTE 无法直接实现同频组网，所以如何降低小区间干扰，实现同频组网成为 LTE 的一个主要问题。有多种方法可以消除小区间的干扰，LTE 系统目前至少支持如下四种小区间干扰的消除方法：

（1）发射端波束赋形以及 IRC(Interference Rejection Combining)；

（2）小区间干扰协调；

（3）功率控制；

（4）比特级加扰。

6.4.1　发射端波束赋形以及 IRC

如图 6.14 所示，对于下行方向，基站可以使用发射端波束赋形技术将波束对准期望用户的方法，这样做的好处是：

（1）提供期望用户的信号强度；

（2）降低信号对其他用户的干扰；

（3）如果波束赋形时已经知道被干扰用户的方位，可以主动降低对该方向辐射的能量。

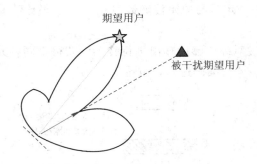

图 6.14　发射端波束赋形技术

发射端波束赋形是一种利用发射端的多根天线降低用户间干扰的方法。当接收端也存在多根天线时，接收端也可以利用多根天线降低用户间干扰，其主要的原理是通过对接收信号进行加权，以抑制强干扰，因此又称为 IRC。如图 6.15 所示，以下行方向为例进行说明，假设存在一个目标基站和一个干扰基站，则接收端的信号可以表示为

$$\bar{r} = \begin{bmatrix} r_1 \\ \vdots \\ r_{N_R} \end{bmatrix} = \begin{bmatrix} h_1 \\ \vdots \\ h_{N_R} \end{bmatrix} \cdot S + \begin{bmatrix} h_{I,1} \\ \vdots \\ h_{I,N_R} \end{bmatrix} \cdot S_I + \begin{bmatrix} n_1 \\ \vdots \\ n_{N_R} \end{bmatrix} = \bar{h} \cdot S + \bar{h}_I \cdot S_I + \bar{n} \tag{6.1}$$

可以通过选取权值满足下式来实现对干扰信号的抑制：

$$\bar{w}^{\mathrm{H}} \cdot \bar{h}_I = 0 \tag{6.2}$$

N_R 根接收天线可以抑制最多 N_{R-1} 个干扰，如图 6.15 所示。

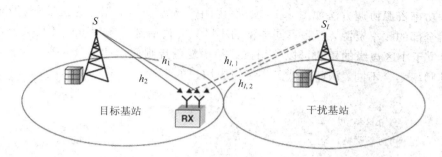

图 6.15　下行 IRC

IRC 也可以用于上行方向，用来抑制来自外小区的干扰，这种方法通常也称做接收端波束赋形，如图 6.16 所示。

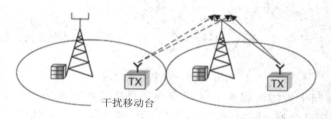

图 6.16　上行 IRC

6.4.2　小区间干扰协调

小区间干扰协调的基本思想是以小区间协调的方式对资源的使用进行限制，包括限制哪些时频资源可用，或者在一定的时频资源上限制其发射功率。小区间干扰协调可以采用静态的方式，也可以采用半静态的方式。

静态的小区间干扰协调不需要标准支持，属于调度器的实现问题，可以分为频率资源协调和功率资源协调两种，这两种方式都会导致频率复用系统小于 1，一般称为软频率复用(Soft Frequency Reuse)或者 FFR(Fractional Frequency Reuse，部分频率复用)。

一种频谱资源协调方法如图 6.17 所示。图中，频谱资源被划分为三部分，其中位于小区中心的用户可以使用所有的频谱资源，而位于小区边缘的用户只能使用部分频谱资源，并且相邻小区的小区边缘用户所使用的频谱资源不同，以此来降低小区边缘用户的干扰。

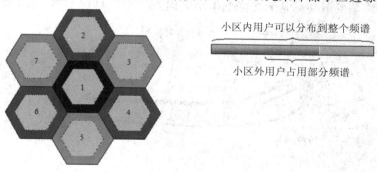

图 6.17　频率复用

一种功率资源协调方法如图 6.18 所示。图中，频率资源被划分为三部分，所有小区都可以使用全部的频率资源，但是不同类型的小区只允许一部分频率可以使用较高的发射功率，比如位于小区边缘的用户可以使用按照频率复用规则使用的部分频率，而且不同类型的小区其频率集合不同，从而降低了小区边缘用户的干扰。

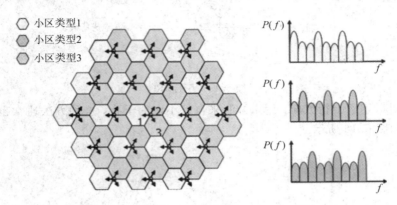

图 6.18 功率资源协调

半静态的小区间干扰协调需要小区间交换信息，比如资源使用信息。目前 LTE 已经确定，可以在 X2 接口交换 PRB 的使用信息以进行频率资源的小区间干扰协调（上行），即告知哪个 PRB 被分配给小区边缘用户，以及哪些 PRB 对小区间干扰比较敏感。

同时，小区之间可以在 X2 接口上交换过载指示信息（OI，Overload Indicator），用来进行小区间的上行功率控制，具体参见下面章节描述。

目前，LTE 的下行方向的半静态小区间干扰协调方法还在讨论中。

6.4.3 功率控制

LTE 上行方向可以进行功率控制，包括小区间功率控制（Inter-cell Power Control）和小区内功率控制（Intra-cell Power Control），如图 6.19 所示。小区内功率控制的主要目的是补偿路损和阴影衰落，节省终端的发射功率，并尽量降低对其他小区的干扰，使得 IoT（Interference Rise over Thermal noise，噪声抬升）保持在一定的水平之下。小区间功率控制的主要目的是通过告知其他小区本小区的 IoT 信息，以控制本小区的 IoT，这是因为本小区的 IoT 主要来自于其他小区的干扰，如果干扰功率已经超过了 IoT 水平（超载），通过降低本小区的终端发射功率是无法降低本小区的 IoT 的。目前 LTE 已经确定小区之间可

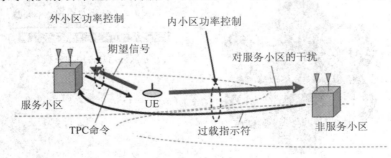

图 6.19 LTE 上行方向功率控制

以在 X2 接口上交换 OI,用来进行小区间的上行功率控制。

上行功率控制控制物理信道中一个 DFTS-OFDM 符号上的平均功率,功率控制命令 (TPC)或者包含在 PDCCH 中的上行调度授权信令中,或者使用特殊的 PDCCH 格式与其他用户的 TPC 进行联合编码传输。

LTE 下行方向也可以进行功率控制,小区内的功率控制不需要标准支持,而小区间的功率控制正在讨论中,属于小区间干扰协调的一部分。下行功率控制主要控制 EPRE,而下行小区专用参考信号的 EPRE 在所有子帧、整个带宽上是恒定的。

6.4.4　比特级加扰

LTE 使用比特级加扰方法对小区间干扰进行随机化,即针对编码之后(调制之前)的比特进行加扰,如图 6.20 所示。

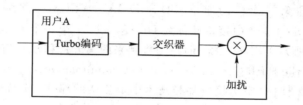

图 6.20　LTE 比特级加扰方法

加扰获得的干扰抑制增益与处理增益成正比,即编码速率。

LTE 对于 BCH、PCH 以及控制信令采用小区专用的加扰(Cell-specific Scrambling), 并且加扰码与物理层小区 ID 有一一映射关系;对于 DL-SCH,采用 UE 专用(UE-Specific scrambling)或者一组 UE 专用的加扰(UE-group-specific Scrambling);对于 MCH,采用小区组专用的加扰(Cell-group-specific Scrambling);对于上行,支持 UE 专用加扰 (UE-specific scrambling),但是允许配置为使用或者不使用。

习　　题

6-1　什么是链路自适应技术?

6-2　AMC 的依据和主要作用是什么?

6-3　什么是轮询算法?

6-4　什么是最大 C/I 算法?

6-5　什么是正比公平算法?

6-6　什么是 HARQ?简述其工作过程。

6-7　小区间干扰消除的方法主要有哪些?

第7章　LTE 空中接口

　　空中接口是一个形象化的术语，是相对于有线通信中的"线路接口"而言的。在移动通信中，终端与基站通过空中接口互相连接，这个"空中接口"指的是基站和移动电话之间的无线传输规范，它定义无线信道的使用频率、带宽、接入、编码方法以及重选、切换等。

　　在不同制式的蜂窝移动通信网络中，空中接口的术语是不同的，比如在第二代移动通信网络 GSM/GPRS/EDGE 和 CDMA2000 中，空中接口被称为 Um 接口（Um，user interface mobile）；在第三代移动通信 TD-SCDMA、WCDMA 网络和第四代移动通信 LTE-FDD、LTE-TDD 中，空中接口被称为 Uu 接口（Uu，第一个 U 表示 User to Network interface，第二个 u 表示 Universal）；而在即将到来的第五代移动通信中，空中接口则被称做 5G-NR（5G-NR，the Fifth Generation Mobile Communication System New Radio）接口。在每一代移动通信技术中，空中接口都是技术中最复杂的部分，被称做无线通信技术皇冠上的明珠，新的调制技术、编码技术、多址技术、天线技术等都会应用到每一代移动通信的空中接口中。因此，空中接口是代表每一代移动通信技术进步和突破的最重要的部分。

7.1　LTE 无线协议栈

　　LTE 空中接口被称为 Uu 接口，位于终端与基站之间，在终端和基站之间传输数据的规范就是 LTE 的无线协议，而众多协议（协议簇）在实现过程中的物理、逻辑、接口和应用方面的结构、组成和依赖关系就是协议栈。

　　LTE 协议栈分为两个层面：控制面和用户面。控制面负责系统信令传输，用户面负责用户数据传输。

　　LTE 无线接口协议栈控制面结构如图 7.1 所示。

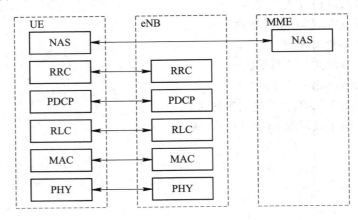

图 7.1　协议栈控制面

协议栈控制面主要包括 NAS 层、RRC(Radio Resource Control,无线资源控制)层、PDCP(Packet Data Convergence Protocol,分组数据汇聚协议)层、RLC(Radio Link Control,无线链路控制)层、MAC(Media Access Control Address,媒体访问控制)层、PHY(Physical,物理)层。其中,PDCP 层提供加密和完整性保护功能;RLC 及 MAC 层中控制平面执行的功能与用户平面的一致;RRC 层协议终止于 eNB,主要提供广播、寻呼、RRC 连接管理、无线承载控制、移动性管理、UE 测量上报和控制等功能;NAS 层则终止于 MME,主要实现 EPS 承载管理、鉴权、空闲状态下的移动性处理、寻呼消息以及安全控制等功能。

协议栈用户面结构如图 7.2 所示。

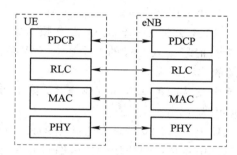

图 7.2　协议栈用户面

协议栈用户面主要包括 PDCP、RLC、MAC、PHY 层。

· PHY 层:负责处理编译码、调制解调、多天线映射以及其他电信物理层功能。物理层和硬件紧密相关,需要协同工作。

· MAC 层:负责处理 HARQ 重传与上下行调度。

· RLC 层:负责分段与连接、重传处理以及对高层数据的顺序传送。

· PDCP 层:负责执行头压缩以减少无线接口必须传送的比特流量,以提高传输效率。

7.1.1　PHY 层

LTE 系统中空中接口的 PHY 层主要负责向上层提供底层的数据传输服务。为了提供数据传输服务,PHY 层将包含如下功能:

· 传输信道的错误检测并向高层提供指示;

· 传输信道的 FEC 与译码;

· 混合自动重传请求(HARQ)软合并;

· 传输信道与物理信道之间的速率匹配及映射;

· 物理信道的功率加权;

· 物理信道的调制与解调;

· 时间及频率同步;

· 射频特性测量并向高层提供指示;

· MIMO 天线处理;

· 传输分集;

· 波束赋形;

· 射频处理。

为实现 LTE 的功能，PHY 层主要采取了如下技术：

(1) 系统带宽。LTE 系统载波间隔采用 15 kHz，上下行的最小资源块均为 180 kHz，即 12 个子载波宽度，数据到资源块的映射可采用集中式或分布式。通过合理配置子载波数量，系统可以实现 1.4~20 MHz 的灵活带宽配置。

(2) OFDMA 与 SC-FDMA。LTE 系统的下行基本传输方式采用正交频分多址 OFDMA 方式，OFDMA 传输方式中的 CP 主要用于有效地消除符号间干扰，其长度决定了 OFDMA 系统的抗多径能力和覆盖能力。为了达到小区半径 100 km 的覆盖要求，LTE 系统采用长短两套 CP 方案，根据具体场景进行选择：短 CP 方案为基本选项，长 CP 方案用于支持大范围小区覆盖和多小区广播业务。

上行方向 LTE 系统采用基于带有 CP 的单载波频分多址 SC-FDMA 技术，选择 SC-FDMA 作为 LTE 系统上行信号接入方式的一个主要原因是为了降低发射终端的峰值平均功率比，进而减小终端的体积和成本。

(3) 双工方式。LTE 系统支持两种基本的工作模式，即 FDD 和 TDD，并支持两种不同的无线帧结构，且帧长度均为 10 ms。

(4) 调制方式。LTE 系统上下行均支持调制方式 QPSK、16QAM 及 64QAM。

(5) 信道编码。LTE 系统中对传输块使用的信道编码方案为 Turbo 编码，编码速率为 $R=1/3$，它由两个 8 状态子编码器和一个 Turbo 码内部交织器构成。其中，在 Turbo 编码中使用栅格终止方案。

(6) 多天线技术。LTE 系统引入了 MIMO 技术，通过在发射端和接收端同时配置多根天线，大幅度地提高了系统的整体容量。LTE 系统的基本 MIMO 配置是下行 2×2、上行 1×2 根天线，但同时也可考虑更多的天线配置(如 4×4，8×8)。LTE 系统对下行链路采用的 MIMO 技术包括发射分集、空间复用、空分多址、预编码等。对于上行链路，LTE 系统采用了虚拟 MIMO 技术以增大容量。

(7) 物理层过程。LTE 系统中涉及多个物理层过程，包括小区搜索、功率控制、上行同步、下行定时控制、随机接入相关过程、HARQ 等。通过在时域、频域和功率域进行物理资源控制，LTE 系统还隐含支持干扰协调功能。

(8) 物理层测量。LTE 系统支持 UE 与 eNB 之间的物理层测量，并将相应的测量结果向高层报告。具体测量指标包括：同频和异频切换的测量、不同无线接入技术之间的切换测量、定时测量以及无线资源管理的相关测量。

7.1.2   MAC 层

LTE 提供了两种 MAC 实体，一种是位于 UE 的 MAC 实体，一种是位于 eNB 的 MAC 实体。UE 的 MAC 实体与 eNB 的 MAC 实体执行不同的功能。

1. UE 侧 MAC 层(上行 MAC)的功能

1) 逻辑信道到传输信道的映射

MAC 涉及的信道结构包括三方面内容：逻辑信道、传输信道以及逻辑信道与传输信道之间的映射。传输信道是 MAC 层和物理层的业务接入点，逻辑信道是 MAC 层和 RLC 层的业务接入点。MAC 层需要完成上行逻辑信道 CCCH(Common Control Channel, 公共控制信道)、DCCH(Dedicated Control Channel,专用控制信道)、DTCH(Dedicated Traffic Channel,专用业务信道)、UL – SCH(Uplink Shared Channel,上行共享信道)的映射。

2)MAC PDU 处理

MAC PDU(Protocol Data Unit,协议数据单元)是 MAC 层协议数据单元,由按字节 (8 bit)排列的字符串组成。读取多个字符串时,按照从左到右、由上至下的顺序。一个 SDU(Service Data Unit,服务数据单元)由第一个比特开始按照比特升序装配进一个 MAC PDU 中。

MAC PDU 包括几种基本类型:数据发送 MAC PDU,透明传输 MAC PDU,随机接 入响应 MAC PDU。

3)MAC 控制单元

MAC 控制单元是 MAC PDU 的一种类型,它根据 DL HARQ(Downlink Hybrid Automatic Repeat Request,下行混合式自动重传请求)进程的指示,将 RLC PDU 及随机 接入相关的消息 msg3(message3,系统消息 3)等报文封装成 MAC PDU,填充 MAC PDU 的头部信息;负责组装 PHR(Power Headroom Report,功率余量上报),BSR(Buffer Status Report,缓存状态报告)等 MAC CE(Channel Equipment,信道资源),向物理层发 送 MAC PDU;接收来自 L1(Layer 1,层 1)的 TB(Transport Block,传输块),并执行解复 用,将接收的 MAC SDU 提交 RLC 或 RRC 子层。

4)HARQ 功能

混合自动重传请求,即 Hybird ARQ 是一种将 FEC 和 ARQ 相结合而形成的技术。

LTE 中有两级重传处理机制:MAC 层的 HARQ 机制,以及 RLC 层的 ARQ 机制,丢 失或出错的数据的重传主要是由 MAC 层的 HARQ 机制处理,并由 RLC 的重传功能进行 补充。

HARQ 的关键词是存储、请求重传、合并解调。接收方在解码失败的情况下,保存接 收到的数据,并要求发送方重传数据,随后接收方将重传的数据和先前接收到的数据进行 合并后再解码。这个过程中就有一定的分集增益,可以减少重传次数,进而减少时延。而 传统的 ARQ 技术只是简单地抛弃错误的数据,不进行存储,没有合并的过程,自然没有 分集增益,因此经常需要多次重传以及长时间的等待。

5)随机接入处理

包含随机接入相关的过程处理分为两种:基于竞争的随机接入过程和使用专用 Preamble(随机接入前导码)的接入过程。随机接入处理主要接收来自 RRC 层的随机接入 指示,选择竞争的 Preamble,向物理层发送 msg1(message1,系统消息 1),并控制 msg1 和 msg3 的发送功率。

6)DRX 过程(Discontinuous Reception,非连续接收)

MAC 层的 DRX 功能是维护 UE 的 DRX 状态相关的定时器,并指示物理层执行 DRX 接收。

7)测量的上报

测量的上报主要处理物理层的测量上报并进行处理,以及对 RLC/PDCP 待发送报文 缓存区进行测量统计。其包括 CQI(Channel Quality Indicator,信道质量指示)的测量上 报、PHR 的测量上报、BSR 的测量上报。UE 对下行参考信号 RS 进行测量,获得下行信道 CQI，并对 CQI 进行量化、上报。

8）SR 上报（Scheduling Request，上行调度请求）

SR 是用于请求 UL-SCH 资源的，当 UE 需要上报 BSR 但没有 UL-SCH 资源时，则 UE 需要上报 SR，请求 eNB 为 UE 分配上行资源。

9）上行定时同步

针对维护 UE 本地的 TAT 定时器（Time Alignment Timer，TA 组的时间同步定时器），根据 MAC TA 协议流程进行 TA（Time Advance，时间提前量）维护和 TA 调整。TA 超时时，指示 RRC 释放相关资源。

2. eNB 侧 MAC 层（下行 MAC 层）的主要功能

1）逻辑信道到传输信道的映射

MAC 层需要完成下行逻辑信道 CCCH、DCCH、DTCH、PCCH（Paging Control Channel，寻呼控制信道）、MCCH（Multicast Control Channel，多播控制信道）和 MTCH（Multipoint Time Channel，多点时间信道）到下行共享信道 DL-SCH 的映射。

2）下行共享信道的调度

下行共享信道的调度是对下行 RB（Resource Block，资源块）进行优先级排队，并且为下行 RB 分配 PDSCH 资源，包括下行动态调度、下行半持续调度、广播消息调度、寻呼消息调度。

3）上行共享信道的调度

上行共享信道的调度是对 UE 进行优先级排队，并且为上行 UE 分配 PUSCH（Physical Uplink Shared Channel，物理上行共享信道）资源，包括上行动态调度、上行半持续调度。上行动态调度按 UE 的优先级、信道质量、功率、业务量状态等进行共享传输信道的调度和资源分配。

4）下行 RLC PDU 的传输和接收

eNB 根据下行调度结果选择 MCS（Modulation and Coding Scheme，调制与编码策略）等级、PRB 个数等参数确定 RLC 层可以下发的数据量，并对 RLC 下发的 RLC PDU 进行复用，然后再按下行调度结果映射到 PDSCH 上进行传输。

5）上行 RLC PDU 的传输和接收

UE 根据下行调度信令 UL-grant（Uplink grant，上行调度授权）确定 RLC 层可以发送的数据量，并对 RLC 层下发的 RLC PDU 进行复用，然后再按 UL-grant 映射到 PUSCH 上进行传输。eNB 将上行 MAC PDU 解复用后的 RLC PDU 递交到 RLC 层。

6）寻呼数据的发送

eNB 缓存 RRC 提前下发的寻呼信息，然后为寻呼信息分配资源。由于寻呼信息的特殊性，资源的分配将由寻呼信息中的数据量决定，即分配足够的资源，在固定的时间点将调度结果和信息发送给物理层。

7）广播消息中 SIB（System Information Blocks，系统信块）消息的发送

eNB 在固定时间窗内，在共享信道上调度和发送广播信息中的 SIB 消息。

8）随机接入过程

随机接入利用共享控制信道为用户接入时竞争上行信道资源，为使用公共或专用 Preamble 的用户分配上行信道资源，由该组用户竞争使用，控制竞争判决，并控制接入过

程中的下行资源分配。

9）业务量测量

按照 RRM（Radio Resource Management，无线资源管理）需要的测量类型（包括 12 种公共测量和 4 种专用测量）收集并上报测量量。

10）HARQ 功能

在上下行方向上利用多个进程实现并行的停等方式的 MAC PDU 可靠传输，在重传时指定相应的冗余版本号；下行方向支持异步自适应 HARQ 机制，上行方向支持同步自适应 HARQ 机制；在下行重发达到最大延迟时间时，对 RB 通知 RLC 层发送失败指示。

11）DRX 过程

由于包的数据流通常是突发性的，在一段时间内有数据传输，但在接下来的一段较长的时间内没有数据传输。在没有数据传输的时候，可以通过停止接收 PDCCH 来降低功耗，从而提升电池使用时间，这就是 DRX 的由来。为了达到 UE 省电的目的，MAC 层应根据业务激活程度的不同支持 DRX 操作，允许终端非连续监听控制信道。

12）上行同步定时

上行同步定时用于保持 UE 和 eNB 的上行同步，便于 UE 进行上行数据传输和对下行数据的正确反馈。具体来说，TA 的目的是使 UE 的功率延迟不超过 OFDM 符号的 CP 和分配给用户的 RS 的循环移位，以保持不同用户之间 PUCCH（Physical Uplink Control Channel，物理上行链路控制信道）和 PUSCH 的正交性。eNB 利用 MAC 控制 PDU 通知 UE 进行上行同步调整。eNB 基于测量对应 UE 的上行传输来确定每个 UE 的时间提前量（timing advance）。如果某个特定的 UE 需要校正，则 eNB 会发送一个定时提前指令（Timing Advance Command）给该 UE，要求其调整上行传输时间（timing）。该定时提前指令是通过定时提前命令 MAC 控制单元（Timing Advance Command MAC control element）发送给 UE 的。

13）上行功率控制

上行功率控制作为调度算法的接口，判断为用户分配的资源块大小是否合适，主要用于 eNB 对 UE 的 PUSCH、PUCCH 和 SRS（Sounding Reference Signal，探测参考信号）的上行发送功率进行调整。

7.1.3　RLC 层

RLC 层位于 PDCP 层和 MAC 层之间，它通过 SAP（Service Access Point，服务接入点）与 PDCP 层进行通信，并通过逻辑信道与 MAC 层进行通信。每个 UE 的每个逻辑信道都有一个 RLC 实体（RLC entity）。RLC 实体从 PDCP 层接收到的数据，或发往 PDCP 层的数据被称做 RLC SDU（或 PDCP PDU）。RLC 实体从 MAC 层接收到的数据，或发往 MAC 层的数据被称做 RLC PDU（或 MAC SDU）。

RLC 层的主要功能包括：

（1）上层 PDU 传输。

（2）通过 ARQ 进行错误修正，仅对 AM（Acknowledged Mode，确认模式）有效。MAC 层的 HARQ 机制的目标在于实现非常快速的重传，其反馈出错率在 1% 左右。对于某些业务，如 TCP 传输（要求丢包率小于十万分之一），HARQ 反馈的出错率就显得过高了，而 RLC 层的重传处理能够进一步降低反馈出错率。

（3）RLC SDU 的级联、分段和重组，仅对 UM(Unacknowledged Mode，非确认模式)和 AM 有效。RLC PDU 的大小是由 MAC 层指定的，且通常并不等于 RLC SDU 的大小，所以在发送端需要分段/串联 RLC SDU 以便其匹配 MAC 层指定的大小。相应的，在接收端需要对之前分段的 RLC SDU 进行重组，以便恢复出原来的 RLC SDU 并按序递送给上层。

（4）RLC 数据 PDU 的重新分段(仅对 AM 有效)。当 RLC 数据 PDU 需要重传时，可能需要进行重新分段。例如，当 MAC 层指定的大小小于需要重传的原始 RLC 数据 PDU 的大小时，就需要对原始 RLC 数据 PDU 进行重分段。

（5）上层 PDU 的顺序传送(仅对 UM 和 AM 有效)。

（6）重复检测(仅对 UM 和 AM 有效)。出现重复包的最大可能原因是为发送端反馈了 HARQ ACK，但接收端错误地将其解释为 NACK，从而导致了不必要的 MAC PDU 重传。

（7）协议错误检测及恢复。

（8）RLC SDU 的丢弃(仅对 UM 和 AM 有效)。

（9）RLC 重建。

RLC PDU 的结构如图 7.3 所示。RLC PDU 为按字节对齐的比特串，即为 8 的倍数，比特串从左到右排序，之后再按行的顺序从上到下排序。一个 RLC SDU 从前面的首个比特开始被包含于一个 RLC PDU 中。

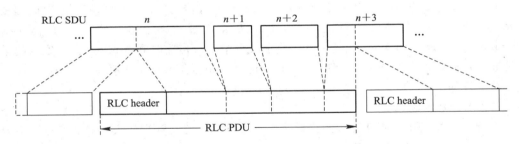

图 7.3　RLC PDU 的结构

RLC PDU 可分为 RLC 数据 PDU 和 RLC 控制 PDU。RLC 数据 PDU 主要用于传输上层的 PDU 数据，TM(Transparent Mode，透明模式)、UM 和 AM RLC 中都需要传输 RLC 数据 PDU；RLC 控制 PDU 用于 AM RLC 实体执行 ARQ 过程。RLC 头携带的 PDU 序列号与 SDU 序列号(即 PDCP 序列号)独立。

RLC 数据 PDU 分为以下几种：

- TMD(TM Data，透明模式数据)PDU：用于 TM RLC 实体传输上层 PDU；
- UMD(UM Data，非确认模式数据)PDU：用于 UM RLC 实体传输上层 PDU；
- AMD(AM Data，确认模式数据)PDU：用于 AM RLC 实体传输上层 PDU，用于首次传输 RLC SDU 或者重传不需要分段的 RLC SDU。
- AMD PDU 段：用于 AM RLC 实体传输上层 PDU，用于传输重新分段的 AMD PDU。

RLC 控制 PDU 主要是状态 PDU(Status PDU)，用于 AM RLC 实体的接收部分向对等 AM RLC 实体通知关于 RLC 数据 PDU 已被成功接收的信息，和被 AM RLC 实体的接收部分检测到丢失的 RLC 数据 PDU 的信息。

7.1.4　PDCP 层

PDCP 层处理控制平面上的 RRC 消息以及用户平面上的 IP 包。该层主要完成三个方面的功能：IP 报头压缩与解压缩、数据与信令的加密，以及信令的完整性保护。

在用户平面上，PDCP 层得到来自上层的 IP 数据分组后，可以对 IP 数据分组进行头压缩和加密，然后递交到 RLC 层。PDCP 层还向上层提供按序提交和重复分组检测功能。在控制平面，PDCP 层为上层 RRC 提供信令传输服务，并实现 RRC 信令的加密和一致性保护，以及在反方向上实现 RRC 信令的解密和一致性检查。

PDCP 层用户面的主要功能包括：

（1）头压缩与解压缩：只支持 ROHC(Robust Header Compression，健壮性包头压缩)算法；

（2）用户数据传输；

（3）RLC AM 下，PDCP 重建过程中对上层 PDU 的顺序传送；

（4）RLC AM 下，PDCP 重建过程中对下层 SDU 的重复检测；

（5）RLC AM 下，切换过程中 PDCP SDU 的重传；

（6）加密、解密；

（7）上行链路基于定时器的 SDU 丢弃功能。

PDCP 层控制面的主要功能包括：

（1）加密和完整性保护；

（2）控制面数据传输。

在 LTE 系统中，规定 PDCP 层支持由 IETF(the Internet Engineering Task Force，互联网工程任务组)定义的 ROHC 来进行报头压缩。LTE 系统不支持通过 CS 域传输的语音业务，为了在 PS 域提供语音业务且接近 CS 域的效率，必须对 IP/UDP/RTP 报头进行压缩，这些报头通常用于 VoIP 业务。比如，对于一个含有 32 bit 有效载荷的 VoIP 分组传输来说，IPv6 报头增加 60 bit，IPv4 报头增加 40 bit，即增加 188% 和 125% 的开销。

ROHC 可以产生两种类型的输出包：

· 压缩分组包，每一个压缩包都是由相应的 PDCP SDU 经过报头压缩产生的；

· 与 PDCP SDU 不相关的独立包，即 ROHC 的反馈包。

LTE 的安全性是由 PDCP 层负责的，通过加密控制平面 RRC 数据和用户平面数据及完整性保护(仅控制平面数据)实现。在 LTE 系统中，加密功能位于 PDCP 实体中，加密对象包括：

（1）控制平面。被加密的数据单元是 PDCP PDU 的数据部分(未压缩的用户面或控制面的 PDCP SDU 或压缩的用户平面 PDCP SDU)和 MAC-I 域(Media Access Control-Information，完整性消息鉴权码)。

（2）用户平面。被加密的数据单元是 PDCP PDU 的数据部分。

PDCP 实体所使用的加密算法和密钥 KEY 由高层协议配置，一旦激活安全功能，加密功能即被高层激活。完整性保护功能包括完整性保护和完整性验证两个过程，完整性保护功能仅应用于 SRB。用于 PDCP 实体的完整性保护功能的算法和 KEY 由上层配置。一旦激活安全功能，完整性保护功能即被高层激活，该功能应用于高层指示的所有 PDCP PDU。

PDCP 用于完整性保护的参数包括：COUNT(数量)，DIRECTION(传输的方向)。

RRC 协议提供给 PDCP 完整性保护功能的参数包括：BEARER(承载)，KRRCint (RRC integrity key，控制平面完整性保护密钥)。UE 基于以上两个输入的参数进行完整性验证。

7.1.5　RRC 层

无线资源控制 RRC 层是支持终端和 eNB 间多种功能的最为关键的信令协议，其主要功能就是管理终端和 E-UTRAN 接入网之间的连接。

1. RRC 的功能

(1) 广播 NAS 层和 AS(Access Layer，接入层)的系统消息；

(2) 寻呼功能；

(3) RRC 连接建立、保持和释放，包括 UE 与 E-UTRAN 之间临时标识的分配、信令无线承载的配置；

(4) 安全功能，包括密钥管理；

(5) 端到端无线承载的建立、修改与释放；

(6) 移动性管理，包括 UE 测量报告，以及为了小区间和 RAT(Radio Access Technologies，无线接入技术)间移动性进行的报告控制、小区间切换、UE 小区选择与重选、切换过程中的 RRC 上下文传输等；

(7) MBMS(Multimedia Broadcast Multicast Service，多媒体广播组播服务)业务通知，以及 MBMS 业务无线承载的建立、修改与释放；

(8) QoS 管理功能；

(9) UE 测量上报及测量控制；

(10) NAS 消息的传输；

(11) NAS 消息的完整性保护。

2. RRC 的操作

LTE 中 RRC 只有两个状态：RRC_CONNECTED(Radio Resource Control CONNECTED，无线资源连接)状态和 RRC_IDLE(Radio Resource Control IDLE，无线资源空闲)状态。当已经建立了 RRC 连接，则 UE 处在 RRC_CONNECTED 状态。如果没有建立 RRC 连接，即 UE 处在 RRC_IDLE 状态。在 RRC 不同状态下的操作如下。

1) RRC_IDLE 状态下的操作

· PLMN 选择；

· 接收高层配置 DRX；

· 获取系统信息广播；

· 监控寻呼信道，检测到达的寻呼；

· 进行邻区测量及小区选择和重选；

- UE 获取其跟踪区的唯一标识 ID。

2）RRC_CONNECTED 状态下的操作

- E-UTRAN 可以传输给 UE 或从 UE 接收单播数据；
- eNB 可以控制 UE 的 DRX 配置；
- 网络控制的移动性管理，即系统内切换和系统外切换的能力；
- UE 可以监控一个寻呼信道和 SIB1 的内容来检测系统信息的改变，具有 ETWS 能力；
- UE 监控相关的控制信道，确定是否有发给自己的调度数据；
- UE 提供信道质量和反馈信息；
- UE 进行邻区测量和测量上报；
- UE 获取系统信息。

RRC 连接首先包括 SRB1 的建立。E-UTRAN 在完成 S1 连接建立过程前，也就是在接收 EPC 发出的 UE 上下文信息之前，完成 RRC 连接的建立。因此，在 RRC 连接的初始阶段，并不会激活 AS 安全，E-UTRAN 可以配置 UE 进行测量上报，但 UE 只在安全激活后才接收切换信息。

E-UTRAN 在从 EPC 接收到下发的 UE 上下文后就通过初始安全激活过程来激活安全流程，包括加密和完整性保护。激活安全的 RRC 消息包括命令与成功响应会得到完整性保护，而加密只有当此过程完成后才开始。也就是说，激活安全消息的响应是没有加密的，随后的消息全部具有完整性保护和加密。

初始安全激活过程启动后，E-UTRAN 发起 SRB2 和 DRB(Data Radio Bearer，数据无线承载)的建立，也就是在接收到 UE 发出的初始安全激活确认前，E-UTRAN 就可以发起 SRB2 和 DRB 的建立，但是 E-UTRAN 不会在激活安全之前建立 SRB2 和 DRB 承载。在任何情况下，E-UTRAN 会对用于建立 SRB2 和 DRB 的 RRC 连接重配置消息进行加密和完整性保护。如果初始安全激活或无线承载建立失败，E-UTRAN 应释放 RRC 连接。

RRC 连接释放由 E-UTRAN 初始化，这个过程可用于将 UE 重定向到另一个频率的 E-URTAN 或其他的 RAT。在异常情况下，UE 可中断 RRC 连接，即 UE 可以不通知 E-UTRAN就转移到 RRC_IDLE 状态。

7.1.6　NAS 层

NAS 存在于 LTE 的无线通信协议栈中，作为核心网与用户设备之间的功能层，该层支持在这两者之间的信令和数据传输。NAS 层的流程就是指只有 UE 和 CN 需要处理的信令流程，无线接入网络 eNB 是不需要处理的。

NAS 层接口如图 7.4 所示。

NAS 层主要负责与接入无关、独立于无线接入相关的功能及流程，主要包括以下几个方面：

- 会话管理：包括会话建立、修改、释放以及 QoS 协商；
- 用户管理：包括用户数据管理，以及附着、去附着；
- 安全管理：包括用户与网络之间的鉴权及加密初始化。

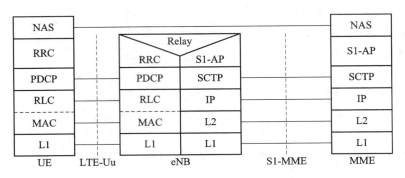

图 7.4　NAS 层接口

7.2　LTE 无线帧结构

在 LTE 的物理层，无线帧是承载信息的空中资源-无线波的基本时域和频域单位，而 LTE 标准既支持 TDD，又支持 FDD。因此，LTE 分为两种帧结构，分别为 FDD 无线帧和 TDD 无线帧。

在 LTE 里，无论是 FDD 还是 TDD，它的时间基本单位都是采样周期 T_s，值固定为

$$T_s = \frac{1}{15000 \times 2048} = 32.55 \text{ ns}$$

式中：15 000 表示子载波的间隔是 15 kHz；2048 表示采样点个数。数字 2048 的来源为：

20 MHz 带宽有效子载波为 1200 个，即有效带宽 15 kHz×1200＝18 MHz，为了接近 FFT 点数的需要，离 1200 最近的 2 的 n 次方，就是 2048 点。其他带宽按照上述方法可以计算得到，15 MHz 的带宽为 1024 点，10 MHz 的带宽为 1024 点，5 MHz 的带宽为 512 点，所以 FFT 点数为 2048，因此采样率等于 30.72 MHz(15000×2048＝30.72 MHz)。

除了 15 kHz 的子载波间隔之外，3GPP 协议实际上还定义了一个 7.5 kHz 的载波间隔。这种降低的子载波间隔是专门针对 MBSFN(Multimedia Broadcast Multicast Service Single Frequency Network，多播广播单频网络)的多播/广播传输的，且在 R9 协议中只给出了部分实现，因此本书中除非特别说明，都将默认子载波间隔是 15 kHz。

7.2.1　LTE-FDD 无线帧

LTE-FDD 的帧结构模式一般又称为框架结构类型 1(Frame structure type 1)。如图 7.5 所示，在 FDD 里每个无线系统帧的长度 $T_f = 307200 \times T_s = 10$ ms，由 20 个时隙 (slot)组成，每个时隙长度 $T_{slot} = 15360 \times T_s = 0.5$ ms，按照 0～19 进行周期循环编号。每个子帧由 2 个连续的时隙组成，按照 0～9 进行周期循环编号，1 个无线系统帧由 10 个子帧组成，而无线帧帧号的重复周期是 1024，因此每个无线帧帧号的取值范围是 0～1023。LTE 的每个时隙可以有若干个 PRB，每个 PRB 含有多个子载波。

在 FDD 里，每个系统帧的 10 个子帧都可以传输下行，也可以传输上行，上下行在不同的频域中分别进行。在半双工的 FDD 模式下，UE 不能在同一个子帧里既发送数据又接收数据；而在全双工的 FDD 模式下，UE 则没有这个限制，在同个子帧里可以同时发送和

接收数据。

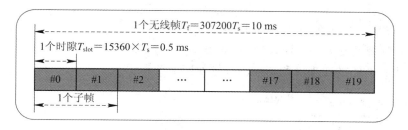

图 7.5　LTE-FDD 无线帧结构图

7.2.2　LTE-TDD 无线帧

LTE-TDD 的帧结构模式一般又称为框架结构类型 2(Frame structure type 2)。如图 7.6 所示,在 TDD 里每个无线系统帧的长度 $T_f = 307200 \times T_s = 10$ ms,由 2 个"半帧"组成,每个"半帧"的长度等于 5 ms,由 5 个连续的子帧组成,每个子帧长度等于 1 ms。除了特殊子帧,每个子帧由 2 个连续的时隙组成。特殊子帧固定在 1、6 号子帧,由 DwPTS (Downlink Pilot Time Slot,下行导频时隙)、GP(Guard Period,保护间隔)、UpPTS (Uplink Pilot Time Slot,上行导频时隙)组成。其中,DwPTS 的长度可以配置为 3~12 个 OFDM 符号,用于正常的下行控制信道和下行共享信道的传输;UpPTS 的长度可以配置为 1~2 个 OFDM 符号,可用于承载上行物理随机接入信道和导频信号;GP 则用于上、下行之间的保护间隔,相应的时间长度为 71~714 μs,对应的小区半径为 7~100 km。同样的,1 个无线系统帧由 10 个子帧组成,无线帧的周期是 1024。

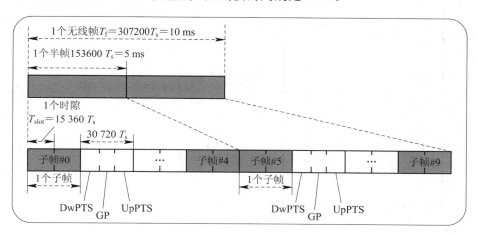

图 7.6　LTE-TDD 帧结构

7.2.3　LTE 无线帧资源

无论是 LTE-FDD 帧还是 LTE-TDD 帧,它们上下行传输使用的最小资源单位都叫做 RE(Resource Element,资源粒子),在时域上占用 1 个 OFDM 符号=1/14 ms,频域上为 1 个子载波=15 kHz。

LTE 在进行数据传输时,将上下行时频域物理资源组成 RB(Resource Block,资源块），作为物理资源单位进行调度与分配。

　　一个 RB 由若干个 RE 组成，在频域上包含 12 个连续的子载波，在时域上包含 7 个连续的 OFDM 符号，特别的，在 Extended CP（Extended Cyclic Prefix，扩展循环前缀）情况下为 6 个，即频域宽度为 180 kHz，时间长度为 0.5 ms。

　　下行和上行时隙的物理资源结构图分别如图 7.7 和图 7.8 所示。

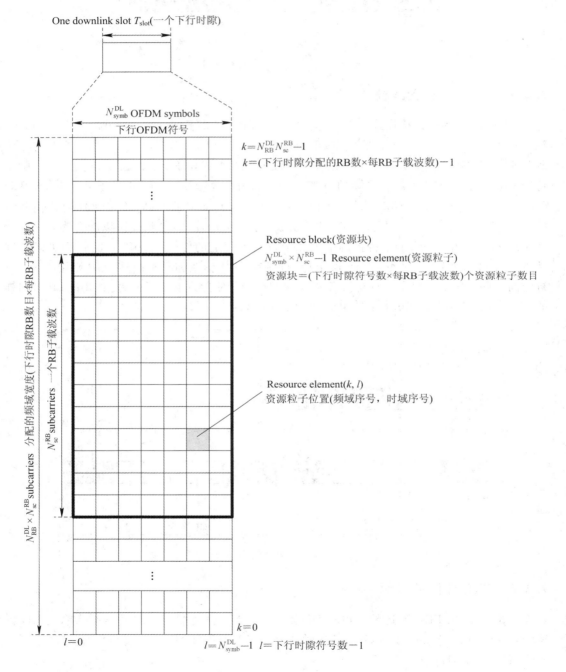

图 7.7　下行时隙的物理资源结构图

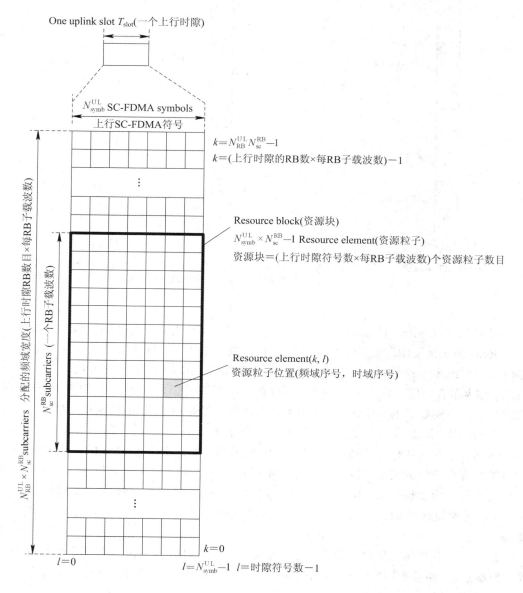

图 7.8　上行时隙的物理资源结构图

一个 REG(Resource Element Group，无线资源组)包括 4 个连续未被占用的 RE。REG 用于定义控制信道向资源单元 RE 的映射，RE 是无线资源中的单个元素，由索引对 (k,l) 表示，规定同一个 REG 内的 RE 具有相同的 l 值。这就意味着一个 REG 中的所有 RE 只能属于一个 OFDM 符号内，不会分散于多个符号内。REG 主要针对 PCFICH (Physical Control Format Indicator Channel，物理控制格式指示信道)和 PHICH 速率很小的控制信道资源分配，用于提高资源的利用效率和分配灵活性。如图 7.9 左边两列所示，除了 RS(Reference Signal，下行参考信号)外，不同的线条表示的就是 REG。

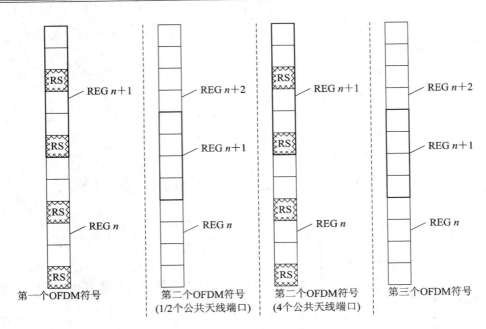

图 7.9　REG 结构图

每个 CCE(Control Channel Element，控制信道单元)由 9 个 REG 组成，之所以定义相对于 REG 较大的 CCE，是为了用于数据量相对较大的 PDCCH 的资源分配。物理控制信道使用一个或多个连续的 CCE 进行传输。每个用户的 PDCCH 只能占用 1、2、4、8 个 CCE，称为聚合级别。在一个子帧中，不同的 PDCCH 可以使用不同的 CCE 聚合等级 n，也就是包含不同数量的 RE 资源，所以 PDCCH 的容量是由 CCE 的数量决定的。

不同的 CCE 聚合等级的目的在于，一个是要支持不同的 DCI(Downlink Control Information，下行控制信息)格式，提升资源利用率，因为 DCI 信息量的多少与其格式及信道带宽有着密切的关系；另一个是适应不同的无线环境，DCI 信息量的大小与 PDCCH 容量的比例表明了编码效率，如果 DCI 格式固定，越高的聚合等级将提供越高的编码效率，也越能对抗较差的无线环境。对于较好的无线环境，采用较低的聚合等级可以节约资源。

最后，由于控制信息的重要性，更高的聚合等级可以对控制信息提供更强的保护。通常，控制信息(如系统消息、寻呼)都是采用聚合等级 4 或 8，而对特定 UE 的调度就可以用 1、2、4、8。

7.2.4　LTE-TDD 的子帧分配策略

在 LTE-TDD 的 10 ms 帧结构中，上、下行子帧的分配策略是可以设置的。

每个帧的第一个子帧固定地用作下行时隙来发送系统广播信息，第二个子帧固定地用作特殊时隙，第三个子帧固定地用作上行时隙；后半帧的各子帧的上、下行属性是可变的，常规时隙和特殊时隙的属性也是可以调的。

LTE-TDD 帧结构规定了 0~6 共 7 种上、下行配置策略，如表 7.1 所示。

表 7.1　LTE-TDD 子帧分配策略

上下行配置索引	下行到上行切换点间隔/ms	子帧号									
		0	1	2	3	4	5	6	7	8	9
0	5	D	S	U	U	U	D	S	U	U	U
1	5	D	S	U	U	D	D	S	U	U	D
2	5	D	S	U	D	D	D	S	U	D	D
3	10	D	S	U	U	U	D	D	D	D	D
4	10	D	S	U	U	D	D	D	D	D	D
5	10	D	S	U	D	D	D	D	D	D	D
6	5	D	S	U	U	U	D	S	U	U	D

在 LTE-TDD 帧中可配置不同的特殊时隙 DwPTS、GP、DwPTS 的长度，如表 7.2 所示。TDD 的一个子帧长度包括 2 个时隙，普通 CP 配置情况下，TDD 的一个子帧长度是 14 个 OFDM 符号周期；而在扩展 CP 配置情况下，TDD 的一个子帧长度为 12 个 OFDM 符号周期。

表 7.2　特殊子帧配置策略

配置选项	标准 CP			扩展 CP		
	下行导频时隙	保护时隙	上行到导频时隙	下行导频时隙	保护时隙	上行到导频时隙
0	3	10	1	3	8	1
1	9	4	1	8	3	1
2	10	3	1	9	2	1
3	11	2	1	10	1	1
4	12	1	1	3	7	2
5	3	9	2	8	2	2
6	9	3	2	9	1	2
7	10	2	2			
8	11	1	2			

7.2.5　FDD 帧和 TDD 帧的区别

FDD 的关键词是“共同的时间、不同的频率”。FDD 在两个分离的、对称的频率信道上分别进行接收和发送；FDD 必须采用成对的频率区分上行和下行链路，上下行频率间必须有保护频段；FDD 的上、下行在时间上是连续的，可以同时接收和发送数据。

TDD 的关键词是“共同的频率、不同的时间”。TDD 的接收和发送是使用同一频率的不同时隙来区分上、下行信道，在时间上不连续。一个时间段由移动台发送给基站(上行 UL)，另一个时间段由基站发送给移动台(下行 DL)。因此，基站和终端间对时间同步的要求比较苛刻。FDD 和 TDD 的上、下行复用原理如图 7.10 所示。

FDD 上、下行需要成对的频率，而 TDD 不需要成对的频率，这使得 TDD 可以灵活地配置频率，从而使用 FDD 不能使用的零散频段。TDD 的上下行时隙配比可以灵活调整，这使得 TDD 在支持非对称带宽业务时，频谱效率有明显优势。FDD 在支持对称业务时，能充分利用上、下行的频谱，但在支持非对称业务时，频谱利用率将大大降低。

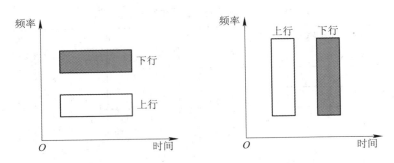

图 7.10　FDD 和 TDD 的上下行复用

TDD 的上、下行频率是一样的，因此其上、下行无线传播特性一样，从而能够很好地支持联合检测、智能天线等技术。TDD 的基站接收和发送可以共用部分射频单元，不需要收/发隔离器，只需要一个开关即可，因此降低了设备的复杂度和成本。

TDD 与 FDD 相比也存在一些明显的不足：

（1）TDD 上下行分配的时间资源是不连续的，分别给了上行和下行。因此，TDD 发射功率的时间大约只有 FDD 的一半。在 TDD 和 FDD 具有同样峰值功率的情况下，TDD 的平均功率仅为 FDD 的一半。尤其在上行方向上，终端侧难以使用智能天线，所以 TDD 的上行覆盖会受限。也就是说同样的覆盖面积，同样的终端发射功率，TDD 需要更多的基站。如果 TDD 要覆盖与 FDD 同样大的范围，就要增大其发射功率。

（2）TDD 上、下行信道同频，无法进行干扰隔离，抗干扰性差。

（3）FDD 对移动性的支持能力更强，能较好地对抗多普勒频移；而 TDD 则对频偏较敏感，对移动性的支持较差。

（4）LTE 的时隙长度为 0.5 ms，但对调度值为 0.5 ms 的时隙来说，信令开销太大，对器件要求也高。一般调度周期 TTI 设为一个子帧的长度（1 ms），包括两个 RB 的时间长度。因此一个调度周期内，RB 都是成对出现的。

（5）FDD 帧结构不但支持半双工 FDD 技术，还支持全双工 FDD 技术。半双工是指上、下行两个方向的数据传输可以在一个传输信道上进行，但不能同时进行；全双工是指上下行两个方向的数据传输不但可以在一个传输通道上进行，还可以同时进行。

综上所述，LTE 的 TDD 帧结构和 FDD 帧结构的不同之处在于：一是存在特殊子帧，由 DwPTS、GP 以及 UpPTS 构成，总长度为 1 ms；二是存在上、下行转换点。

7.3　LTE 无线信道

广义地讲，发射端信源信息经过层三、层二、物理层处理，再通过无线环境到接收端，经过物理层、层二、层三的处理被用户高层所识别的全部环节，就是信道。信道是不同类型的信息，是按照不同的传输格式、用不同的物理资源承载的信息通道。根据信息类型、处理过程的不同，可将信道分为多种类型。

LTE 采用与 UMTS 相同的三种信道：逻辑信道、传输信道和物理信道。从协议栈角度来看，逻辑信道是 MAC 层和 RLC 层之间的，传输信道是 PHY 层和 MAC 层之间的，物理信道是 PHY 层的，如图 7.11 所示。

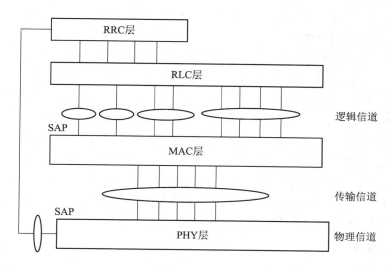

图 7.11　无线信道栈结构

逻辑信道关注的是传输什么内容,什么类别的信息。信息首先要被分为两种类型:控制消息(控制平面的信令,如广播类消息、寻呼类消息)和业务消息(业务平面的消息,承载着高层传来的实际数据)。逻辑信道是高层信息传到 MAC 层的 SAP。

传输信道关注的是传输形式、传输块的结构和大小,不同类型的传输信道对应的是空中接口上不同信号的基带处理方式,如调制编码方式、交织方式、冗余校验方式、空间复用方式等。根据对资源占有的程度不同,传输信道可以分为共享信道和专用信道。前者是多个用户共同占用信道资源,而后者是由某一个用户独占信道资源。

与 MAC 层强相关的信道有传输信道和逻辑信道。传输信道是 PHY 层提供给 MAC 层的服务,MAC 可以利用传输信道向 PHY 层发送和接收数据;而逻辑信道则是 MAC 层向 RLC 层提供的服务,RLC 层可以使用逻辑信道向 MAC 层发送和接收数据。

MAC 层一般包括很多功能模块,如传输调度模块、MBMS 功能模块、TB 产生模块等。经过 MAC 层处理的消息向上传给 RLC 层的业务接入点,变成逻辑信道的消息;向下传送到物理层的业务接入点,变成传输信道的消息。

物理信道就是信号在无线环境中传送的方式,即空中接口的承载媒体。物理信道对应的是实际的射频资源,如时隙(时间)、子载波(频率)、天线口(空间)。物理信道就是确定好编码交织方式、调制方式,在特定的频域、时域、空域上发送数据的无线通道。根据物理信道所承载的上层信息不同,定义了不同类型的物理信道。

7.3.1　物理信道

物理信道对应于一系列 RE 的集合,需要承载来自高层的信息;物理信道位于无线接口协议的最底层,提供物理介质中比特流传输所需的所有功能;物理信道可以分为上行物理信道和下行物理信道。

物理信道是高层信息在无线环境中的实际承载。在 LTE 中,物理信道是由一个特定的子载波、时隙、天线口确定的,即在特定的天线口上,对应的是一系列的无线时频资源。

一个物理信道有开始时间、结束时间、持续时间。物理信道在时域上可以是连续的,也可以是不连续的。连续的物理信道持续时间由开始时刻到结束时刻，不连续的物理信道则必须指明由哪些时间片组成。

在 LTE 中，度量时间长度的单位是采样周期 T_s，物理信道主要用来承载来自传输信道的数据，但还有一类物理信道无须传输信道的映射，直接承载 PHY 层本身产生的控制信令或物理信令。比如，下行包括 PDCCH、RS、SS，上行包括 PUCCH、RS。这些物理信令和传输信道映射的物理信道一样，是有着相同的空中载体的，可以支持物理信道的功能。

物理信道一般要进行两大处理过程：比特级处理和符号级处理。从发射端角度来看，比特级处理是物理信道数据处理的前端，主要是在二进制比特数据流上添加 CRC 校验，进行信道编码、交织、速率匹配以及加扰。加扰之后进行的是符号级处理，包括调制、层映射、预编码、资源块映射、天线发送等过程。在接收端先进行的是符号级处理，然后进行的是比特级处理，处理顺序与发射端的正好相反。

1. 下行物理信道

下行方向主要有以下 6 个物理信道。

1）PBCH

BCH 用来传递小区中的重要参数，包括系统带宽、系统帧号、PHICH 的信息以及一些用来进行调度的信息。BCH 信息包括两个部分，一个是 PBCH（Physical Broadcasting Channel，物理广播信道）的小区信息，另外一个是 DBCH（Dynamic Broadcasting Channel，动态广播信道）的小区信息。DBCH 主要是在下行共享信道中进行传输，即在 PDSCH 中传输；而 MIB 信息是在 PBCH 中进行传输。需要注意的是，每个 10 ms PBCH 携带的子帧信号的比特只有 8 位，另外还有 2 个比特通过加扰的方式给出来。PBCH 的更新周期为 40 ms，即相应系统的信息每 40 ms 会更新一次。在此期间，每 10 ms 发送一次信息，40 ms 内的信息完全一致，可以用图 7.12 表示。

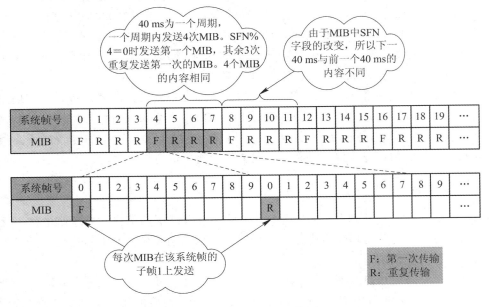

图 7.12　PBCH 视频码资源

2）PCFICH

PCFICH 对应的控制信息为 CFI(Control Information Indication，控制信息指示)，指示每个子帧中物理控制信道所占的 OFDM 符号数目，CFI 取值范围为{1、2、3、4}。CFI 的值可以在网管上配置，取值范围如表 7.3 所示。对于 LTE-FDD，当系统带宽大于 10 个 RB(即带宽＞1.4 MHz)时，CFI 可配置为 1、2 或 3，当 CFI＝3 时，即一个子帧中前 3 个 OFDM 符号用于传输控制信道；当系统带宽小于 10 个 RB(即带宽＝1.4 MHz)时，CFI 可配置为 2、3 或 4。对于 LTE-TDD 系统，带宽为 1.4 MHz 时，子帧 1 和 6 的 CFI 可取值 1 或 2，其余下行子帧与 LTE-FDD 系统的相同。

表 7.3　PCFICH 中 CFI 配置图

子　　帧	用于 PDCCH 的 OFDM 符号数	
	$N_{RB}^{RL} > 10$	$N_{RB}^{RL} \leqslant 10$
帧结构类型 2 中的子帧 1 和 6	1, 2	2
对于 1 个或 2 个小区专有天线端口的情况，同时支持 PMCH 和 PDSCH 传输的载波中的 MBSFN 子帧	1, 2	2
对于 4 个小区专有天线端口的情况，同时支持 PMCH 和 PDSCH 传输的载波中的 MBSFN 子帧	2	2
不支持 PDSCH 传输的载波中的 MBSFN	0	0
所有其他情况	1, 2, 3	2, 3, 4

CFI 取值有 4 种可能，因此用 2 个二进制比特位即可表示。2 bit 经过编码效率为 1/16 的编码之后变成 32 bit，然后进行加扰，扰码与小区 PCI 相关，再对加扰后的 32 bit 进行 QPSK 数据调制生成 16 个符号，一个 RE 可以传输经过调制之后的一个符号，因此需要 4 个 REG 即 16 个 RE 承载。为了频率分集增益，16 个符号将映射到 4 个离散 REG 上，4 个 REG 均匀分布在整个带宽上。

PCFICH 的发送位置时间上固定为每个子帧第 0 个 OFDM 符号，频率上位置与系统带宽及小区的 PCI 有关。

3）PDCCH

PDCCH 承载调度以及其他控制信息，具体包含传输格式、资源分配、上行调度许可、功率控制以及上行重传信息等。

由于 PDCCH 的传输带宽内可以同时包含多个 PDCCH，为了更有效地配置 PDCCH 和其他下行控制信道的时频资源，LTE 定义了两个专用的控制信道资源单位：REG 和 CCE。1 个 REG 由位于同一 OFDM 符号上的 4 个或 6 个相邻的 RE 组成，但其中可用的 RE 数目只有 4 个，6 个 RE 组成的 REG 中包含了两个参考信号，而参考信号 RS 所占用的 RE 是不能被控制信道的 REG 使用的。资源单位 REG 的定义主要是为了有效地支持 PCFICH、PHICH 等数据率很小的控制信道的资源分配，也就是说，PCFICH、PHICH 的资源分配是以 REG 为单位的；而定义相对较大的 CCE，是为了用于数据量相对较大的 PDCCH 的资源分配。

PDCCH 在一个或多个连续的 CCE 上传输，LTE 中支持 4 种不同类型的 PDCCH，如表 7.4 所示。

表 7.4　PDCCH 类型

PDCCH 格式	CCE 的数量	REG 的数量	PDCCH 位的数量
0	1	9	72
1	2	18	144
2	4	36	288
3	8	72	576

在 LTE 中，CCE 的编号和分配是连续的。如果系统分配了 PCFICH 和 PHICH 后剩余 REG 的数量为 nREG，那么 PDCCH 可用的 CCE 的数目为 nCCE＝nREG/9 向下取整。CCE 的编号为 0～nCCE－1。

PDCCH 所占用的 CCE 数目取决于 UE 所处的下行信道环境，对于下行信道环境好的 UE，eNB 可能只需分配一个 CCE；而对于下行信道环境较差的 UE，eNB 可能需要为之分配多达 8 个 CCE。为了简化 UE 在解码 PDCCH 时的复杂度，LTE 中还规定 CCE 数目为 n 的 PDCCH，其起始位置的 CCE 号必须是 n 的整数倍。

每个 PDCCH 中，包含 16 bit 的 CRC 校验。UE 用来验证接收到的 PDCCH 是否正确，CRC 使用和 UE 相关的标识进行扰码，使得 UE 能够确定哪些 PDCCH 是自己需要接收的，哪些是发送给其他 UE 的。可以用来进行扰码的 UE 标识有：C-RNTI（Cell Radio Network Temporary Identifier，小区无线网络临时标识），SPS-RNTI（Semi-Persistent Scheduling Cell Radio Network Temporary Identifier，半静态调度标识），SI-RNTI（System Information-Radio Network Temporary Identifier，系统消息无线网络临时标识），P-RNTI（Paging-Radio Network Temporary Identifier，无线寻呼网络临时标识）和 RA-RNTI（Random Access-Network Temporary Identifier，随机接入网络临时标识）等。

每个 PDCCH 经过 CRC 校验后，进行 TBCC 信道编码和速率匹配。eNB 可以根据 UE 上报上来的 CQI 进行速率匹配。此时，对于每个 PDCCH，就可以确定其占用的 CCE 数目的大小。

4) PHICH

PHICH 用于对 PUSCH 传输的数据回应 HARQ ACK/NACK。每个 TTI 中的每个上行 TB 对应一个 PHICH，也就是说，当 UE 在某小区配置了上行空分复用时，需要 2 个 PHICH。多个 PHICH 可以映射到相同的 RE 集合中发送，这些 PHICH 组成了一个 PHICH 组，即多个 PHICH 可以复用到同一个 PHICH 组中。同一个 PHICH 组中的 PHICH 通过不同的正交序列（Orthogonal Sequence）来区分，即一个二元组唯一指定一个 PHICH 资源，为该 PHICH 组内的正交序列索引。对常规循环前缀（Normal CP）而言，一个 PHICH 组支持 8 个正交序列，即支持 8 个 PHICH 复用；对扩展 CP 而言，一个 PHICH 组支持 4 个正交序列，即支持 4 个 PHICH 复用。

一个小区真正所需的 PHICH 资源总数取决于：

• 系统带宽；

• 每个 TTI 能够调度的上行 UE 数（只有被调度的上行 UE 才需要 PHICH）；

• UE 是否支持空分复用（2 个上行 TB 对应 2 个 PHICH）等。对于 FDD 而言，接收到 MIB 就可以计算出预留给 PHICH 的资源。

在控制区（Control Region）的第一个 OFDM 标记，资源首先会分配给 PCFICH，

PHICH 只能映射到没有被 PCFICH 使用的那些 RE 上。同一个 PHICH 组中的所有 PHICH 映射到相同的 RE 集合上，不同的 PHICH 组使用的 RE 集合是不同的。

5）PDSCH

PDSCH 用于下行数据的调度传输，是 LTE 物理层主要的下行数据承载信道，可以承载来自上层的不同的传输内容，包括寻呼信息、广播信息、控制信息和业务数据信息等。作为物理层性能的关键因素之一，PDSCH 的传输支持各种物理层机制，包括信道自适应的调度、HARQ 以及各种 MIMO 机制，比如发送分集、空间复用以及波束赋形等。

UE 在解出 PDCCH 后，可以拿到对应 PDSCH 的 DCI 信息。该 DCI 除了包含所对应 PDSCH 的位置、MCS 信息之外，还指明了数据是否是重传数据以及传输使用的层、预编码等相关信息。与其他物理信道基于 PRB 不同，PDSCH 基于 VRB(Virtual Resource Block, 虚拟资源块)传输。根据 VRB 映射 PRB 的方式不同，PDSCH 有三种资源分配类型，分别是类型 0、类型 1 和类型 2。PDSCH 传输具体所使用的资源分配类型取决于 eNB 所选的 DCI 格式以及 DCI 内相关比特的配置。不同的 DCI 格式支持的资源分配类型如表 7.5 所示。

表 7.5　下行控制信息格式

下行控制信息格式	类型 0	类型 1	类型 2
1	Y	Y	N
1A/1B/1C/1D	N	N	Y
2/2A/2B/2C	Y	Y	N

6）PMCH

PMCH 承载多播信息，负责把高层来的节目信息或相关控制命令传给终端。

基于以上的特点和功能，下行物理信道总结如表 7.6 所示。

表 7.6　下行物理信道总结

LTE 下行物理信道	功　能	调制方式
物理层下行共享信道	承载下行业务数据、寻呼消息	QPSK、16QAM 或 64QAM
物理层广播信道	承载广播信息，固定占用载波信道中间 6 个 RB(1.08 MHz)	QPSK
物理层下行控制信道	承载下行调度信息，如信道分配和控制信息	QPSK
物理层格式指示信道	用于指示在一个子帧中用于 PDCCH 传输的 OFDM 符号数目	QPSK
物理层混合自动重传 HARQ 请求指示信道	承载 HARQ 的信息，如 ACK/NACK	BPSK，支持码分多路信道
物理层多播信道	下行多播信道用于在单频网络中支持 MBMS 业务，承载多小区的广播信息。网络中的多个小区在相同的时间及频带上发送相同的信息，多个小区发来的信号可以作为多径信号进行分集接收	QPSK、16QAM 或 64QAM

2. 上行物理信道

1) PUCCH

PUCCH 主要携带 ACK/NACK、CQI、PMI(Precoding Matrix Indicator，预编码矩阵指示)和 RI(Rank Indication，秩指示)。PUCCH 信道按照承载信息类别的不同，划分为两种不同的格式，分别为 PUCCH 格式 1/1a/1b 和 PUCCH 格式 2/2a/2b，不同的 PUCCH 格式其作用稍有不同。PUCCH 格式 1/1a/1b 用于传输 SR 和(或)HARQ ACK/NACK 的 UCI(Uplink Control Information，上行控制信息)，而 PUCCH 格式 2/2a/2b 则用于传输 CQI/PMI/RI 和(或)HARQ ACK/NACK 的 UCI。

格式 1 用于终端上行发送调度请求，基站侧仅需检测是否存在该发送。其中格式 1a/1b 用于终端上行发送 ACK/NACK(1 bit 或 2 bit)。格式 1 在系统 L3 信令配置给上行调度请求机制(Schedule Request)的资源上传输；格式 1a/1b 在与下行 PDCCH CCE 相对应的 PUCCH ACK/NACK 资源上传输；当 SR 和上行 ACK/NACK 需要同时传输时，在 L3 信令配置给 SR 的资源上传输上行 ACK/NACK。

格式 2 用于发送上行 CQI 反馈(编码后 20 bit)，数据经过特定 UE 的加扰之后，进行 QPSK 调制。格式 2a 用于发送上行 CQI 反馈(编码后 20 bit)+1 bit 的 ACK/NACK 信息，进行 BPSK 调制；格式 2b 用于发送上行 CQI 反馈(编码后 20 bit)+2 bit 的 ACK/NACK 信息，采用 QPSK 调制。

2) PUSCH

PUSCH 承载 UL-SCH 信息。PUSCH 信道可以传输层 2 的 PDU、层 3 的信令、UCI 控制信息以及用户数据。PUSCH 承载的新消息有三类：第一类是数据信息，第二类是控制信息，第三类是参考信号。

UL-SCH 中的数据信息由 UE 的 MAC 层传递下来，传输的数据为二进制比特，内容是 UE 发给基站的高层信息。由于数据信息量大，一般为几十比特到几千比特不等，所以采用 Turbo 码编码。数据信息的处理流程比较复杂：先对从 MAC 层传来的数据进行 24A 的 CRC 添加，再对码块进行分割，之后对每个码块进行 24B 的 CRC 添加，再对每个码块进行 Turbo 编码，最后把速率匹配好的各个码块级联起来，这样就完成了数据信息的处理。接收端进行逆处理。

上行 RS 包括 DMRS(Demodulation Reference Signal，解调参考信号)和 SRS。参考信号用于让发送端或者接收端大致了解无线信道的一些特性。上行解调参考信号在用户的 PUSCH 数据块内插入，用于上行数据的信道估计；上行探测参考信号周期或者非周期地在 PUSCH 某些子帧的最后一个符号上发送，可以是全带宽设置，也可以是子带宽配置并通过多次遍历整个带宽或者部分带宽。参考信号的产生基于 ZC 序列，产生的序列是复数。

3) PRACH

PRACH(Physical Random Access Channel，物理随机接入信道)是 UE 一开始发起呼叫时的接入信道，UE 接收到 PRACH 响应消息后，会根据基站指示的信息在 PRACH 发送 RRC 连接请求(Connection Request)消息，进行 RRC 连接的建立。

在 PRACH 信道初始化之前，层 1 将从高层的 RRC 收到下述信息：

·前缀扰码；

·消息长度(10 ms 或 20 ms)；

　　· AICH(Acquisition Indication Channel，捕获指示信道)发射时间参数(0 或 1)：AICH 传输时间(transmission timing)；

　　· 对应每个 ASC(Access Service Category，接入服务类别)的有效签名和有效的 RACH 子信道号；

　　· PRACH 的功率攀升步长；

　　· 前缀重传最大次数；

　　· 最后发送的前缀和消息部分的控制信道的功率偏差；

　　· 传输格式集合。

　　在物理随机接入过程初始化之前，层 1 将从高层的 MAC 层收到下述信息：

　　· 用于 PRACH 消息部分的传输格式；

　　· PRACH 传输的 ASC；

　　· 被发送的数据块。

　　PRACH 的随机接入过程如下：

　　(1) 在下一个接入时隙集中获得有效的上行接入时隙：在为相应的 ASC 所配置的有效的 RACH 子信道号所对应的接入时隙集中随机选择一个有效的接入时隙；如果在被选择的时隙集合中没有有效的接入时隙，则从此 ASC 所对应的下一个接入时隙集中所对应的有效子信道集合中随机选择一个接入时隙；

　　(2) 在所选的 ASC 所对应的有效签名集中随机选择一个签名；

　　(3) 设置前缀重传计数器为 Preamble Retrans Max(前导码重传最大次数)；

　　(4) 设置前缀的初始发射功率；

　　(5) 如果计算的前缀发射功率超过了允许的上行最大发射功率，则设置此前缀发射功率等于此最大发射功率；如果计算的前缀发射功率小于允许的上行最小发射功率，则设置此前缀发射功率等于此最小发射功率；然后用所选择的签名、上行接入时隙、前缀发射功率发射；

　　(6) 如果 UE 在上行接入时隙之后的确定时间内没有收到 AICH 上关于所选择的签名肯定的或否定的应答，则 UE L1 将：

　　① 在所选择的 ASC 所对应的有效 RACH 子信道号集合中随机选择一个有效的接入时隙；

　　② 在所选择的 ASC 所对应的有效签名集合中随机选择一个有效的签名；

　　③ 以步长 P0＝Power Ramp Step [dB]增加前缀的发射功率，如果前缀的发射功率超过了最大允许发射功率 6 dB，则 UE 的物理层 L1 将向高层(MAC)报告状态"No ack on AICH"，并退出物理随机接入过程；

　　④ 把前缀重传计数器减 1；

　　⑤ 如果前缀重传计数器大于 0，则跳到(5)中重新执行；否则 UE 的物理层 L1 将向高层(MAC)报告状态"No ack on AICH"，并退出物理随机接入过程；

　　(7) 如果 UE 在上行接入时隙之后的确定时间内收到 AICH 上关于所选择签名的否定的应答，则 UE 的物理层 L1 将向高层(MAC)报告状态"Nack on AICH received"，并退出物理随机接入过程；

　　(8) 如果 UE 在上行接入时隙之后的确定时间内收到 AICH 上关于所选择签名的肯定的应答，则在最后发送前缀时隙后的第 3 个或第 4 个上行接入时隙发送随机接入的消息部分，在第 3 个还是第 4 个时隙发送消息取决于高层所配置的参数，即 AICH 传输时间；

（9）UE 的物理层 L1 将向高层（MAC）报告状态"RACH message transmitted"，并退出物理随机接入过程。

基于上行物理信道的特点和功能，上行物理信道总结如表 7.7 所示。

表 7.7　上行物理信道总结

LTE 上行物理信道	功　能	调制方式
物理层上行共享信道	承载上行控制信息和业务数据	QPSK、16QAM 或 64QAM
物理层上行控制信道	承载上行控制信息（UCI），如 HARQ 信息、ACK/NACK、CQI/PMI、RI	BPSK 或 QPSK
物理层随机接入信道	用于终端发起与基站的通信。终端随机接入时发送随机接入前导码信息，基站通过 PRACH 接收，确定接入终端身份并计算该终端的时延	QPSK

7.3.2　传输信道

传输信道定义了在空中接口上数据传输的方式和特性。一般分为两类：专用信道和公共信道。物理层通过传输信道向 MAC 层或者更高层提供数据传输服务，同时产生上下行控制信息来支持物理层的操作。对来自上层各传输信道的数据及物理层的控制信息，物理层将按照 CRC 校验、码块分割、信道编码、速率匹配和码块连接等流程进行处理，然后再进行加扰、调制、层映射、预编码、资源单元映射等操作，最后将信号映射到天线端口发射出去。

1. 下行传输信道

1）BCH

用于广播系统或小区特定的信息。广播信道使用固定的、预定义的传输格式，要求广播到小区的整个覆盖区域。

2）DL-SCH

其功能包括：

- 支持 HARQ；
- 支持通过改变调制、编码模式和发射功率来实现动态链路自适应；
- 能够发送到整个小区；
- 能够使用波束赋形；
- 支持动态或半静态资源分配；
- 支持 UE 非连续接收（DRX），以节省 UE 电源；
- 支持 MBMS 传输。

3）PCH

- 支持 UE DRX，以节省 UE 电源（DRX 周期由网络通知 UE）；
- 要求发送到小区的整个覆盖区域；
- 映射到业务或其他控制信道也动态使用的物理资源上。

4）MCH

· 要求发送到小区的整个覆盖区域；

· 对于单频点网络 MBSFN 支持多小区的 MBMS 传输的合并；

· 支持半静态资源分配。

2. 上行传输信道

1）UL-SCH

其功能包括：

· 能够使用波束赋形；

· 支持通过改变发射功率和潜在的调制、编码模式来实现动态链路自适应；

· 支持 HARQ；

· 支持动态或半静态资源分配；

2）RACH

RACH 是一种上行传输信道。RACH 在整个小区内进行接收，常用于 PAGING 应答和 MS 主叫/登录的接入等。

在任何情况下，如移动台需要同网络建立通信，都需通过 RACH 向网络发送一个报文来申请一条信令信道，网络将根据信道请求来决定所分配的信道类型。这个在 RACH 上发送的报文被称做信道申请（Channel Request），它其中的有用信令消息只有 8 bit，其中有 3 bit 用来提供接入网络原因的最少指示，如紧急呼叫、位置更新、响应寻呼或是主叫请求等。在网络拥塞的情况下，系统可根据这一粗略的指示来分别对待不同接入目的的信道申请（哪些类型的呼叫可接入网络，哪些类型的呼叫将被拒绝），并为它们选择分配最佳类型的信道。

RACH 的传输是基于带有快速捕获指示的时隙 ALOHA（资源预约）方式。UE 可以在一个预先定义的时间偏置开始传输，表示为接入时隙。每两帧有 15 个接入时隙，间隔为 5120 码片。随机接入发射包括一个或多个长为 4096 码片的前缀和一个长为 10 ms 或 20 ms 的消息。

随机接入的前缀部分长度为 4096 chip，是对长度为 16 chip 的一个特征码的 256 次重复，总共有 16 个不同的特征码。

随机接入的消息部分中 10 ms 的消息被分作 15 个时隙，每个时隙的长度为 $T_{slot}=$ 2560 chip。每个时隙包括两部分，一个是数据部分，RACH 映射到这部分；另一个是控制部分，用来传送层 1 的控制信息。数据部分和控制部分是并行发射传输的。一个 10 ms 消息部分由一个无线帧组成，而一个 20 ms 的消息部分是由两个连续的 10 ms 无线帧组成的。消息部分的长度可以由使用的特征码和（或）接入时隙决定，这是由高层配置的。

数据部分包括 10×2^k 个比特，其中 $k=0,1,2,3$。对消息数据部分来说，分别对应扩频因子为 256，128，64 和 32。

控制部分包括 8 个已知的导频比特，用来支持用于相干检测的信道估计，以及 2 个 TFCI（Transmit Format Combined Indicator，发送格式组合指示）比特，对消息控制部分来说，这对应于扩频因子为 256。在随机接入消息中，TFCI 比特的总数为 $15\times2=30$ bit，TFCI 值对应于当前随机接入消息的一个特定的传输格式。在 PRACH 消息部分长度为 20 ms 的情况下，TFCI 将在第 2 个无线帧中重复。

在发送完初始的信道请求消息后，MS 启动定时器 T3120，并守候在全下行 CCCH 信道（准备接收应答）和 BCCH 上。当定时器 T3120 逾时且 RACH 重发次数未超过"最大重传次数"（由 BCCH 上的系统消息中获得）时，MS 将重复发送信道请求消息。

7.3.3　逻辑信道

　　MAC 层在逻辑信道上提供数据传送业务，逻辑信道类型集合是为 MAC 层提供的不同类型的数据传输业务而定义的。逻辑信道通常可以分为两类：控制信道和业务信道。控制信道用于传输控制平面信息，而业务信道用于传输用户平面信息。

　　1. 控制信道

　　控制信道包括：

　　· 广播控制信道（BCCH）：广播系统控制信息的下行链路信道。

　　· 寻呼控制信道（PCCH）：传输寻呼信息的下行链路信道。

　　· 专用控制信道（DCCH）：在 UE 和核心网之间发送专用控制信息的点对点双向信道。该信道在 RRC 连接建立过程期间建立。

　　· 公共控制信道（CCCH）：在网络和 UE 之间发送控制信息的双向信道，这个逻辑信道总是映射到 RACH/FACH 上。

　　2. 业务信道

　　业务信道包括：

　　· 专用业务信道（DTCH）：传输用户信息的、专用于一个 UE 的点对点信道。该信道在上行链路和下行链路都存在。

　　· 公共业务信道（CTCH，Common Traffic Channel）：向全部或者一组特定 UE 传输专用用户信息的点到多点下行链路。

7.3.4　物理信道、传输信道和逻辑信道之间的映射

　　LTE 协议栈各层之间存在依赖关系，因此逻辑信道、传输信道、物理信道之间根据功能关系有相互的映射关系。LTE 的下行和上行传输信道与物理信道之间的映射关系如图 7.13 所示。

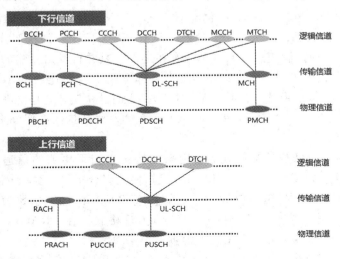

图 7.13　逻辑信道和传输信道、物理信道的映射关系

7.3.5　物理信号

物理信号和物理信道一样，对应于物理层使用的一系列 RE，但和物理信道相比，这些 RE 不传递任何来自高层的信息。物理信号包括：下行参考信号（Downlink Reference Signal）、同步信号（Synchronization Signal）和上行参考信号（Uplink Reference Signal）。

1. 下行参考信号

下行参考信号的功能包括两个方面，一是下行信道质量测量；二是下行信道估计，用于 UE 端的相干检测和解调。

在 LTE R10 版本中，下行参考信号主要包括以下 4 种。

1）CRS

CRS（Cell-specific Reference Signal，小区特定参考信号）用于除不基于码本的波束赋形技术之外的所有下行传输技术的信道估计和相关解调，在天线端口{0}或{0、1}或{0、1、2、3}上传输。设计 CRS 的目的并不是为了承载用户数据，而是在于提供一种技术手段，可以让终端进行下行信道的估计。终端可以通过对 CRS 的测量，得到下行 CQI、PMI、RI 等信息。

在每个小区中，可以有 1 个、2 个或 4 个 CRS，分别对应 1 个、2 个或 4 个天线端口。对于一个支持 PDSCH 传输的小区，它的所有下行子帧（包括特殊子帧）均要传输 CRS，这些参考信号可以在端口 0 或端口 0、1 或端口 0、1、2、3 中传输。

（1）使用 1 个 CRS 的情况（对应天线端口 0）。参考符号插入到每个时隙（7 个 OFDM 符号）的第 1 个 OFDM 符号和第 4 个 OFDM 符号中，同一 OFDM 符号内相邻的 2 个参考符号在频域上间隔 6 个子载波，第 1 个 OFDM 符号和第 4 个 OFDM 符号中的参考符号在频域上间隔 3 个子载波，如图 7.14 所示（1 个 RB 中共有 8 个参考符号）。

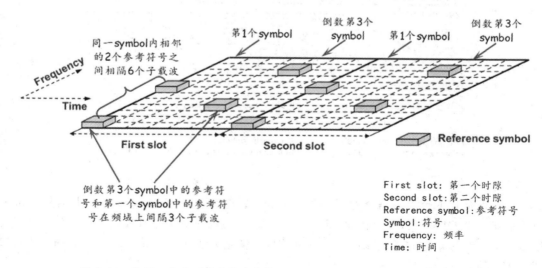

图 7.14　使用一个小区特定的参考信号时，一个 RB 对内的结构（正常 CP）

在图 7.14 中，参考符号的起始位置是从每个 RB 的第 1 个 OFDM 符号的第 1 个子载波位置开始的，但不是任何时候都如此。参考符号在每个 RB 内的起始位置和小区特定的频率偏移($k=0$，1，2，3，4，5)有关。LTE 定义了 6 个频率偏移，其取值为 mod 6 (PCI)，即各小区的物理小区 ID 模 6，相邻小区的物理小区 ID 要保证模 6 值不同。

例如偏移为 5 的情况如图 7.15 所示。

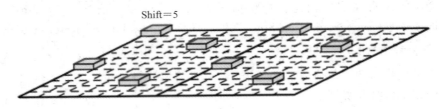

图 7.15　频率偏移为 5 的 RB 结构

之所以要这样分配，是因为这样可以避免至多 6 个相邻小区的 CRS 之间的时频资源冲突和干扰，即所谓的"模 6 干扰"。为了有效地提高参考信号的 SIR(Signal to Interference Ratio，信号干扰比)，可以让参考符号比周围其他非参考符号拥有更高的能量(可以有至多 6 dB 的功率提升)。频率偏移以后，某个小区上的参考符号只会收到相邻其他小区非参考符号所带来的干扰，而非参考符号的符号功率相对比较小，这样就能提升参考符号的 SIR。

(2) 使用 2 个和 4 个 CRS 的情况(对应天线端口 0、1 和天线端口 0、1、2、3)。当小区使用 2 个参考信号时，天线端口 0 的参考信号与天线端口 1 的参考信号在频域上偏移了 3 个子载波，如图 7.16 所示。

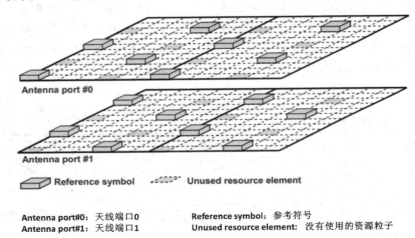

Reference symbol　Unused resource element

Antenna port#0：天线端口 0　　　　Reference symbol：参考符号
Antenna port#1：天线端口 1　　　　Unused resource element：没有使用的资源粒子

图 7.16　小区使用 2 个参考信号，RB 映射图

当小区使用 4 个参考信号时，天线端口 2 的参考信号和天线端口 3 的参考信号在每个时隙的第 2 个 OFDM 符号上传输，且两者在频域上偏移了 3 个子载波。为了降低开销，天线端口 2 的参考信号和天线端口 3 的参考信号密度是天线端口 0 和天线端口 1 的一半，如图 7.17 所示。

为了避免各天线端口上的参考信号被其他天线端口所干扰，如果某个天线端口上的某个 RE 被用于发送参考信号，则其他端口上时频位置相同的 RE 上不得传输任何信息。

CRS 映射图总结如图 7.18 所示。

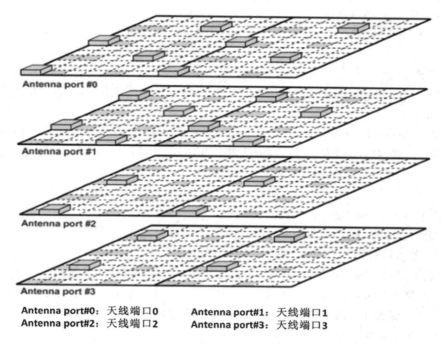

Antenna port#0：天线端口0　　　　Antenna port#1：天线端口1
Antenna port#2：天线端口2　　　　Antenna port#3：天线端口3

图 7.17　小区使用 4 个参考信号，RB 映射图

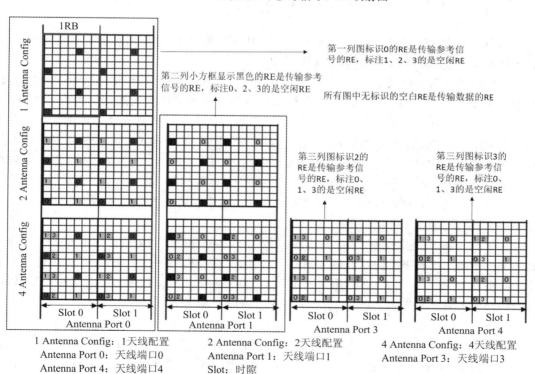

第一列图标识0的RE是传输参考信号的RE，标注1、2、3的是空闲RE

第二列小方框显示黑色的RE是传输参考信号的RE，标注0、2、3的是空闲RE

所有图中无标识的空白RE是传输数据的RE

第三列图标识2的RE是传输参考信号的RE，标注0、1、3的是空闲RE

第三列图标识3的RE是传输参考信号的RE，标注0、1、3的是空闲RE

1 Antenna Config：1天线配置
Antenna Port 0：天线端口0
Antenna Port 4：天线端口4

2 Antenna Config：2天线配置
Antenna Port 1：天线端口1
Slot：时隙

4 Antenna Config：4天线配置
Antenna Port 3：天线端口3

图 7.18　1、2、4 端口天线 RE 映射图

2）MBSFN

用于 MBSFN 的信道估计和相关解调，在天线端口 4 上传输。MBSFN RS 仅支持扩展 CP。

3）P-RS

P-RS（Paging Reference Signal，位置参考信号）主要用于定位，在天线端口 6 上传输。

4）CSI-RS

CSI-RS（Channel State Information Reference Signal，信道状态信息参考信号）专用于 LTE-A 下行链路传输的信道估计，在天线端口 15 或 15、16 或 15、16、17、18 或 15、16、17、18、19、20、21、22 上传输。

LTE 下行参考信号的特点有：

- RS 本质上是终端已知的伪随机序列；
- 对于每个天线端口，RS 的频域间隔为 6 个子载波；
- 被参考信号占用的 RE，在其他天线端口相同的 RE 上必须留空；
- 天线端口增加时，系统的导频总开销也增加，可用的数据 RE 减少；
- LTE 的参考信号是离散分布的，而 CDMA/UMTS 的导频信号是连续的；
- RS 分布越密集，信道估计越精确，但开销越大，会影响系统容量。

2. 上行参考信号

LTE 在上行定义了两种类型的上行参考信号：

1）DMRS

DMRS 与 PUSCH 或 PUCCH 相关联；DMRS 主要用于 eNB 对上行物理信道进行信道估计，以便正确地解调 PUCCH 和 PUSCH。

上行的参考信号序列支持序列组跳（RS Sequence-Group Hopping）。所谓序列组跳，是指小区在不同的时隙内，使用不同序列组内的参考序列。序列组跳的设置由在 SIB2 中广播的参数"groupHoppingEnabled"来决定。在非序列组跳转的情况下，也就是说，在不同的时隙内，小区的参考序列都来自同一个参考序列组。在 PUCCH 下，序列组的序号是小区的 PCI 模 30 后的余值。其中，PCI 在 0～503 之间取值。对于 PUSCH 使用的序列组是通过 SIB2 中的参数"groupAssignmentPUSCH"来显式通知 UE 的。这样做的目的是允许相邻的小区使用相同的参考信号根序列，通过相同根序列的不同循环移位来使相邻小区的不同 UE 之间的 RS 相互正交。

为了支持频率选择性调度，UE 需要对较大的带宽进行探测，通常远远超过其目前传输数据的带宽，这就需要应用信道探测参考信号 SRS。SRS 是一种"宽带的"参考信号。多个用户的 SRS 可以采用分布式 FDM 或 CDM 复用在一起，可以用来做上行信道质量测量、上行同步等。在 UE 数据传输带宽内的 SRS 也可以考虑用做数据解调。

2）SRS

SRS 与 PUSCH 或 PUCCH 不关联，主要用于上行信道质量估计以便 eNB 进行上行的频选调度。SRS 还可用于估计上行定时，且在假设下行/上行信道互益的情况（尤其是 TDD）下，利用信道对称性来估计下行信道质量。

UE 可以用来传输 SRS 的子帧是由在 SIB2 中传输的参数"srs-SubframeConfig"来决定的。4 bit 的上述参数定义了 15 种可以用来传输 SRS 的子帧集合，SRS 在子帧内的最后一个符号上传输，因此，SRS 和 DRS(Demodulation Reference Signal，解调参考信号)相互之间是互不影响的。对于那些被网络侧配置成发送 SRS 的子帧，为了避免不同用户之间的 SRS 和 PUSCH 数据之间的相互干扰，LTE 规定相应子帧的最后一个符号不能被任何的 UE 用来发送 PUSCH 数据。一般情况下，LTE 中的配置使得 PUCCH 和 SRS 不会相互冲突，如果存在冲突，通常会丢掉 SRS。当然，在 PUCCH 格式 1/1a/1b 的情况下，存在短 PUCCH 的格式，此时子帧的最后一个符号可以被用来发送 SRS。在 LTE 中，eNB 可以调度每个 UE 一次性或周期性地发送 SRS，周期性发送的周期可以为 2/5/10/20/40/80/160/320 ms。SRS 发送的周期以及周期内子帧的偏移量由 UE 特定的 10 bit 的信令参数 "srs-ConfigurationIndex"决定。

UE 发送 SRS 所使用的带宽取决于 UE 的发射功率，以及小区中发送 SRS 的 UE 数目等。使用较大的发送带宽可以获得更为精确的上行信道质量测量，然而在上行路径损耗较大的情况下，UE 需要更大的发射功率来维持 SRS 的发射功率密度。对于每一个系统带宽，LTE 中配置了 8 种不同的 SRS 带宽集合，在每个集合内，LTE 中可以为不同的 UE 分配多达 4 种的不同 SRS 带宽，表 7.8 给出了系统带宽为 40～60RB 时，SRS 带宽集合的配置情况。

表 7.8　SRS 带宽配置情况

SRS 带宽配置索引	SRS 带宽配置 1	SRS 带宽配置 2	SRS 带宽配置 3	SRS 带宽配置 4
0	48	24	12	4
1	48	16	8	4
2	40	20	4	4
3	36	12	4	4
4	32	16	8	4
5	24	4	4	4
6	20	4	4	4
7	16	4	4	4

SRS 带宽的最小单位是 4RB，4 种不同的 SRS 带宽相互之间是整数倍的关系。eNB 通过 SIB2 中的参数"srsBandwidthConfiguration"广播小区中 UE 所使用的 SRS 带宽配置集合的 Index(在 0～7 之间)，RRC 信令中 2 bit 的参数"srsBandwidth"则指明了 UE 在带宽配置集合中所使用的带宽。SRS 带宽资源是一种树形结构，这种树形的结构限制了 SRS 带宽频率起始点的位置。这个频率起始点的位置由 RRC 信令中的 5 bit 的参数 "Frequency-Domain Position"来决定。LTE 中，每个 UE 在所分配的 SRS 资源上，只占用每 2 个子载波中 1 个子载波的位置，也就是一种树形的结构。这样，两个不同的 UE，可以通过分配不同的频率偏移，来进行频分复用。

3. 同步信号

同步信号包括以下两种。

1) PSS

PSS(Primary Synchronization Signal，主同步信号)：UE 可根据 PSS，完成小区搜索过程中快速地确定符号/帧的起始位置，即符号定时同步、部分 Cell ID 检测信息。

2) SSS

SSS(Secondary Synchronization Signal，辅同步信号)：UE 根据 SSS 最终获得帧同步，CP 长度检测和 Cell group ID 检测信息。

同步信号用来确保小区内 UE 获得下行同步。同时，同步信号用 PCI 区分不同的小区。UE 进行小区搜索的目的是为了获取小区物理 ID 和完成下行同步，这个过程与系统带宽无关，UE 可以直接检测和获取。当 UE 检测到 PSS 和 SSS 时，就能解码出物理小区 ID，同时根据 PSS 和 SSS 的位置，可以确定下行的子帧时刻，完成下行同步。

在 LTE 里，物理层是通过 PCI 来区分不同的小区的。物理小区 ID 总共有 504 个，它们被分成 168 个不同的组(记为 N(1)_ID，范围是 0～167)，每个组又包括 3 个不同的组内标识(记为 N(2)_ID，范围是 0～2)。因此，物理小区 ID(记为 Ncell_ID)可以通过下面的公式计算得到：

$$PCI = N_{cell\_ID} = 3N(1)\_ID + N(2)\_ID$$

PSS 用于传输组内 ID，即 N(2)_ID 的值。具体做法是：eNB 将组内 ID 号 N(2)_ID 与一个根序列索引 u 相关联，然后编码生成 1 个长度为 62 的 ZC 序列 du(n)，并映射到 PSS 对应的 RE 中，UE 通过盲检测序列就可以获取当前小区的 N(2)_ID。

SSS 用于传输组 ID，即 N(1)_ID 的值。具体做法是：eNB 通过组 ID 号 N(1)_ID 生成两个索引值 m0 和 m1，然后引入组内 ID 号 N(2)_ID 编码生成 2 个长度均为 31 的序列 d(2n) 和 d(2n+1)，并映射到 SSS 的 RE 中，UE 通过盲检测序列就可以知道当前 eNB 下发的是哪种序列，从而获取当前小区的 N(1)_ID。

PSS 和 SSS 在时域上的位置：对于 LTE-FDD 制式，PSS 周期地出现在时隙 0 和时隙 10 的最后一个 OFDM 符号上，SSS 周期地出现在时隙 0 和时隙 10 的倒数第二个符号上；对于 LTE-TDD 制式，PSS 周期地出现在子帧 1、6 的第三个 OFDM 符号上，SSS 周期地出现在子帧 0、5 的最后一个符号上。如果 UE 在此之前并不知道当前是 FDD 还是 TDD，则可以通过这种位置的不同来确定制式。

PSS 和 SSS 在频域上的位置：PSS 和 SSS 映射到整个带宽中间的 6 个 RB 中，因为 PSS 和 SSS 都是 62 个点的序列，所以这两种同步信号都被映射到整个带宽(不论带宽是 1.4 MHz 还是 20 MHz)中间的 62 个子载波(或 62 个 RE)中，即序列的每个点与 RE 一一对应。在 62 个子载波的两边各有 5 个子载波，不再映射其他数据。

图 7.19 是 1.4 MHz 带宽(满带宽 6 个 RB)时，LTE-FDD 制式下 PSS 和 SSS 的位置。

图 7.20 是 1.4 MHz 带宽(满带宽 6 个 RB)时，LTE-TDD 制式下 PSS 和 SSS 的位置。

因为解码 SSS 需要 PSS 中的 N(2)_ID，因此 UE 必须先解码 PSS，然后再解码 SSS。PSS 和 SSS 的相对时域位置是固定的，因此 UE 一旦盲检出 PSS，就可以从特定位置解码出 SSS，然后再根据 SSS 的序列以及子帧 0、5 的 SSS 序列的不同，就可以确定当前的子帧时刻。另外，同步完成后，UE 也就获得了下行 CP 的长度。

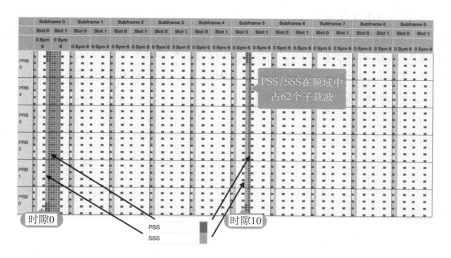

图 7.19　LTE-FDD 下 PSS 和 SSS 的位置

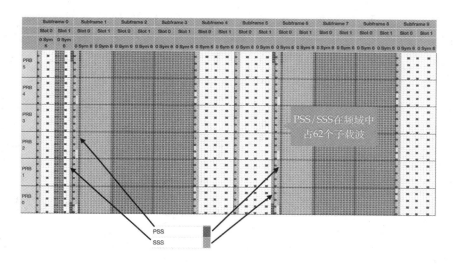

图 7.20　LTE-TDD 下 PSS 和 SSS 的位置

习　　题

7-1　请画出 LTE 无线接口控制面和用户面协议栈的逻辑框图。

7-2　请简述 LTE 协议栈子层 PHY、MAC、RLC、PDCP、RRC 和 NAS 的功能。

7-3　在 LTE-FDD 帧中，每个无线帧的长度为多少毫秒？由多少时隙组成？每个时隙长度为多少毫秒？每个无线帧包括多少子帧？每个子帧由多少个时隙组成？

7-4　LTE-TDD 帧中，每个无线帧的长度为多少毫秒？包括多少个半帧？每个半帧包括多少子帧？每个子帧长度为多少毫秒？

7-5　LTE 的帧结构中，如果采取标准 CP，一个时隙包括几个 OFDM 符号？如果采取扩展 CP，则一个时隙包括几个 OFDM 符号？

7 - 6　RE 和 RB 是如何定义的？

7 - 7　FDD 帧和 TDD 帧的区别是什么？

7 - 8　LTE 的物理信道、传输信道和逻辑信道都有哪些？

7 - 9　LTE 的物理信道、传输信道和逻辑信道之间的相互映射关系是怎样的？

7 - 10　LTE 的物理信号包括哪些？

第 8 章　LTE 信令流程

通信设备之间净应用信息的传送总是伴随着一些控制信息的传递，它们按照既定的通信协议工作，将应用信息安全、可靠、高效地传送到目的地。这些信息在电信网中叫做信令(Signal)。"信令"包括"Signal"和"Signalling"两重含义；信令实际上就是一种用于控制的信号，它的作用是控制信道的接续和传递网络管理信息。

信令在电信通信网中是个很重要的概念，简单地说它是一种机制，通过这种机制，构成通信网的用户终端以及各个业务节点可以互相交换各自的状态信息和提出对其他设备的接续要求，从而使网络作为一个整体运行。

在 LTE 系统中，由于其网络架构包括 LTE 无线接入部分和核心网部分，因此 LTE 的信令可以分为 LTE 无线信令和 LTE 核心网信令，这两部分并不是互相独立的，而是相辅相成的。在信令实现业务的过程中，信令发生的顺序和信令执行的过程就是信令流程。

8.1　无线信令流程

LTE 的无线信令流程是指在 UE 和 eNB 之间通过空中接口传送的信令组合，这些信令流程根据功能可以分为如下几种。

8.1.1　小区搜索过程

UE 开机、脱网或切换过程中需要进行小区搜索，小区搜索是 UE 接入系统的第一步，关系到 UE 能否快速、准确地接入系统。UE 首先获取与基站在时间和频率上的同步，识别小区 ID；然后接收小区系统信息，包括 MIB、SIB1 及其他 SIB 等，完成小区搜索过程。LTE 的小区搜索过程与 3G 系统的主要区别在于它能够支持不同的系统带宽(1.4～20 MHz)。

小区搜索的主要目的是：
(1) 与小区取得频率和符号同步；
(2) 获取系统帧定时，即下行帧的起始位置；
(3) 确定小区的 PCI。

图 8.1 所示是小区搜索流程，其基本过程是：UE 开机以后扫描可能存在小区的中心频点，然后在扫描到的中心频点上接收 PSS 和 SSS，获得时隙和帧同步、CP 类型、粗频率同步以及 PCI。获取 PCI 以后就可以知道下行公共参考信号的传输结构，可通过解调参考信号获得时隙与频率精确同步。随后就可以接收 MIB、SIB，完成小区搜索过程。

下面分步详细介绍小区搜索流程。

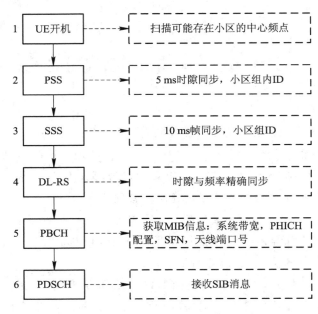

图 8.1　小区搜索流程图

1. UE 扫描中心频点

　　开机后 UE 就会在可能存在 LTE 小区的几个中心频点上接收数据并计算 RSSI（Received Signal Strength Indication，接收的信号强度指示），以接收信号强度来判断这个频点周围是否可能存在小区。如果 UE 能保存上次关机时的频点和运营商信息，则开机后可能会先在上次驻留的小区上尝试驻留；如果没有保留信息，则很可能要全频段搜索，发现信号较强的频点后，再去尝试驻留。

　　需要指出的是，UE 进行全频段搜索时，在其支持的工作频段内以 100 kHz 为间隔的频栅上进行扫描，并在每个频点上进行主同步信道检测。在这一过程中，终端仅仅检测 1.08 MHz 的频带上是否存在 PSS，这是因为 PSS 在频域上占系统带宽中央 1.08 MHz。

2. 检测 PSS 和 SSS

PSS 和 SSS 在时域上的分布如图 8.2 所示。

（1）PSS 映射在时域上的分布：

· FDD 系统：♯0 子帧和♯5 子帧第一个时隙的最后一个 OFDM 符号；

· TDD 系统：PSS 在 DwPTS 上进行传输，位于特殊子帧的第三个 OFDM 符号。

（2）SSS 映射在时域上的分布：

· FDD 系统：♯0 子帧和♯5 子帧第一个时隙的倒数第二个 OFDM 符号；

· TDD 系统：♯0 子帧和♯5 子帧最后一个 OFDM 符号。

PSS 和 SSS 的频域分布如图 8.3 所示。

PSS 映射在频域上位于频率中心的 1.08 MHz 的带宽上，包含 6 个 RB 和 72 个子载波。实际上，PSS 只使用了频率中心周围的 62 个子载波，两边各留 5 个子载波用做保护波段。

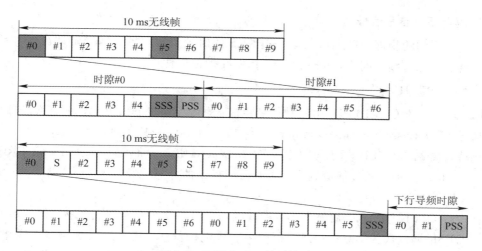

图 8.2　PSS 和 SSS 的时域分布

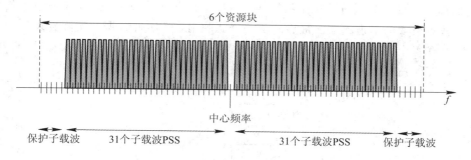

图 8.3　PSS 和 SSS 的频域分布

SSS 映射在频域上与 PSS 一样位于频率中心的 1.08 MHz 的带宽上，即包含 6 个 RB 和 72 个子载波。同样的，SSS 也只使用了频率中心周围的 62 个子载波，两边各留 5 个子载波用做保护波段。

检测 PSS 的基本原理是使用本地序列和接收信号进行同步相关，进而获得期望的峰值，并根据峰值判断出同步信号位置。检测出 PSS 可首先获得小区组内 ID，PSS 每 5 ms 发送一次，因而可以获得 5 ms 时隙定时，从而可进一步利用 PSS 获取粗频率同步。

对于 FDD 和 TDD 系统，PSS 和 SSS 之间的时间间隔不同，CP 的长度（常规 CP 或扩展 CP）也会影响 SSS 的绝对位置（在 PSS 确定的情况下）。因而，UE 需要进行至多 4 次的盲检测。

检测到 SSS 以后可获知如下信息：

·CP 的长度，在 SSS 盲检成功后确定系统采用 FDD 或 TDD；

·可以获得小区组 ID、综合 PSS，可获得 PCI；

·SSS 由两个伪随机序列组成，前后半帧映射相反，检测到两个 SSS 就可以获得 10 ms 定时，达到帧同步的目的。

3. 解调下行参考信号

通过检测到的物理小区 ID，可以知道 CRS 的时频资源位置。通过解调参考信号可以进一步精确时隙与频率同步，同时为解调 PBCH 做信道估计。

4. 解调 PBCH

PBCH 中承载的 MIB 信息由三种信息组成：系统带宽 3 bit、PHICH 配置信息 3 bit、系统帧号 SFN（System Frame Number，系统帧号）8 bit，有用信息共 14 bit，再加上 10 bit 空闲比特，共 24 bit。PBCH 处理流程如图 8.4 所示，BCCH 传输块添加 16 bit CRC 校验以后变为 40 bit，然后经过信道编码、速率匹配得到的信息比特在常规 CP 下为 1920 bit，在扩展 CP 下为 1728 bit。

在进行 QPSK 调制前，用一个小区专属的与 PCI 相关的序列进行加扰，加扰后的比特流经过 QPSK 调制成为信息符号进行层映射和预编码操作，这个过程是与多天线相关的。层是空间中能够区分的独立信道，与信道环境相关，层映射是把调制好的数据符号映射到层上。然后每一层的数据进行预编码操作，相当于在发送端做了一个矩阵变化，使信道正交化，以获得最大的信道增益。最后一步是资源映射，是实现数据到实际物理资源上的映射，PBCH 在每个无线帧内 #0 子帧第二个时隙即 slot1 的前 4 个 OFDM 符号上传输。在频域上，PBCH 占据系统带宽中央的 DC 子载波除外的 1.08 MHz。

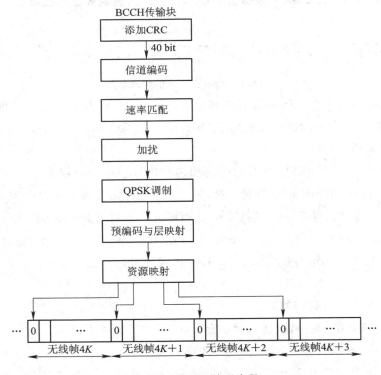

图 8.4　PBCH 处理流程

5. 解调 PDSCH

要完成小区搜索，仅仅接收 MIB 是不够的，还需要接收 SIB，即 UE 接收承载在

PDSCH 上的 BCCH 信息。UE 在接收 SIB 信息时，首先要接收 SIB1 信息。SIB1 采用固定周期的调度，调度周期为 80 ms。第一次传输在 SFN 满足 SFN mod 8＝0 的无线帧的 ♯5 子帧上传输，并且在 SFN 满足 SFN mod 2＝0 的无线帧（即偶数帧）的 ♯5 子帧上传输，如图 8.5 所示。

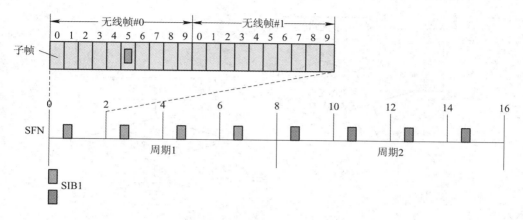

图 8.5　SIB1 传输示意图

除 SIB1 以外，其他 SIB 通过 SI(System Information，系统信息)进行传输，如图 8.6 所示。每个 SIBX 与唯一的一个 SI 消息相关联，这个 SI 消息有一个周期，是针对 SI-window(System Information Window，系统信息窗口)来说的周期，例如图 8.6 中的 SI 消息 2 和 SI 消息 1 表示两个不同周期的 SI 消息。SI-window 的周期是以子帧为单位的，LTE 协议定义 SystemInformationBlockType1(系统信息块类型 1)中给出了{rf8，rf16，rf32，rf64，rf128，rf256，rf512}这几种可能，即 8 个无线帧，16 个无线帧等。一个 SI 消息可以包含多个具有相同周期的 SIB，这里的周期是指 SIB 对应的 SI-window 周期，并且不同 SI 消息的 SI-window 相互不重叠。

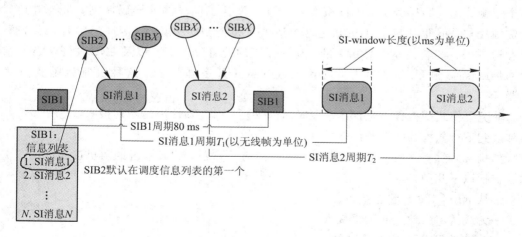

图 8.6　SI 调度示意图

SIB1 和 SI 的传输通过携带 SI-RNTI 的 PDCCH 调度来完成，UE 从 PDCCH 上解码的 SI-RNTI 中获得具体的时域调度、频域调度以及使用的传输格式等。解调 PDSCH 获取

SIB 的流程如图 8.7 所示。具体来说,首先接收 PCFICH 以获知当前子帧中控制区域的大小,即控制区域占几个 OFDM 符号,然后解调 PDCCH 获得 SIB 的调度信息,接着 UE 按照调度信息解调 PDSCH 获得 SIB。重复这一获取过程,直至 UE 高层协议栈认为已经获得足够的系统信息,至此完成小区搜索。

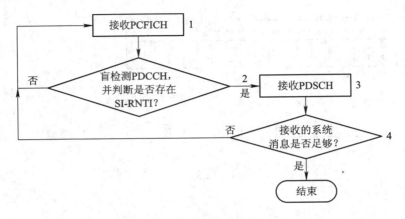

图 8.7　接收 SIB 流程

8.1.2　随机接入过程

随机接入是 UE 和网络之间建立无线链路的必经过程,只有在随机接入完成之后,eNB 和 UE 之间才能正常进行数据互操作。UE 可以通过随机接入实现两个基本的功能:

(1) 取得与 eNB 之间的上行同步,一旦上行失步,UE 只能在 PRACH 中传输数据;

(2) 申请上行资源。

根据业务触发方式的不同,可以将随机接入分为基于竞争的随机接入和基于非竞争的随机接入。所谓"竞争",就是说可能存在这么一种情况,UE-A/B/C/D 多个终端,在同一个子帧、使用同样的 PRACH 资源,向 eNB 发送了同样的前导码序列,希望得到 eNB 的资源授权,但此时 eNB 无法知道这个请求是哪个 UE 发出的,因此后续各 UE 需要通过发送一条只与自己本 UE 相关的、独一无二的消息(msg3),以及 eNB 收到这条消息后的回传(msg4)到 UE,来确认当前接入成功的 UE 是哪一个。这种机制就是竞争解决机制。

非竞争模式随机接入是指在一段时间内仅有一个 UE 使用的序列接入,它只发生在切换和收到下行数据的触发条件下。

随机接入过程之后,开始正常的上下行传输。总之,LTE 系统的随机接入过程产生的原因包括以下几种:

· 从 RRC_IDLE 状态接入;

· 无线链路失败发起随机接入;

· 切换过程需要随机接入;

· UE 处于 RRC_CONNECTED 时有下行数据到达;

· UE 处于 RRC_CONNECTED 时有上行数据到达。

上述五种随机接入的原因中只有切换和有下行数据到达可以使用无竞争随机接入过

程。用于竞争的前导序列和无竞争的前导序列归属于不同的分组，且互不冲突。

LTE 系统将基于竞争的随机接入过程作为研究重点。

1. 竞争模式随机接入过程

当 eNB 不知道 UE 的业务或者状态，而 UE 又必须申请上行资源或上行 TA 同步的时候，UE 就需要发起竞争随机接入。在这种情况下，eNB 没有为 UE 分配专用的随机接入前导码，而是由 UE 在指定范围内随机选择随机接入前导码并发起随机接入过程。

发生竞争接入的具体场景有：

（1）UE 的初始接入（Initial access from RRC_IDLE）。此时 RRC 层的状态为 RRC_IDLE，UE 需要连接请求，而 eNB 无法知道，因此需要 UE 执行竞争接入过程。

（2）UE 的重建（RRC Connection Re-establishment Procedure）。重建的原因有多种，比如 UE 侧的 RLC 上行重传达到最大次数就会触发重建，此时 eNB 不知道 UE 的重建状态，需要 UE 执行竞争接入过程。

（3）UE 有上行数据发送，但检测到上行失步。这种情况与初始接入类似，eNB 无法知道 UE 什么时候有上行业务要做，因此需要 UE 执行竞争接入过程。

（4）UE 有上行数据发送，但没有 SR 资源。一般的，如果没有 UL_GRANT 用于发送 BSR，UE 会通过 SR 发送上行资源申请，但如果没有 SR 资源，则只能通过竞争接入过程申请 UL_GRANT。此时，eNB 显然也不知道 UE 是否有上行数据发送。

如果在非竞争接入过程中，eNB 发现非竞争资源没有了，此时也会转到竞争接入过程，包括：

（1）切换（Handover）。切换是由 eNB 侧发起的，因此优先执行非竞争接入过程。

（2）eNB 有下行数据发送，但检测到上行失步。eNB 侧可以由 MAC 和 RRC 配合处理，优先执行非竞争接入过程。

（3）RRC 连接状态下需要执行定位过程，但 UE 此时并没有 TA，且这个过程只能进行非竞争接入。

竞争模式随机接入过程如图 8.8 所示。

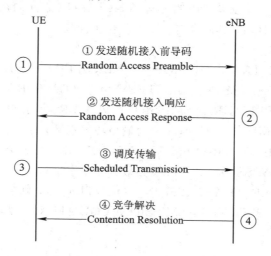

图 8.8　竞争模式随机接入过程

具体接入过程如下：

1）随机接入前导发送

（1）前导资源选择。

前导的范围是以广播方式告诉 UE 的，UE 依赖于 UL 发送的消息尺寸或被请求的资源块，选择 RRC 配置的两组随机接入前导中的一组，然后在被选定的一组中随机选择一个随机接入前导，使得每个前导都具有相同的可能性。当多个 UE 同时选择一个前导接入时，就会发生冲突，而竞争模式随机接入过程有解决冲突的能力。

随机接入前导序列码集合是由物理层生成的最大数目为 64 个 ZC 序列及其移位序列组成。eNB 侧的 RRC 分配部分或全部前导序列的索引值用于竞争随机接入，并通过系统信息 SIB2 广播到 UE。UE 随机接入需要的 PRACH 资源，如 PRACH 个数和时频位置等，也由 RRC 通过系统消息 SIB2 广播到 UE。UE 侧的 RRC 收到 SIB2 后，解析出其中的前导序列信息并配置到 MAC，由 MAC 根据路损等信息在前导序列集合中随机选择一个前导序列索引配置给物理层，物理层根据 MAC 的前导序列索引，通过查表/公式生成有效的前导序列（ZC 序列）并发送到 eNB。

每个小区可用的随机接入前导码总数不超过 64 个，在所有用于竞争随机接入的随机接入前导码中，eNB 侧的 RRC 可以选择性地将其分为两组：组 A 和组 B。UE 触发随机接入时，需要根据待发的 msg3 的大小和路损大小确定随机接入前导码集合。其中，组 B 用于 msg3 较大而路损较小的场景，组 A 用于其他不适合组 B 的场合。衡量 msg3 和路损大小的门限参数是由 eNB 在 SIB2 信息中通知给 UE 的。UE 确定随机接入前导码使用集合 A 或 B 后，从该集合中随机选择一个随机接入前导码发送。

如果 eNB 将小区内所有的随机接入前导码都划归为组 A，即 SIB2 中配置的总大小等于组 A 的大小，则 UE 直接从组 A 中随机选择一个随机接入前导码发送。eNB 侧 RRC 配置的组 A 的大小和组的总大小一般可以由管理工具配置，不需要 RRC 代码静态分配，UE 侧 RRC 根据组 A 的大小和总大小即可计算出组 B 的大小。

UE 根据从 SIB2 中获取到的信息，生成随机接入前导序列，并在 PRACH 的相应随机接入资源上发起随机接入。此时 UE 并不知道 eNB 与 UE 之间的距离，为避免对其他用户的干扰，前导序列在设计时，其后会有一个 GT 保护间隔。

（2）设置发射功率。

设置 PREAMBLE_TRANSMISSION_POWER 为 PREAMBLE_INITIAL_POWER＋（PREAMBLE_TRANSMISSION_COUNTER－1）×POWER_RAMP_STEP：

· 如果 PREAMBLE_TRANSMISSION_POWER 小于最小功率水平，则设置 PREAMBLE_TRANSMISSION_POWER 为最小功率水平；

· 如果 PREAMBLE_TRANSMISSION_POWER 大于最大功率水平，则设置 PREAMBLE_TRANSMISSION_POWER 为最大功率水平；

· 如果 PREAMBLE_TRANMISSION_COUNTER＝1，则决定下一个有效的随机接入机会；如果 PREAMBLE_TRANSMISSION_COUNTER ＞ 1，则随机接入机会通过 back-off 进程决定。

（3）发送前导。

使用被选择的 PRACH 资源、相关的 RA-RNTI、前缀索引和 PREAMBLE_

TRANSMISSION_POWER 通知物理层发送前导。

在上行链路 RACH 传输的前导携带了 6 bit 的信息,其中包括一个 5 bit 的随机 ID 和 1 bit 的资源块请求信息。对于 TDD 帧结构 2 来说,携带的信息为 5 bit。

2) eNB 向 UE 发送 msg2(Random Access Response generated by MAC on DL-SCH)

eNB 会在 PRACH 中盲检测前导码,如果 eNB 检测到了随机接入前导序列码 (Random Access Preamble),则上报给 MAC,后续会在随机接入响应窗口内,在下行共享信道 PDSCH 中反馈 MAC 的随机接入响应(Radom Access Response)。解码 PDSCH 的内容时需要 UE 先通过 RA-RNTI 解码出 PDCCH 资源分配信息,然后继续解码 PDSCH 的内容。而 RA-RNTI 是由承载 msg1 的 PRACH 时频资源位置确定的,UE 和 eNB 均可以计算出 RA-RNTI,因此空口中并不需要传输 RA-RNTI。随机接入响应窗口的起点与 msg1(RA Preamble)间隔 3 个子帧,长度为 2~10 ms,由 eNB 的 RRC 配置,并通过系统信息 SIB2 发送到 UE。

msg2(RA Response)消息中包含:msg1 中的前导序列 RA(供 UE 匹配操作)、UE 上行定时提前量 TA(11 位,粗调)、back-off(回退)参数(重新发起随机接入前导码应延迟再次接入的时间)、为传输 msg3 分配的 PUSCH 上行调度信息 UL_Grant(包括是否跳频、调制编码率、接入资源和接入时刻等内容)、Temple C-RNTI(供 msg3 加扰使用)。

RA response(msg2)是一个独立的 MAC PDU,在 DL-SCH 中承载。一个 msg2 中可以包含多个 UE 的前导序列,即响应多个 UE 的随机接入请求。UE 通过检测 msg2 中是否携带了其发送的随机接入前导码来标识是否收到了 eNB 的随机接入响应,但此时还没有完成竞争解决,并不表示此次 eNB 侧的应答就是针对本 UE 的应答。

3) UE 向 eNB 发送 msg3(First scheduled UL transmission on UL-SCH)

UE 根据 RA Response 中的 TA 调整量可以获得上行同步,并在 eNB 为其分配的上行资源中传输 msg3,以便进行后续的数据传输。

msg3 的初始传输是唯一通过 MAC 层 msg2 消息指示的上行数据动态调度传输的,当随机接入过程完成后,其他动态调度上行初始传输都是通过 DCI0 进行资源分配指示的。msg3 消息开始支持 HARQ 过程,重传的资源和位置通过 Temple C-RNTI 加扰的 DCI0 告诉 UE。

msg3 可能携带 RRC 建链消息(RRC Connection Request),也可能携带 RRC 重建消息(RRC Connection Re-establishment Request)。如果有 RLC 消息,那么 MAC 需要保存该 CCCH SDU 信息,因为 eNB MAC 发送 msg4 的时候需要将 UE 的这个 CCCH SDU 信息回发给 UE,当做竞争解决标识(UE Contention Resolution Identity)使用,以便完成最终的竞争解决。

4) eNB 向 UE 发送 msg4(Contention Resolution on DL)

eNB 和 UE 最终通过 msg4 完成竞争解决:

(1) 对于初始接入和重建的情况,msg4 中的 MAC PDU 会携带竞争解决标识,即 msg3 中的 CCCH SDU、RRC 建链消息、RRC 重建消息等。UE 在解码 TC-RNTI 加扰的 PDCCH 后,继续在 PDSCH 中获取 msg4 的 MAC PDU 内容,解码成功后,与 UE 之前在 msg3 中发送的 CCCH SDU 进行比较,二者相同则竞争解决成功(因为不同的 UE,其标识不同)。此时 msg3 的 MAC-CE(多媒体鉴权响应)中不会携带 C-RNTI 字段;对于重建 RRC 连接而言,CCCH SDU 中则会携带 C-RNTI 信息,RRC 据此区分不同的 UE。竞争解决后，TC-RNTI 转正为 C-RNTI。

（2）对于切换、上/下行数据传输但失步等其他场景进行的竞争随机接入场景，此时因为 UE 已经分配了 C-RNTI，在 msg3 的 MAC-CE 中会将 C-RNTI 通知到 eNB，因此 eNB 使用旧的 C-RNTI 加扰的 PDCCH 调度 msg4，而不使用 TC-RNTI 加扰 msg4。UE 解码出 PDCCH 调度命令时表示完成了竞争的解决，msg4 中的具体内容已经与竞争解决无关。这时，msg2 中由 eNB 分配的 TC-RNTI 失效，后续由 eNB 继续分配给其他 UE 使用。因此，此种场景 msg4 中不包括 UE 竞争解决标识。

msg4 也支持 HARQ 过程，UE 通过 PUCCH 指示 ACK，eNB PHY 收到 ACK 后报给 MAC，只有成功完成竞争解决的 UE 才反馈 ACK。

2. 非竞争模式随机接入过程

非竞争模式随机接入过程不会产生接入冲突，它是使用专用的前导序列进行随机接入的，目的是为了加快恢复业务的平均速度，缩短业务的恢复时间。

非竞争随机接入是 UE 根据 eNB 的指示，在指定的 PRACH 信道资源上使用指定的随机接入前导码发起的随机接入，适用于以下三种情况：

· 切换；

· eNB 有下行数据发送，但检测到上行失步；

· 定位过程等场景。

非竞争模式随机接入过程如图 8.9 所示。

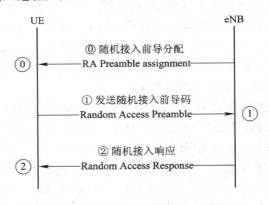

图 8.9 非竞争模式随机接入过程

具体接入过程如下。

1）随机接入前导分配

用下行链路的特定信令分配随机接入前导：eNB 给 UE 分配一个非竞争的随机接入前导，这个前导并不是在 BCH 中通过广播的形式下发的。

随机接入前导的信令分配通过如下信令下发：

· eNB 发送用于切换的命令；

· eNB 收到下行数据的 MAC 层信令（L1/L2 控制信道或者 MAC 控制 PDU）。

eNB 向 UE 发送非竞争随机接入过程需要随机序列前导码和 PRACH 信道接入资源。若此时前导码资源不够，eNB 只能通知 UE 发起竞争随机接入，方式是将 PDCCH 格式 1a 中的前导码索引（Preamble index）设置为全 0，UE 解码出的前导码索引全为 0 后，会执行基于竞争的随机接入过程。

对于切换，非竞争前导码通过切换命令发送到 UE；而其他的两种场景，则需要通过 CRNTI 加扰的 DCI1A 发送到 UE。

2）随机接入前导发送

UE 使用非竞争随机接入前导在下行链路进行前导发送。UE 向 eNB 发送随机序列前导码，如果指定了多个 PRACH 信道资源，则 UE 在连续三个可用的、有 PRACH 信道资源的子帧中随机选择一个指定的 PRACH 信道资源用于承载 msg1。eNB 侧 MAC 处理过程同基于竞争的随机接入过程。

3）随机接入响应

在 DL-SCH 传输的随机接入响应包括的信息有：

· 在一个或多个 TTI 里面和 msg1 半同步；

· 没有 HARQ；

· 定时校验（Timing Alignment）信息和用于交换的初始 UL_grant；

· 下行数据收到的定时校验信息；

· 随机接入前导身份标识；

· 一个 DL-SCH 信息供一个或多个 UE 使用；

· TDD msg1 配置。

8.1.3　寻呼流程

寻呼（Paging）消息由网络向空闲状态或连接状态的 UE 发起；寻呼消息会在 UE 注册的 TA 范围内的所有小区发送。发送寻呼消息有两种情况：

· 由核心网触发：通知 UE 接收寻呼请求（被叫，数据推送）；

· 由 eNB 触发：通知系统消息更新以及通知 UE 接收 ETWS 等信息。

寻呼的基本过程如下：

（1）在 S1AP 接口消息中，MME 对 eNB 发送寻呼消息，每个寻呼消息携带一个被寻呼的 UE 信息；

（2）eNB 读取寻呼消息中的 TA 列表，并在其下属于该列表内的小区进行空口寻呼；

（3）若之前 UE 已将 DRX 消息通过 NAS 告诉 MME，则 MME 会将该信息通过寻呼消息告诉 eNB；

（4）空口进行寻呼消息的传输时，eNB 将具有相同寻呼时机的 UE 寻呼内容汇总在一条寻呼消息里；

（5）寻呼消息被映射到 PCCH 逻辑信道中，并根据 UE 的 DRX 周期在 PDSCH 上发送。

由 eNB 触发的寻呼流程如图 8.10 所示。

图 8.10　eNB 触发的寻呼流程

核心网触发的寻呼流程如图 8.11 所示。

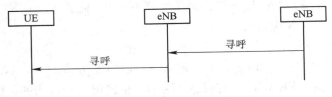

图 8.11　核心网触发的寻呼流程

8.2　LTE 移动性管理和连接性管理

移动性管理是蜂窝移动通信系统必备的机制，正是移动系统中用户能够随意改变其位置信息的特性，才带来了网络的移动性管理。它通过不同网元和终端的密切配合，完成了用户位置信息的实时上报和更新，完成了通话过程中的切换处理，从而保证了业务连续性，并提升了用户体验。

移动性管理包括空闲状态下的移动性管理和连接状态下的移动性管理，小区选择/重选属于空闲状态下的移动性管理。LTE 基本沿用 UMTS 的原则，仅修改了测量属性、小区选择/重选的准则等。切换属于连接状态下的移动性管理，LTE 系统内的切换采用网络控制、UE 协助的方式，且 LTE 的切换属于后向切换，即由源基站发起的切换过程，其特征是源基站主动将 UE 上下文发送给目标基站。

连接性管理是指 UE 与 eNB 以及 MME 之间的连通性管理，是建立 UE 与 MME 之间的专用连接，用以进行 UE 所需要的各项业务，并在业务完成后对专用连接进行释放的一系列过程。在 LTE 系统中，连接性管理包括控制面连接与用户面连接。

当 UE 因为某个原因（例如业务请求、位置更新或被寻呼）需要和网络建立连接时，UE 先要进行随机接入。随机接入过程完成后，开始建立从 UE 到 MME 的控制面连接，控制面连接包括 RRC 信令连接和专用 S1 连接。RRC 信令连接是 UE 与 eNB 之间的空口信令连接，专用 S1 连接是 eNB 与 MME 之间的信令连接。控制面连接完成后，如果 UE 此次连接请求的目的是业务请求，则 MME 触发 eNB 建立 E-RAB(E-UTRAN Radio Access Bearer，E-UTRAN 无线接入承载)，eNB 通过无线承载管理对承载进行建立、修改、释放等操作。

8.2.1　相关概念

1. 跟踪区和跟踪区列表

LA 是 GSM 时代和 UMTS 时代电路域的概念，一个位置区为终端当前注册的位置区，在 MSC/VLR 中都会保持记录。网络在呼叫终端时，先通过 HLR 查找到终端所在的 MSC/VLR，然后再从 MSC/VLR 中查找到终端所在的 LA，并将寻呼消息发送到该 LA 中的所有基站中。

TA 是 LTE/SAE 系统为 UE 的位置管理新设立的概念。TA 本质上和 LA 是一样的，TA 是 LTE 分组域的位置区。LTE 中主要是数据业务，当网络有下行数据的时候，PGW 下发数据到 SGW，然后 SGW 触发 MME 发起寻呼，MME 查找内存中保存的 UE 所在的跟踪区列表(TAI LIST)，然后将寻呼下发到终端。

　　LA 一般比 TA 大，因为 LTE 主要针对热点区域进行数据覆盖。在实际中，LTE 往往使用跟踪区列表的方法，即多个 TA 组成一个 TA 列表，同时分配给一个 UE，UE 在该 TA 列表内移动时不需要执行 TA 更新。TA 和 TA 列表的关系如图 8.12 所示。当 UE 进入不在其所注册的 TA 列表中的新 TA 区域时，需要执行 TA 更新，MME 为 UE 重新分配一组 TA，新分配的 TA 也可包含原有 TA 列表中的一些 TA。每个小区只属于一个 TA。终端注册到的是一个跟踪区列表，而在 GSM 或者 UMTS 电路域中，终端注册到的是一个 LA。

　　TA 和 LA 的联系体现在当终端支持联合附着或者位置更新的时候。当 TA 和 LA 处于同覆盖区时，终端和网络都支持联合附着或者位置更新；当 UE 注册到 TA 时，等同于注册到 LA；当 UE 注册到 LA 时，等同于注册到 TA。联合附着更新需要 MSC/VLR 和 MME 中的 SGs 接口的支持，这样做的好处是减少了重复注册，也减少了核心网中的信令。

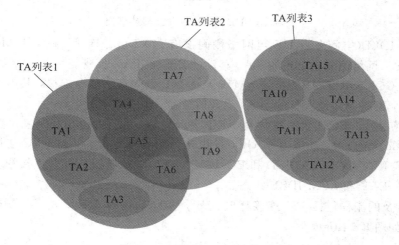

图 8.12　TA 和 TA 列表的关系

2. UE 状态集

　　在 LTE 中，基于 MME 中存储的信息为 UE 定义了两类状态集，即 EMM（EPS Mobility Management，EPS 移动性管理）和 ECM（EPS Connection Management，EPS 连接管理）。

　　EMM 状态描述的是 UE 在网络中的注册状态，表明 UE 是否已经在网络中注册。注册状态的转变是由移动性管理过程而产生的，比如附着过程和 TAU（Tracking Area Update，跟踪区更新）过程。EMM 分为已注册和未注册两种状态。ECM 描述的是 UE 和 EPC 间的信令连接性，它也有两种状态：空闲态（ECM-IDLE）和连接态（ECM-CONNECTED）。空闲态和连接态是 RRC 子层中的两种状态，建立了 RRC 连接就是连接态，释放了 RRC 连接就是空闲态，如果是脱网、关机、DETACHED（离线状态），就是 DEAD（在 RRC 中描述为 NULL）。

　　• EMM-DEREGISTERED（未注册）：MME 没有 UE 位置和路由信息，对 MME 而言 UE 不可达，但 UE 的上下文可存储在 MME 和 UE 中，避免每次鉴权和密钥协商。

　　• EMM-REGISTERED（已注册）：UE 能够使用那些需要在 EPS 登记的业务。MME

知道 UE 的位置信息（能够达到分配给 UE 的 TA 列表的精度），可执行 TA 更新、周期更新，响应寻呼，执行业务请求。处在该状态下的 UE 有 IP 地址。

　　• EMM 涉及的流程包括：附着（Attach），跟踪区更新（TAU），解附着（Detach）等。UE 的 EMM 状态转移模型如图 8.13 所示。

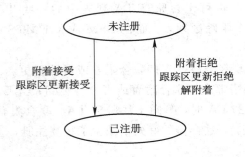

图 8.13　UE 的 EMM 状态转移模型

　　• ECM-IDLE（空闲态）：UE 与网络侧间没有 NAS 信令连接，在 E-UTRAN 中没有 UE 的上下文。网络侧知道 UE 的 TA，移动性管理由 TAU 实现。

　　• ECM-CONNECTED（连接态）：UE 与 MME 之间存在信令连接，其由 RRC 连接和 S1 连接组成，网络侧知道 UE 的小区，移动性管理由切换实现。

　　在实际应用中，ECM 状态往往用 RRC 状态代替。由于 NAS 信令包含在 RRC 信令（UE 和 eNode 之间）中，所以对于 UE，可以认为两者是等价的，即 RRC 连接建立之后，UE 就进入了 RRC-CONNECTED 和 ECM-CONNECTED 状态；RRC 连接释放后，UE 就进入了 RRC-IDLE 和 ECM-IDLE 状态。

　　ECM 涉及的流程包括：S1 连接释放、业务请求（Service Request）等。UE 的 RRC 状态转移模型如图 8.14 所示。

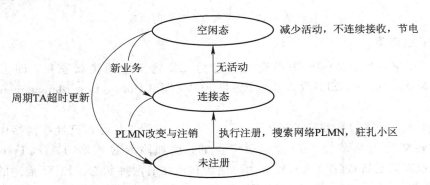

图 8.14　UE 的 RRC 状态转移模型

空闲态（RRC-IDLE）的特征总结如下：

　　• PLMN 选择；

　　• 系统信息广播；

　　• 不连续接收寻呼；

　　• 小区重选移动性；

　　• UE 和网络之间没有信令连接，在 E-UTRAN 中不为 UE 分配无线资源，并且没有建立上下文；

- UE 和网络之间没有 S1-MME 和 S1-U 连接；
- UE 在由下行数据到达时，数据应终止在 SGW，并由 MME 发起寻呼；
- 网络对应 UE 位置所知的精度为 TA 级别；
- 当 UE 进入未注册的新 TA 时，应执行 TA 更新；
- 应使用 DRX 等具有省电功能的模块。

连接态(RRC-CONNECTED)的特征总结如下：

- UE 有一个 RRC 连接；
- UE 在 E-UTRAN 中具有通信上下文；
- E-UTRAN 知道 UE 当前属于哪个小区；
- 网络和终端之间可以发送和接收数据；
- 网络控制的移动性管理，包括切换小区或者将网络辅助小区更改到 GERAN 小区；
- 可以测量相邻小区；
- 终端可以监听控制信道，以便确定网络是否为它配置了共享信道资源；
- eNB 可以根据终端的活动情况配置不连续接收(DRX)周期，可节约电池并提高无线资源的利用率。

8.2.2　小区选择/重选

1. 小区选择

小区选择一般发生在 PLMN 选择之后，它的目的是使 UE 在开机后尽可能选择一个信道质量满足条件的小区进行驻留。根据不同的场景，小区选择主要包括以下两大类。

1) 初始小区选择

在这种情况下，UE 没有存储任何先验信息可以帮助其辨识具体的 LTE 系统频率，因此，UE 需要根据其自身能力扫描所有的 TD-LTE 频带，以便找到一个合适的小区进行驻留。在每一个频率上，UE 只需要搜索信道质量最好的小区，一旦一个合适的小区出现，UE 会选择它进行驻留。

2) 基于存储信息的小区选择

在这种情况下，UE 已经存储了载波频率的相关信息，同时也可能包括一些小区的参数信息，例如，从先前收到的测量控制信息或者是从先前驻留/检测到的小区中得到。UE 会优先选择有相关信息的小区，一旦一个合适的小区出现，UE 会选择它并进行驻留。如果存储了相关信息的小区都不合适，UE 将发起初始小区选择。

UE 在 IDLE 模式下的状态和状态转移如图 8.15 所示。

在小区选择过程中，UE 需要对候选小区进行测量，以便进行信道质量评估，判断其是否符合驻留的标准。小区选择的准则被称为 S 准则，当某个小区的信道质量满足 S 准则之后，就可以被选择为驻留小区。

UE 在进行小区选择时，通过测量得到小区的 Qrxlevmeas(测量小区接收电平值)，通过小区的系统消息及自身能力等级获得 S 准则公式中的其他参数，计算得到 Srxlev(小区选择接收电平值)，然后与 0 进行比较，如果 Srxlev>0，则 UE 认为该小区满足小区选择的信道质量要求，可以选择其作为驻留小区。如果该小区的系统信息中允许驻留，那么

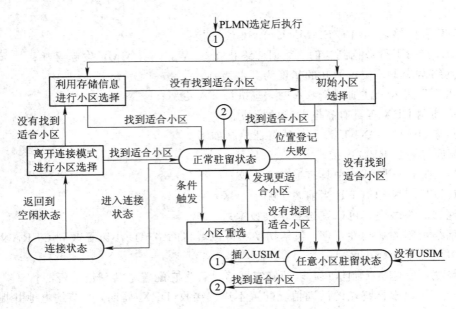

图 8.15　IDLE 模式下的状态和状态转移

UE 将选择在此小区上进行驻留，并进入空闲状态。

2. 小区重选

小区重选指 UE 在空闲模式下通过监测邻区和当前小区的信号质量，以选择一个最好的小区提供服务信号的过程。当邻区的信号质量及电平满足 S 准则且满足一定的重选判决准则时，终端将接入该小区驻留。UE 驻留到合适的 LTE 小区停留 1 s 后，就可以进行小区重选的过程。小区重选过程包括测量和重选两部分，终端根据网络配置的相关参数，在满足条件时发起相应的流程。在 LTE 中，SIB3～SIB8 全部为重选相关信息。

1）小区重选的分类

·系统内小区测量及重选，包括同频小区测量、重选，异频小区测量、重选；

·系统间小区测量及重选。

2）重选优先级

与 2G/3G 网络不同，LTE 系统中引入了重选优先级的概念。

·在 LTE 系统中，网络可配置不同频点或频率组的优先级，并通过广播在系统消息中告诉 UE，对应参数为 cellReselectionPriority，取值为 0～7；

·优先级配置单位是频点，因此在相同载频的不同小区具有相同的优先级；

·通过配置各频点的优先级，网络能更方便地引导终端重选到高优先级的小区进行驻留，以达到均衡网络负荷、提升资源利用率、保障 UE 信号质量等目的。

重选优先级也可以通过 RRC Connection Release（RRC 连接释放）消息告诉 UE，此时 UE 忽略广播消息中的优先级信息，以该信息为准。这样做的目的是使网络能主动引导 UE 进行系统间小区重选，完成 CS 域话音呼叫等业务。

8.2.3　Attach 流程

UE 开机后，先进行 PLMN 选择和小区选择操作，选择到一个合适小区或者可接受小区驻留后，开始执行 Attach 过程。Attach 过程完成 UE 在网络的注册，并完成核心网对该 UE 默认承载的建立。

Attach 流程如图 8.16 所示。

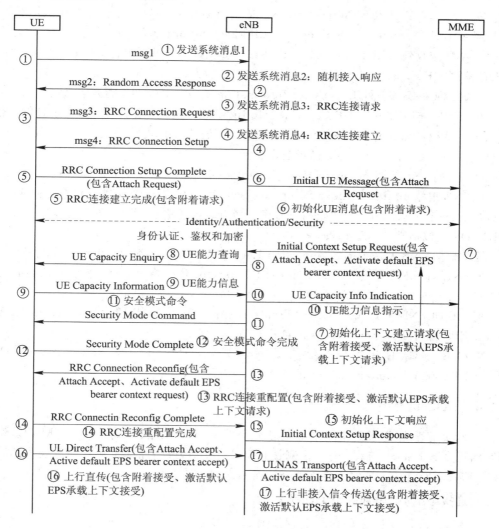

图 8.16　Attach 流程

Attach 流程说明如下：

① 处在 RRC_IDLE 态的 UE 执行 Attach 过程，首先发起随机接入过程，即 msg1 消息；

② eNB 检测到 msg1 消息后，向 UE 发送随机接入响应消息，即 msg2 消息；

③ UE 收到随机接入响应后，根据 msg2 的 TA 调整上行发送时机，向 eNB 发送 RRC Connection Request 消息；

④ eNB 向 UE 发送 RRC Connection Setup 消息，包含建立 SRB1 承载信息和无线资源配置信息；

⑤ UE 完成 SRB1 承载和无线资源配置，向 eNB 发送 RRC Connection Setup

Complete 消息，包含 NAS 层 Attach Request 消息；

⑥ eNB 选择 MME，向 MME 发送 Initial UE Message 消息，包含 NAS 层 Attach Request消息；

⑦ MME 向 eNB 发送 Initial Context Setup Request 消息，请求建立默认承载，包含 NAS 层 Attach Accept、Activate default EPS bearer context request 消息；

⑧ eNB 接收到 Initial Context Setup Request 消息，如果不包含 UE 能力信息，则 eNB 向 UE 发送 UE Capacity Enquiry 消息，查询 UE 能力；

⑨ UE 向 eNB 发送 UE Capacity Information 消息，报告 UE 能力信息；

⑩ eNB 向 MME 发送 UE Capacity Info Indication 消息，更新 MME 的 UE 能力信息；

⑪ eNB 根据 Initial Context Setup Request 消息中 UE 支持的安全信息，向 UE 发送 Security Mode Command 消息，进行安全激活；

⑫ UE 向 eNB 发送 Security Mode Complete 消息，表示安全激活完成；

⑬ eNB 根据 Initial Context Setup Request 消息中的 ERAB 建立信息，向 UE 发送 RRC Connection Reconfig 消息进行 UE 资源重配，包括重配 SRB1 和无线资源配置，建立 SRB2、DRB(包括默认承载)等；

⑭ UE 向 eNB 发送 RRC Connection Reconfig Complete 消息，表示资源配置完成；

⑮ eNB 向 MME 发送 Initial Context Setup Response 响应消息，表明 UE 上下文建立完成；

⑯ UE 向 eNB 发送 UL Direct Transfer 消息，包含 NAS 层 Attach Accept、Active default EPS bearer context accept 消息；

⑰ eNB 向 MME 发送 ULNAS Transport 消息，包含 NAS 层 Attach Accept、Active default EPS bearer context accept 消息。

8.2.4　Detach 流程

Detach 流程完成 UE 在网络侧的注销和所有 EPS 承载的删除，UE/MME/SGSN/ HSS 均可发起 Detach 流程。若网络侧长时间没有获得 UE 的信息，则会发起隐式的Detach 流程，即核心网将该 UE 的所有承载释放而不通知 UE。

1. 连接态下 UE 发起的 Detach 流程

连接态下 UE 发起的 Detach 流程如图 8.17 所示。

连接态下 UE 发起的 Detach 流程说明如下：

① 处在 RRC_CONNECTED 态的 UE 执行 Detach 过程，向 eNB 发送 ULNAS Transfer 消息，包含 NAS 层 Detach Request 信息；

② eNB 向 MME 发送 ULNAS Transport 消息，包含 NAS 层 Detach Request 信息；

③ MME 向 SGW 发送 Delete Session Request，以删除 EPS 承载；

④ SGW 向 MME 发送 Delete Session Response，以确认 EPS 承载删除；

⑤ MME 向 eNB 发送 DLNAS Transport 消息，包含 NAS 层 Detach Accept 消息；

⑥ eNB 向 UE 发送 DLNAS Transfer 消息，包含 NAS 层 Detach Accept 消息；

⑦ MME 向 eNB 发送 UE Context Release Command 消息，请求 eNB 释放 UE 上下文信息；

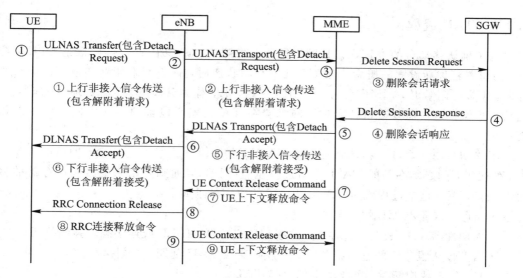

图 8.17　UE 发起的 Detach 流程

⑧ eNB 接收到 UE Context Release Command 消息，向 UE 发送 RRC Connection Release 消息，释放 RRC 连接；

⑨ eNB 释放 UE 上下文信息，向 MME 发送 UE Context Release Command 消息进行响应。

2. 连接态时 MME 发起的 Detach 流程

连接态时 MME 发起的 Detach 流程如图 8.18 所示。

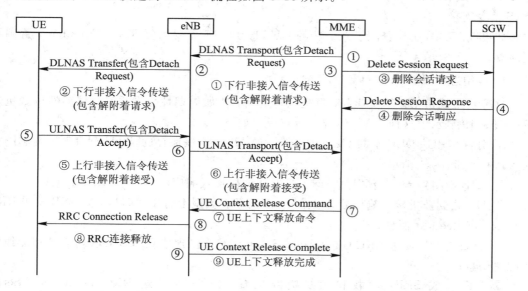

图 8.18　MME 发起的 Detach 流程

MME 发起的 Detach 流程与 UE 发起的流程类似，不同在于 Detach Request 由 MME 发起。

8.2.5　TAU 流程

为了确认移动台的位置，LTE 网络覆盖区将被分为许多个 TA，跟踪区是 LTE 系统为 UE 的位置管理新设立的概念。当 UE 处于空闲状态时，核心网络能够知道 UE 所在的跟踪区。UE 在附着时，MME 会为 UE 分配一组 TA，称为 TA 列表（长度为 1～16），并发送给 UE 保存。当需要寻呼 UE 时，网络会在 TA 列表所包含的小区内向 UE 发送寻呼消息。

当移动台由一个 TA 移动到另一个 TA 时，如果 TA 列表发生改变，即新的 TA 不在 TA 列表里，则必须在新的 TA 上重新进行位置登记，以通知网络来更改它所存储的移动台的位置信息，这个过程就是 TAU。TAU 的应用场景如下：

- 当前 TA 不在 UE 的 TA 列表里；
- 周期性 TAU，表明 UE 存在，网络配置定时器，IDLE 或连接态均强制执行；
- 当 UE 从服务区外返回服务区时，且周期性 TAU 到期，立刻执行；
- MME 负载均衡时，可要求 UE 发起 TAU；
- ECM-IDLE 状态下 UE 的 GERAN 和 UTRAN 无线能力发生变化；
- 从 UTRAN PMM CONNECTED 或 GPRS READY 状态通过小区重选进入 E-UTRAN 时。

TAU 按 UE 的状态可分为空闲态 TAU 和连接态 TAU 两种。

UE 在空闲状态下发生 TAU，如果同时有上行数据或者与 TAU 无关的上行信令发送，则 UE 可以在 TAU Request 消息中设置 "ACTIVE" 标识，来请求建立用户面资源，并且 TAU 完成后保持 NAS 信令连接。如果没有设置 "ACTIVE" 标识，则 TAU 完成后释放 NAS 信令连接。

如果 TAU Accept 分配了一个新的 GUTI，则 UE 需要回复 TAU Complete，否则不用回复。

1. 空闲态不设置 "ACTIVE" 的 TAU 流程

这种状态就是 UE 不做业务，只是位置更新，比如周期性位置更新、移动性位置更新等。图 8.19 显示了这种 TAU 流程。流程说明如下：

① 处在 RRC_IDLE 态的 UE 监听广播中的 TAI 不在保存的 TAU 列表时，发起随机接入过程，即 msg1 消息；

② eNB 检测到 msg1 消息后，向 UE 发送随机接入响应消息，即 msg2 消息；

③ UE 收到随机接入响应后，根据 msg2 的 TA 调整上行发送时机，向 eNB 发送 RRC Connection Request 消息；

④ eNB 向 UE 发送 RRC Connection Setup 消息，包含建立 SRB1 承载信息和无线资源配置信息；

⑤ UE 完成 SRB1 承载和无线资源配置，向 eNB 发送 RRC Connection Setup Complete 消息，包含 NAS 层 TAU Request 信息；

⑥ eNB 选择 MME，向 MME 发送 Initial UE Message 消息，包含 NAS 层 TAU Request消息；

⑦ UE 和 EPC 之间进行鉴权和加密过程；

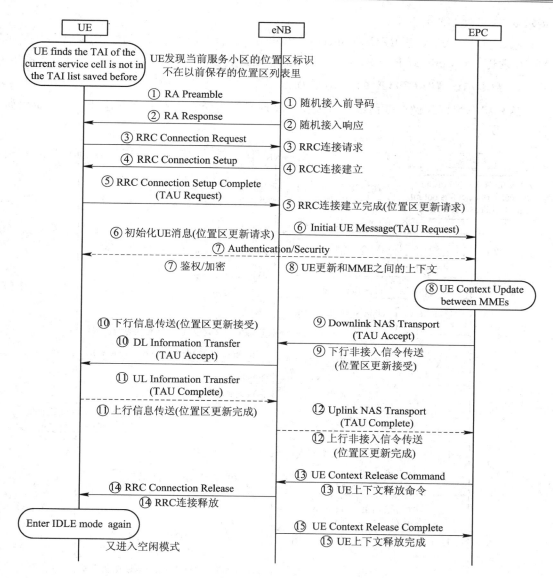

图 8.19 空闲态不设置"ACTIVE"的 TAU 流程

⑧ EPC 修改 UE 的上下文信息；

⑨ MME 向 eNB 发送 Downlink NAS Transport 消息，包含 NAS 层 TAU Accept 消息；

⑩ eNB 接收到 Downlink NAS Transport 消息，向 UE 发送 DL Information Transfer 消息，包含 NAS 层 TAU Accept 消息；

⑪ 在 TAU 过程中，如果分配了 GUTI，UE 才会向 eNB 发送 UL Information Transfer，包含 NAS 层 TAU Complete 消息；

⑫ eNB 向 MME 发送 Uplink NAS Transport 消息，包含 NAS 层 TAU Complete 消息；

⑬ TAU 过程完成释放链路，MME 向 eNB 发送 UE Context Release Command 消息

指示 eNB 释放 UE 上下文;

⑭ eNB 向 UE 发 送 RRC Connection Release 消息,指示 UE 释放 RRC 链路,并向 MME 发送 UE Context Release Complete 消息进行响应。

2. 空闲态设置"ACTIVE"的 TAU 流程

这种状态恰好为做业务前或承载发生改变时正好有位置更新命令。这种信令的流程如图 8.20 所示。

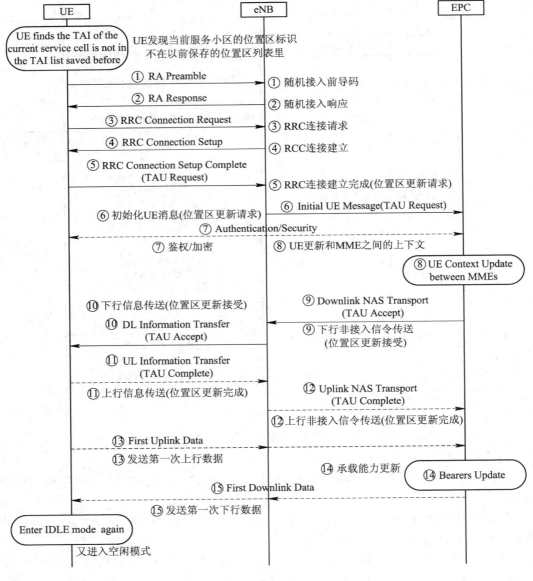

图 8.20 空闲态设置"ACTIVE"的 TAU 流程

空闲态设置"ACTIVE"的 TAU 流程说明如下:

①~⑫同 IDLE 态下发起的不设置"ACTIVE"标识的正常 TAU 流程相同;

⑬ UE 向 EPC 发送上行数据；

⑭ EPC 进行下行承载数据发送地址更新。

⑮ EPC 向 UE 发送下行数据。

3. 连接态的 TAU 流程

连接态的 TAU 流程如图 8.21 所示。

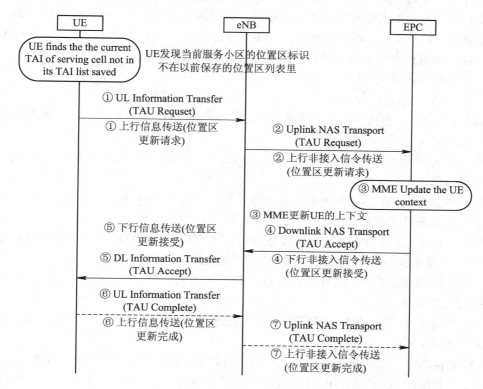

图 8.21　连接态的 TAU 流程

连接态的 TAU 流程说明如下：

① 处在 RRC_CONNECTED 态的 UE 进行 TAU 流程，向 eNB 发送 UL Information Transfer 消息，包含 NAS 层 TAU Request 信息；

② eNB 向 MME 发送上行直传 Uplink NAS Transport 消息，包含 NAS 层 TAU Request信息；

③ MME 进行 Update the UE Context，更新 UE 的上下文消息；

④ MME 向 eNB 发送下行直传 Downlink NAS Transport 消息，包含 NAS 层 TAU Accept 消息；

⑤ eNB 向 UE 发送 DL Information Transfer 消息，包含 NAS 层 TAU Accept 消息；

⑥ UE 向 eNB 发送 UL Information Transfer 消息，包含 NAS 层 TAU Complete 信息；

⑦ eNB 向 MME 发送上行直传 Uplink NAS Transport 消息，包含 NAS 层 TAU Complete 信息。

8.2.6　Handover 流程

1. 切换的概念和分类

切换是移动性管理的重点，属于连接态下的移动性管理。连接态的 UE 从一个小区移动到另外一个小区，为了保证数据业务的连贯性，保证用户体验正常，需要执行切换，即完成 UE 上下文的倒换和更新过程。引起切换的原因主要有四类：基于覆盖的切换、基于负荷的切换、基于业务的切换和基于 UE 移动速度的切换。基于覆盖的切换往往是为了解决用户在移动过程中业务的连续性，而基于负荷的切换往往是基于负荷状况触发的，以保证整个系统的性能最优。LTE 的切换为硬切换。

对于 LTE 网络系统内的切换，一般又可以分为以下三种：

（1）站内切换：连接态的 UE 从某基站的一个小区切换至另一个小区，即切换过程封闭在一个基站内。

（2）X2 站间切换：连接态的 UE 从某基站的一个小区切换至另一个基站的一个小区，这两个基站存在并配置了 X2 接口。

（3）S1 站间切换：连接态的 UE 从某基站的一个小区切换至另一个基站的一个小区，这两个基站未配置 X2 接口。

在 X2 接口数据配置完善且工作良好的情况下会发生 X2 切换，否则基站间就会发生 S1 切换。一般来说，X2 切换的优先级高于 S1 切换的优先级。

对于不同的切换类型，其基本执行过程都是一致的，可以分为测量上报、切换判决、切换执行三个阶段。

（1）测量阶段：UE 根据 eNB 下发的测量配置消息（RRC 重配）进行相关测量，并将测量结果上报给 eNB。

（2）判决阶段：eNB 根据 UE 上报的测量结果进行评估，决定是否触发切换。

（3）执行阶段：eNB 根据决策结果，控制 UE 切换到目标小区，并最终由 UE 完成切换。

几种切换类型中，站内切换最为简单，只是更新 Uu 口资源，源小区和目标小区的资源申请和释放都是通过 eNB 内部消息实现的，没有 eNB 之间的消息转发，没有 UE 的随机接入过程，也不需要与核心网有信令交互。

总之，LTE 中整个切换流程采用 UE 辅助网络控制的设计思路，基站下发测量控制；UE 进行测量上报；基站执行切换判决、资源准备、切换执行和原有资源释放。即当 UE 在 CONNECTED 模式下时，eNB 可以根据 UE 上报的测量信息来判决是否需要执行切换，如果需要切换，则发送切换命令给 UE，UE 执行切换动作并切换至目标小区。

2. 站内切换

当 UE 所在的源小区和要切换的目标小区同属一个 eNB 时，发生 eNB 内切换。eNB 内切换是各种情形中最为简单的一种，因为切换过程中不涉及 eNB 与 eNB 之间的信息交互，也就是 X2、S1 接口上没有信令操作，只是在一个 eNB 内的两个小区之间进行资源配置，所以基站在内部进行判决，并且不需要向核心网申请更换数据传输路径。eNB 发送 RRC Connection Reconfiguration 消息给 UE，该消息中携带切换信息 mobility ControlInfo，包含目标小区 ID、载频、测量带宽、给用户分配的 C-RNTI，通用 RB 配置信息（包括各信道的基本配置、上行功率控制的基本信息等），给用户配置 dedicated random access parameters 以避免用户接入目标小区时有竞争冲突。UE 会按照切换信息在新的小区接入，向 eNB 发送 RRC Connection Reconfiguration Complete 消息，表示切换完成，正常切入到新小区。

站内切换流程图如图 8.22 所示。

图 8.22　站内切换

3. X2 口切换流程

基于 X2 的 eNB 间切换的流程图如图 8.23 所示。

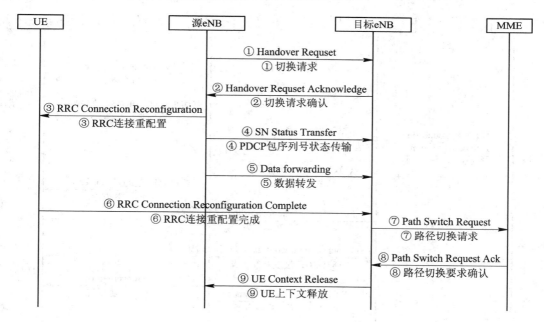

图 8.23　X2 口切换流程

当 eNB 收到测量报告，或是因为内部负荷分担等原因，触发了切换判决，就会通过 X2 口进行 eNB 之间小区的切换。流程说明如下：

① 源 eNB 通过 X2 接口给目标 eNB 发送 Handover Request 消息，包含本 eNB 分配的 Old eNB UE X2AP ID、MME 分配的 MME UE S1AP ID、需要建立的 EPS 承载列表以及每个 EPS 承载对应的核心网侧的数据传送的地址。目标 ENB 收到 Handover Request 后开始对要切换到的 ERABs 进行接纳处理。

② 目标 eNB 向源 eNB 发送 Handover Request Acknowledge 消息，包含 New eNB UE X2AP ID、Old eNB UE X2AP ID、目标侧分配的专用接入签名等参数。

③ 源 eNB 向 UE 发送 RRC Connection Reconfiguration，将分配的专用接入签名配置给 UE。

④、⑤ 源 eNB 将上下行 PDCP 的序号通过 SN Status Transfer 消息发送给目标 eNB。同时，切换期间的业务数据转发开始进行。

⑥ UE 在目标 eNB 接入，发送 RRC Connection Reconfiguration Complete 消息，表示 UE 已经切换到了目标侧。

⑦ 目标 eNB 给 MME 发送 Path Switch Request 消息，通知 MME 切换业务数据的接续路径，从源 eNB 到目标 eNB，消息中包含原侧的 MME UE S1AP ID、目标侧分配的 eNB UE S1AP ID、EPS 承载在目标侧将使用的下行地址。

⑧ MME 返回 Path Switch Request Ack 消息，表明目标侧下行地址接续已经完成，目标 eNB 保存消息中的 MME UE S1AP ID。

⑨ 目标 eNB 通过 X2 接口的 UE Context Release 消息释放掉源 eNB 的资源。

4. S1 口切换流程

基于 S1 的 eNB 间切换的流程图如图 8.24 所示。

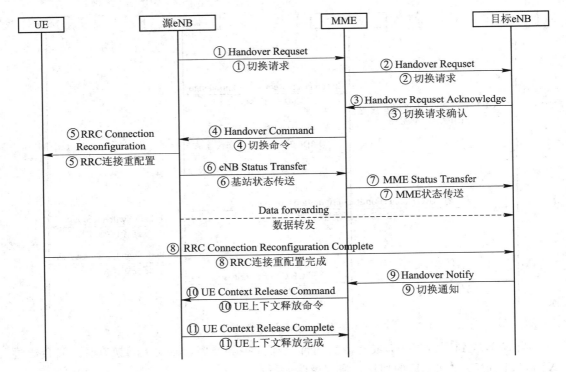

图 8.24　S1 口切换流程

当 eNB 收到测量报告，或是因为内部负荷分担等原因，触发了切换判决，进行 eNB 间小区间通过 S1 口的切换。流程说明如下：

① 源 eNB 通过 S1 接口的 Handover Request 消息发起切换请求，消息中包含 MME UE S1AP ID、源侧分配的 eNB UE S1AP ID 等信息。

② MME 向目标 eNB 发送 Handover Request 消息，消息中包括 MME 分配的 MME UE

S1AP ID、需要建立的 EPS 列表以及每个 EPS 承载对应的核心网侧数据传送的地址等参数。

③ 目标 eNB 分配资源后，进行切换的承载接纳处理，给 MME 发送 Handover Request Acknowledge 消息，包含目标侧分配的 eNB UE S1AP ID、接纳成功的 EPS 承载对应的 eNB 侧数据传送的地址等参数。

④ 源 eNB 收到从 MME 传来的 Handover Command 消息，获知接纳成功的承载信息以及切换期间业务数据转发的目标侧地址。

⑤ 源 eNB 向 UE 发送 RRC Connection Reconfiguration 消息，指示 UE 切换指定的小区。

⑥ 源 eNB 向 MME 传送 eNB Status Transfer 消息。

⑦ MME 向目标 eNB 传送 MME Status Transfer 消息，并将 PDCP 序号通过 MME 从源 eNB 传递到目标 eNB。

⑧ 目标 eNB 收到 UE 发送的 RRC Connection Reconfiguration Complete 消息，表明切换成功。

⑨ 目标侧 eNB 发送 Handover Notify 消息，通知 MME 目标侧 UE 已经成功接入。

⑩ MME 向源 eNB 发送 UE Context Release Command 消息。

⑪ 源 eNB 向 MME 发送 UE Context Release Complete 消息，释放无线侧资源。

8.2.7　Service Request 流程

1. UE 发起 Service Request 流程

UE 在 IDLE 状态下，需要发送数据业务时，会发起 Service Request 过程，在发起 Service Request 之前，仍然要执行随机接入过程，随机接入成功后，才开始 Service Request。该流程的目的是完成 Initial Context Setup，在 S1 接口上建立 S1 承载，在 Uu 接口上建立数据无线承载，打通 UE 到 EPC 之间的路由，为后面的数据传输做好准备。UE 发起的 Service Request 流程如图 8.25 所示。

Service Request 流程说明如下：

① 处在 IDLE 态的 UE 执行 Service Request 过程，发起随机接入过程，即 msg1 消息；

② eNB 检测到 msg1 消息后，向 UE 发送随机接入响应消息，即 msg2 消息；

③ UE 收到随机接入响应后，根据 msg2 的 TA 调整上行发送时机，向 eNB 发送 RRC Connection Request 消息，即 msg3 消息；

④ eNB 向 UE 发送 RRC Connection Setup 消息，包含建立 SRB1 承载信息和无线资源配置信息；

⑤ UE 完成 SRB1 承载和无线资源配置，向 eNB 发送 RRC Connection Setup Complete 消息，包含 NAS 层 Service Request 信息；

⑥ eNB 选择 MME，向 MME 发送 Initial UE Message 消息，包含 NAS 层 Service Request 消息；

⑦ UE 与 EPC 间执行鉴权流程，与 GSM 不同的是，4G 是双向鉴权流程，可提高网络安全能力；

⑧ MME 向 eNB 发送 Initial Context Setup Request 消息，请求建立 UE 上下文信息；

⑨ eNB 接收到 Initial Context Setup Request 消息，如果不包含 UE 能力信息，则 eNB 向 UE 发送 UE Capability Enquiry 消息，查询 UE 能力；

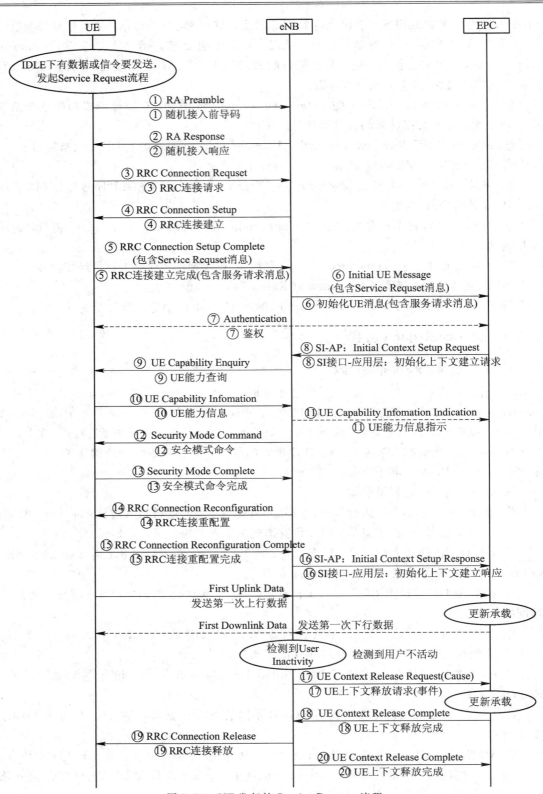

图 8.25　UE 发起的 Service Request 流程

⑩ UE 向 eNB 发送 UE Capability Information 消息，报告 UE 能力信息；

⑪ eNB 向 MME 发送 UE Capability Information Indication 消息，更新 MME 的 UE 能力信息；

⑫ eNB 根据 Initial Context Setup Request 消息中 UE 支持的安全信息，向 UE 发送 Security Mode Command 消息，进行安全激活；

⑬ UE 向 eNB 发送 Security Mode Complete 消息，表示安全激活完成；

⑭ eNB 根据 Initial Context Setup Request 消息中的 ERAB 建立信息，向 UE 发送 RRC Connection Reconfiguration 消息进行 UE 资源重配，包括重配 SRB1 和无线资源配置，建立 SRB2 信令承载、DRB 业务示载等；

⑮ UE 向 eNB 发送 RRC Connection Reconfiguration Complete 消息，表示资源配置完成；

⑯ eNB 向 MME 发送 Initial Context Setup Response 响应消息，表明 UE 上下文建立完成（流程到此时完成了 Service Request，随后进行数据的上传与下载）；

⑰ 信令 17~20 是数据传输完毕后对 UE 的去激活过程，涉及 UE Context Release 流程。

2. 网络发起的 Service Request

当下行数据到达时，网络侧先对 UE 进行寻呼，随后 UE 发起随机接入过程，然后发起 Service Request 过程，如图 8.26 所示。

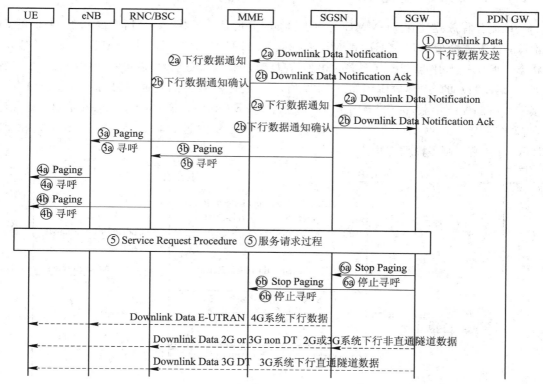

图 8.26　网络发起的 Service Request 流程

Service Request 流程说明如下：

① 来自外部网络的下行数据 Downlink Data，通过 PDN GW 发送到 SGW；

②a SGW 向 MME 发送 Downlink Data Notification 消息，通知有数据要传送给某个 UE（如果 UE 处在 2G 或者 3G 模式下，则 SGW 向 SGSN 发送 Downlink Data Notification 消息）；

②b MME 给 SGW 回复 Downlink Data Notification Ack 消息，告知 SGW 已经收到了该消息（如果 UE 处在 2G 或者 3G 模式下，则由 SGSN 给 SGW 回复 Downlink Data Notification Ack 消息）；

③a MME 向属于同一个 TA 列表的 eNB 发送 Paging 消息，寻找要接收数据的 UE；

③b 如果 UE 处于 2G 或者 3G 模式下，Paging 消息则由 SGSN 发送给 RNC/BSC；

④a eNB 向 UE 下发 Paging 消息；

④b 如果 UE 处于 2G 或者 3G 模式下，由 RNC/BSC 向 UE 下发 Paging 消息；

⑤ 进入服务处理过程，UE 接受寻呼消息，确认是发给自己的数据；

⑥a 如果 UE 处于 2G 或者 3G 模式下，则 SGW 向 SGSN 发送 Stop Paging 消息，停止寻呼。

⑥b SGW 向 MME 发送 Stop Paging 消息，停止寻呼。

之后进入数据传送过程，UE 开始从 SGW 接收数据。如果 UE 处于 2G 或者 3G 模式下，则可以通过 DT（Direct Tunnel，直通隧道）或者 non DT（no Direct Tunnel，非直通隧道）两种方式接收数据。

8.2.8　S1 Release 流程

该流程释放建立在 S1-MME 上的逻辑 S1AP 的信令连接，释放所有的基于 S1-U 的 S1 承载；该流程会使 UE 在 UE 和 MME 中从 ECM-CONNECTED 状态迁移到 ECM-IDLE 状态，所有 eNB 中与 UE 上下文的相关信息将被删除。该过程可以由不同的网元触发，例如由 eNB 触发的 S1 释放流程如图 8.27 所示。如果 eNB 检测发现需要与手机断开信令连接和所有的无线承载，eNB 会向 MME 发送 S1 UE Context Release Request 消息，并且包含释放原因。第一步只是考虑 eNB 初始化 S1 释放的过程，如果是 MME 初始化 S1 Release 过程，则不需要考虑这一步。

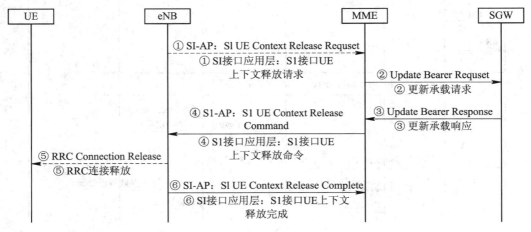

图 8.27　S1 接口释放流程

S1 接口释放流程：

① eNB 通过 S1 接口应用层向 MME 发送 S1 UE Context Release Request 消息，请求释放上下文信息；

② MME 收到 S1 UE Context Release Request 消息后，接着向 SGW 发送 Update Bearer Request 消息，请求更新承载信息；

③ SGW 更新承载消息后，接着给 MME 回复一个 Update Bearer Response 消息，告知 MME 承载信息更新完成；

④ MME 通过 S1 接口的应用层向 eNB 发送 S1 UE Context Release Command 消息，要求 eNB 释放 S1 口上下文资源；

⑤ 接着 eNB 向 UE 发送 RRC Connection Release 消息，要求 UE 释放无线链路资源；

⑥ UE 无线链路资源释放完成后，eNB 通过 S1 接口应用层向 MME 回复 S1 UE Context Release Complete 消息，上下文释放完成。

8.3   LTE 会话管理

会话管理是为用户面数据的传输服务的，相当于为用户面的传输打通了一条 GTP 隧道。隧道就是只要知道出入口，就可以找到通路。比如为 eNB 和 SGW 之间或者 SGW 和 PGW 之间打通一条隧道，那么用户面的数据就可以直接在这条隧道上传输。

会话管理主要包括以下流程：Attach(会话上下文建立部分)、Dedicated Bearer Activate (专有承载激活)、PDN connectivity(PDN 连接)、Deactivate(去活)、Update(修改)。

8.3.1   承载的概念

在 LTE 系统中，一个 UE 到一个 PGW 之间的具有相同 QoS 服务类型的业务流称为一个 EPS 承载。在 EPS 承载中，UE 到 eNB 空口之间的一段称为无线承载 RB；eNB 到 SGW 之间的一段称为 S1 承载。无线承载与 S1 承载统称为 E-RAB(E-UTRAN Radio Access Beared，无线接入承载)。承载的位置关系如图 8.28 所示。

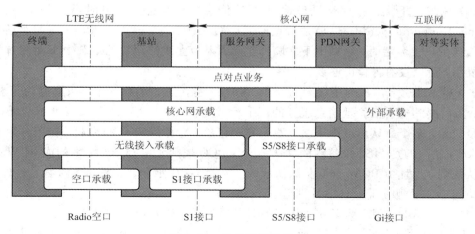

图 8.28   承载的位置关系

根据承载的内容不同，无线承载分为 SRB。

SRB 是承载控制面的信令数据，根据承载的信令不同，可分为以下三类：

(1) SRB0：承载 RRC 连接建立之前的 RRC 信令，通过 CCCH 逻辑信道传输，在 RLC 层采用 TM；

(2) SRB1：承载 RRC 信令(可能会携带一些 NAS 信令)和 SRB2 建立之前的 NAS 信令，通过 DCCH 逻辑信道传输，在 RLC 层采用 AM；

(3) SRB2：承载 NAS 信令，通过 DCCH 逻辑信道传输，在 RLC 层采用 AM。SRB2 的优先级低于 SRB1 的，且安全模式完成后才能建立 SRB2。

DRB 承载用户面数据，根据 QoS 的不同，UE 与 eNB 之间最多可建立 8 个 DRB。根据用户业务需求和 QoS 的不同，DRB 可以分为 GBR/Non-GBR 承载或者默认承载/专用承载(可以将承载理解为"隧道"、"专有通道"、"数据业务链路")，其解释如下：

(1) GBR/Non-GBR 承载：在承载建立或修改过程中，通过如 eNB 接纳控制等功能永久分配专用网络资源给某个保证比特速率的承载，可以确保该承载的比特速率。否则，不能保证承载的速率不变的则是一个 Non-GBR 承载。

(2) 默认承载(Default Bearer)：一种满足默认 QoS 的数据和信令的用户承载，提供"尽力而为"的 IP 连接。默认承载为 Non-GBR 承载，是 UE 接入网络时首先建立的承载，该承载在整个 PDN 连接周期都会存在，并为 UE 提供到 PDN 的"永远在线"的 IP 连接。

(3) 专用承载：对某些特定业务所使用的 SAE 承载。一般情况下，专用承载的 QoS 比默认承载的高，专用承载可以是 GBR 承载或 Non-GBR 承载。

8.3.2　会话管理的一些基本概念

会话管理中有许多重要的概念，这些概念对理解会话管理具有非常重要的意义，包括：

(1) MM 上下文：类似于一个数据库，存储一些移动性管理相关的信息，如鉴权向量、位置信息、IMSI、MSISDN、UE 网络能力、部分签约数据等。用户分离后，MM 上下文可能会保留一段时间，这样做是为了用户再次附着时减少部分消息的交互，比如鉴权向量。

(2) 承载上下文：存储会话管理相关的信息，比如建立隧道时需要的信息，TEID (Tunnel Endpoint Identifier，隧道端点标识)、QoS、APN、PDN Address 等与会话相关的信息。当用户去激活时，承载上下文随即删除，因为去激活用户的承载上下文没有信息需要被复用，所以没有保留的必要。

(3) 默认承载：用户为了接入一个 PDN 网络建立的一个承载上下文，是为了获取 IP 地址、为后续其他会话管理消息服务的一个承载上下文。一般情况下，该承载上下文的服务质量较差，多个默认承载上下文共享带宽；它是一个永久有效的承载，在用户附着时建立。APN 使用的是 HSS 中签约的默认 APN，PCC 规则使用 PCRF 下发的或 PGW 上配置的默认规则，地址由 PGW 分配。默认承载一定是 GBR 承载，一般是低带宽、低时延，可用于访问 DHCP 服务器、IMS 注册等。

(4) 专有承载：用户为了获取较好的服务质量用于进行特殊的数据业务，如 VoIP、流媒体、FTP 等对速率要求较高的业务。当然，也可以建立 QoS 质量一般的专有承载。专有承载可能专享带宽，也可能与默认承载共享带宽。它是在默认承载建立后根据用户或应用层需要而建立的，可以由网络侧或 MS 发起，是在默认承载的基础上建立的到同一 PDN 的不同 QoS 的承载，可以是 GBR 承载或非 GBR 承载。专有承载一定是挂靠在默认承载之下的，如果默认承载被删除，那么其下的专有承载也一定会被删除。

（5）PDN Type：用于分配给 UE 的地址类型，主要包括 IPv4、IPv6、IPv4v6。

（6）PDN 地址：分配给 UE 用的 IP 地址，分为静态地址和动态地址。静态地址需在 HSS 里签约，动态地址由网络分配。

其中，地址分配共有四种分配方式：

• HPLMN(Home Public Land Mobile Network，本地公用陆地移动网络)分配的静态地址；

• HPLMN 分配的动态地址，具体由 PGW 分配；

• VPLMN(Virtual Public Land Mobile Network，虚拟公共陆上移动网)分配的动态地址，具体由 PGW 分配；

• 由外网 PDN 网络分配的动态地址，包括 DHCP 分配、RADIUS (Remote Authentication Dial In User Service，远程用户拨号认证系统)分配、DHCP relay(Dynamic Host Configuration Protocol Relay，动态主机分配协议中继)分配等。

（7）APN：用于 MME 查找 PGW 以及表示使用何种外部网络，由 NI (Network Identifier，网络标识)＋OI(Operator Identifier，运营商标识)组成，例如"label1. label2. label3. apn. epc. 3gpp. mncxxx. mcc xxx. 3gppnetwork. org"。APN 的前三部分是 NI，后面为 OI，如 normal. PGW. com. apn. epc. 3gpp. mnc003. mcc460. 3gppnetwork. org。同时，EPC 的各网元也兼容 3G 的 APN 格式，如 label1. label2. label3. mncxxx. mccxxx. gprs。

（8）APN 选择与检查：在 MME 中进行，涉及如何选择 APN 和检查 APN 的合法性。

（9）隧道概念：用于传输 GTP 信令或数据的通道，分为控制面隧道和用户面隧道。控制面隧道走信令消息，用户面隧道走数据消息。

（10）TEID：隧道端点标识，用于标识 GTP 隧道的端点，由各自的网元自己分配，再带给对端。

（11）EBI(EPS Bearer ID，EPS 承载 ID)：标识用户的承载上下文或隧道，范围为 5～15，因此一个用户最多能激活 11 个承载上下文。该标识由 MME 统一分配。

（12）LBI(Link EPS Bearer ID，关联 EPS 承载 ID)：被关联的默认承载的 EPS 承载 ID，在激活专有承载时用到。

（13）QoS：服务质量。通过一系列参数表示用户能使用多大的带宽、优先级、资源等，由网络进行管理，如 HSS 或者 PCRF。

（14）TFT(Traffic Flow Template，业务流模板)：一般由地址、源端口、目的端口、协议类型、优先级、方向等一些网络参数组成。TFT 的作用主要体现在专有承载中，当 UE 想要发送或者 PGW 接收到数据报文，想要选择走专有承载或者是默认承载时使用。在专有承载建立时，分别在 UE 建立一个上行 TFT、在 PGW 建立一个下行 TFT，当数据报文符合这些 TFT 时，走专有承载；不符合时，走默认承载。

8.3.3　承载 QoS 控制

QoS 控制粒度都是基于承载的，即相同承载上的所有数据流将获得相同的 QoS 保障，如调度策略、缓冲队列管理、链路层配置等，不同的 QoS 保障需要不同类型的 EPS 承载来提供。一个承载一般包括一个或者多个 SDF(Service Data Flow，业务数据流)。对于 QoS 的动态控制，使用 PCC 机制，取消了 QoS 协商机制。

授权 QoS 参数被分成了多个级别，用 QCI 来标识，即一个 QCI 就代表一套 QoS 参数。QCI 的范围为 1~9，分两类：Non-GBR 的 QCI 为 5~9，GBR 的 QCI 为 1~4。

标准化的 QCI 特性如表 8.1 所示。

表 8.1 QCI 特性

服务类型名称	包时延估算/ms	丢包率	业务举例
1 (GBR)	< 50	High（例如 10^{-1}）	Realtime Gaming(实时游戏)
2 (GBR)	50(80)	Medium(例如 10^{-2})	VoIP(IP 语音)
3 (GBR)	90	Medium（例如 10^{-2}）	Conversational Packet （会话） Switched Video(交换视频)
4 (GBR)	250	Low（例如 10^{-3}）	Streaming(媒体流)
5 (Non-GBR)	Low（~50）	例如 10^{-6}	IMS Signalling(IMS 信令)
6 Nnon-GBR)	Low（~50）	例如 10^{-3}	Interactive Gaming(互动游戏)
7 (Non-GBR)	Medium(~250)	例如 10^{-4}	TCP interactive(互动 TCP 流)
8 (Non-GBR)	Medium(~250)	例如 10^{-6}	Preferred TCP bulk data(批量数据传输)
9 (Non-GBR)	High（~500）	n. a.	Best effort TCP bulk data(尽力而为的数据传输)

8.3.4 主要流程

承载的流程如表 8.2 所示。

表 8.2 承载的流程

承载操作	承载操作流程
承载激活	默认承载激活
	专用承载激活
	UE 请求承载资源分配
承载修改	PGW 发起的承载修改（承载 QoS 更新）
	MME 发起的承载修改（承载 QoS 更新）
	专用承载修改（非承载 QoS 更新）
承载去活	PGW 发起承载去活
	MME 发起专有承载去活
	UE 请求承载资源释放

1. 默认承载激活(PDN 连接)流程

默认承载激活流程如图 8.29 所示。默认承载激活流程说明如下:

① UE 向 MME 发送 PDN Connectivity Request 消息,发起数据业务;

② MME 向 SGW 发送 Create Session Request 消息,请求建立会话;

③ SGW 判断是网外数据业务,因此继续向 PDN-GW 转发 Create Session Request 消息,请求通过 PDN-GW 访问外网;

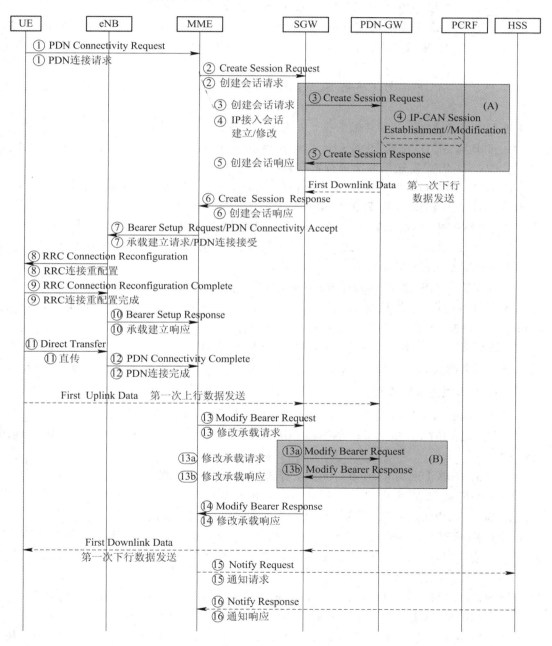

图 8.29　默认承载激活流程

④ PDN-GW 向 PCRF 发送 IP-CAN Session Establishment/Modification 消息，将 IP 接入会话执行承载策略和执行计费策略；

⑤ 策略执行完成之后，PDN-GW 给 SGW 回复 Create Session Response 消息，确认会话建立完成，接着由 PDN-GW 向 SGW 发送第一次下行数据；

⑥ SGW 向 MME 回复 Create Session Response 消息；

⑦ MME 向 eNB 发送 Bearer Setup Request/PDN Connectivity Accept 消息，通知基站 PDN-GW 连接已经建立了，需要在 SGW 和 eNB 之间建立承载；

⑧ eNB 向 UE 发送 RRC Connection Reconfiguration 消息，要求重新建立 RRC 连接；

⑨ UE 向 eNB 回复 RRC Connection Reconfiguration Complete 消息，确认 RRC 重建成功；

⑩ eNB 给 MME 回复 Bearer Setup Response 消息，确认响应了 MME 的承载建立要求；

⑪ UE 和基站之间开始传输数据，进入 Direct Transfer 直传状态；

⑫ eNB 向 MME 发送 PDN Connectivity Complete 消息，确认和 PDN-GW 建立连接成功，之后 UE 开始发送第一次上行数据到 PDN-GW；

⑬ MME 向 S-GW 发送 Modify Bearer Request 消息，请求修改承载方式；

⑬a SGW 向 PDN-GW 发送 Modify Bearer Request 消息；

⑬b PDN-GW 承载修改完成后，给 SGW 回复 Modify Bearer Response 消息；

⑭ SGW 给 MME 回复 Modify Bearer Response 消息，之后进入 PDN-GW 到 UE 的第一次下行数据发送过程中；

⑮ MME 向 HSS 发送 Notify Request 消息，请求 HSS 更新用户的承载信息；

⑯ HHS 接收消息后修改用户的承载数据，再同步，并给 MME 回复 Notify Response，告知 MME 已经修改完成用户的承载数据。

默认承载上下文激活流程是为了在 UE 和 EPC 之间建立一个默认 EPS 承载上下文，该流程由网络侧发起（图中的步骤③，④，⑤），作为 UE 请求 PDN 连接性请求的响应。

2. 默认承载去激活流程

默认承载去激活流程如图 8.30 所示。默认承载去激活流程如下说明：

⑴a UE 向 MME 发送 PDN Disconnection Request 消息，要求释放和 PDN-GW 之间的连接；

⑴b 之后 PDN DisconnectionTrigger，释放 PDN 连接的进程被触发；

② MME 向 SGW 发送 Delete Session Request 消息，请求释放会话；

③ SGW 向 PDN-GW 发送 Delete Session Request 消息，请求释放会话；

④ PDN-GW 向 SGW 回复 Delete Session Response 消息，确认收到了删除会话消息；

⑤ 接着 IP-CAN Session Termination，IP 会话中断，PCRF 服务器执行承载和计费策略；

⑥ SGW 向 MME 回复 Delete Session Response 消息，确认响应删除会话消息；

⑦ MME 向 eNB 发送 Deactivate Bearer Request 消息，请求 eNB 去激活承载；

⑧ eNB 向 UE 发送 RRC Connection Reconfiguration 消息，要求重新建立 RRC 连接；

⑨a UE 向 eNB 回复 RRC Connection Reconfiguration Complete 消息，确认 RRC 重建

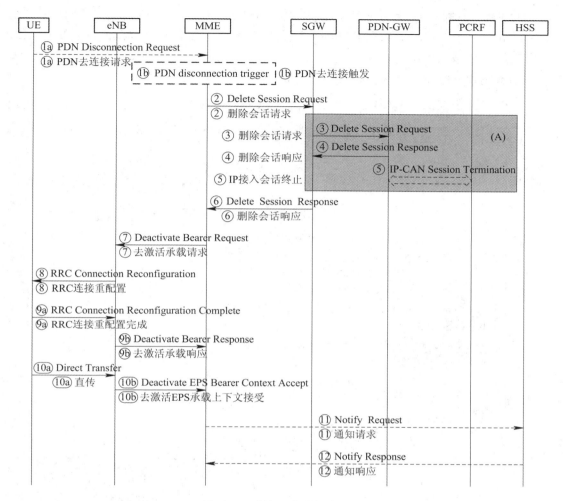

图 8.30　默认承载去激活流程

成功；

⑨b eNB 向 MME 回复 Deactivate Bearer Response 消息，确认已经去激活了 UE 和 eNB 之间的承载；

⑩a UE 和 eNB 之间进入 Direct Transfer 直传模式；

⑩b eNB 给 MME 回复 Deactivate EPS Bearer Context Accept 消息，确认已经去激活了 EPS 承载上下文信息；

⑪ MME 向 HSS 发送 Notify Request 消息，请求 HSS 更新用户的承载信息；

⑫ HHS 接收消息后修改用户的承载数据，再同步，并给 MME 回复 Notify Response，告知 MME 已经修改完成用户的承载数据。

UE 请求的 PDN 断开连接过程是 UE 断开一个 PDN 连接，且该 PDN 已建立的所有 EPS 承载上下文，包括默认承载都要释放。但断开后，UE 必须保证至少还有其他一个连接的 PDN，也就是说在这种情况下，UE 曾经至少有两个 PDN 连接存在。

UE 发送 PDN Disconnect Request 消息给 MME，并启动 T3492 定时器，该消息必须

包含该 PDN 的默认承载的 EPS 承载标识。MME 收到并接收该消息后，MME 发送 Deactivate EPS Bearer Context Request 消息（包含该 PDN 的默认承载标识和 PTI）给 UE，以启动 EPS 承载上下文去激活过程。

3. 专用承载建立流程

PDN-GW 发起的 E-RAB 建立流程如图 8.31 所示。

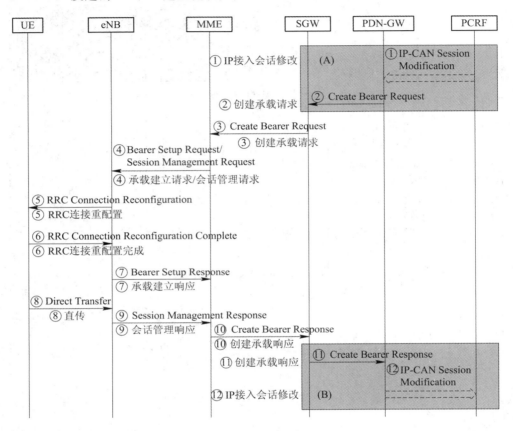

图 8.31 专用承载建立流程

专用承载建立过程如下：

① PDN-GW 根据 QoS 策略制定该 EPS 承载的 QoS 参数，PCRF 服务器给 PDN-GW 回送 IP-CAN Session Modification 消息，确定已经执行 PCRF 承载策略和计费策略；

② PDN-GW 向 SGW 发送 Create Bearer Request 消息，请求按照 QoS 策略建立承载；

③ SGW 向 MME 发送 Create Bearer Request 消息，请求按照 QoS 策略建立承载；

④ MME 向 eNB 发送 Bearer Setup Request/Session Management Request 消息，请求按照 QoS 策略建立承载，请求管理会话；

⑤ eNB 向 UE 发送 RRC Connection Reconfiguration 消息，要求重新建立 RRC 连接；

⑥ UE 向 eNB 回复 RRC Connection Reconfiguration Complete 消息，确认 RRC 重建成功；

⑦ eNB 向 MME 回复 Bearer Setup Response 消息，对 MME 的 Request 请求做出回应；

⑧ UE 和 eNB 之间进入 Direct Transfer 直传模式；

⑨ eNB 给 MME 回复 Session Management Response 信令，确认 eNB 和 MME 之间可以进行会话管理；

⑩ MME 给 SGW 回复 Create Bearer Response 消息，确认创建承载成功；

⑪ SGW 继续给 PDN-GW 回复 Create Bearer Response 消息，确认创建承载成功；

⑫ PDN-GW 给 PCRF 发送 IP-CAN Session Modification 信令，更新 PCRF 中的该用户的承载和计费数据。

4. 专用承载修改流程

E-RAB 修改过程由 MME 发起，用于修改已经建立承载的配置。PGW 发起承载修改请求，然后由 SGW 将其发给 MME。MME 向 eNB 发送 E-RAB 修改请求消息，修改一个或多个承载。E-RAB 修改列表信息包含每个承载的 QoS。eNB 接收到 E-RAB 修改请求消息后，修改数据无线承载，并返回 E-RAB 修改响应消息；E-RAB 修改列表信息中包含成功修改的承载信息，以及修改失败列表消息中包含没有成功修改的承载消息。

该流程必须在 CONNECTED 态下执行，UE 和 EPC 均可发起，eNB 不可发起。UE 发起时，EPC 可回复承载建立、修改、释放流程，分为修改 QoS 和不修改 QoS 两种类型。

场景 1：由于 QoS 更新触发的承载修改流程如图 8.32 所示。

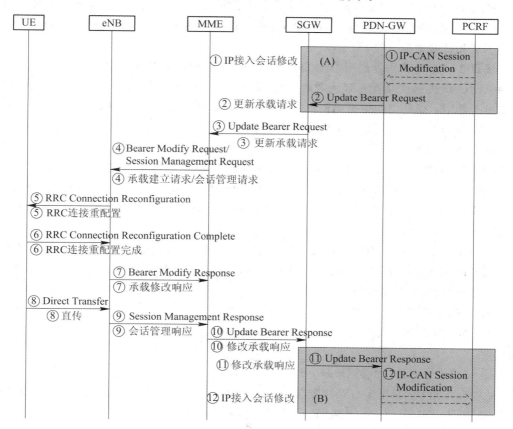

图 8.32　专用承载修改流程

信念流程如下：

① PDN-GW 根据 QoS 策略制定该 EPS 承载的 QoS 参数，PCRF 服务器给 PDN-GW 回送 IP-CAN Session Modification 消息，确定已经执行 PCRF 承载策略和计费策略；

② PDN-GW 向 SGW 发送 Update Bearer Request 消息，请求按照 QoS 策略更新承载；

③ SGW 向 MME 发送 Update Bearer Request 消息，请求按照 QoS 策略建立承载；

④ MME 向 eNB 发送 Bearer Modify Request/Session Management Request 消息，请求按照 QoS 策略修改承载，以及请求管理会话；

⑤ eNB 向 UE 发送 RRC Connection Reconfiguration 消息，要求重新建立 RRC 连接；

⑥ UE 向 eNB 回复 RRC Connection Reconfiguration Complete 消息，确认 RRC 重建成功；

⑦ eNB 向 MME 回复 Bearer Modify Response 消息，对 MME 的 Request 请求做出回应；

⑧ UE 和 eNB 之间进入 Direct Transfer 直传模式；

⑨ eNB 给 MME 回复 Session Management Response 信令，确认 eNB 和 MME 之间可以进行会话管理；

⑩ MME 给 SGW 回复 Update Bearer Response 消息，确认更新承载成功；

⑪ SGW 继续给 PDN-GW 回复 Update Bearer Response 消息，确认更新承载成功；

⑫ PDN-GW 给 PCRF 发送 IP-CAN Session Modification 信令，更新 PCRF 中的该用户的承载和计费数据。

场景 2：PDN-GW 发起不修改 QoS 的 E-RAB 修改流程如图 8.33 所示。这个流程用于为激活的默认承载或者专有承载更新 TFT，并与承载相对应，提供包过滤功能来选择对应的专有承载，或者用于更新 APN-AMBR，而需要 PGW 协商后应用的 APN-AMBR 会经过 SGW、MME、eNB 通知给 UE。

信令流程如下：

① PDN-GW 根据 QoS 策略制定该 EPS 承载的 QoS 参数，PCRF 服务器给 PDN-GW 回送 IP-CAN Session Modification 消息，确定已经执行 PCRF 承载策略和计费策略；

② PDN-GW 向 SGW 发送 Update Bearer Request 消息，请求按照 QoS 策略更新承载；

③ SGW 向 MME 发送 Update Bearer Request 消息，请求按照 QoS 策略建立承载；

④ MME 向 eNB 发送 Downlink NAS Transport 消息，向 eNB 发送下行非接入信令数据；

⑤ eNB 向 UE 直传数据；

⑥ UE 向 eNB 直传数据；

⑦ eNB 向 MME 发送 Uplink NAS Transport 消息，向 MME 发送上行非接入信令数据；

⑧ MME 给 SGW 回复 Update Bearer Response 消息，确认更新承载成功；

⑨ SGW 继续给 PDN-GW 回复 Update Bearer Response 消息，确认更新承载成功；

⑩ PDN-GW 给 PCRF 发送 IP-CAN Session Modification 信令，更新 PCRF 中的该用户的承载和计费数据。

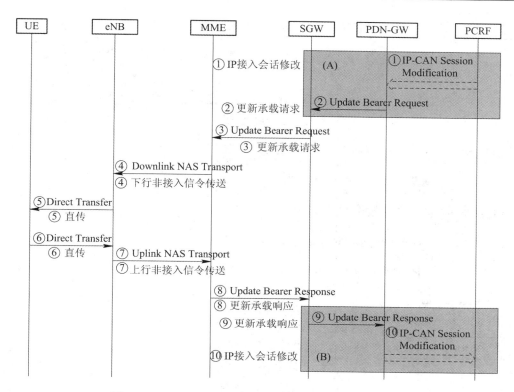

图 8.33　PDN-GW 发起 E-RAB 修改流程(不修改 QoS)

5. 专用承载删除(释放)流程

PDN-GW 和 MME 均可发起对 E-RAB 的释放流程。对于 PDN-GW 发起的承载释放,可释放专用承载或该 PDN 地址下的所有承载;而对于 MME 发起的承载释放,可释放某一专用承载,但不能释放该 PDN 下的默认承载。

PGW 或 MME 发起的释放过程中,MME 可向 eNB 发送 E-RAB 释放命令消息,释放一个或多个承载的 S1 和 Uu 接口资源。

eNB 接收到 E-RAB 释放命令消息后,释放每一个承载的 S1 接口资源、Uu 接口上的资源和数据无线承载。

UE 或 MME 均可发起对 PDN 连接释放的请求,此时可以删除该 PDN 下的专用承载(不包括默认承载)。

场景 1:PDN-GW 发起的承载释放流程。

没有动态 PCC 应用时,一些 QoS 策略(比如当前一些优先级高的用户业务带宽不能满足,可通过释放优先级低的用户承载资源来满足)可能触发此流程;从 3GPP 到非 3GPP 网络切换时可能触发此流程;对于一个紧急的 PDN 连接,当这个连接在配置的周期内无报文传输或者是被动态 PCC 触发时,会触发此流程。该流程如图 8.34 所示。

信令流程如下:

① PDN-GW 根据 QoS 策略制定该 EPS 承载的 QoS 参数,PCRF 服务器给 PDN-GW 回送 IP-CAN Session Modification 消息,确定已经执行 PCRF 承载策略和计费策略;

② PDN-GW 向 SGW 发送 Delete Bearer Request 消息,请求删除承载;

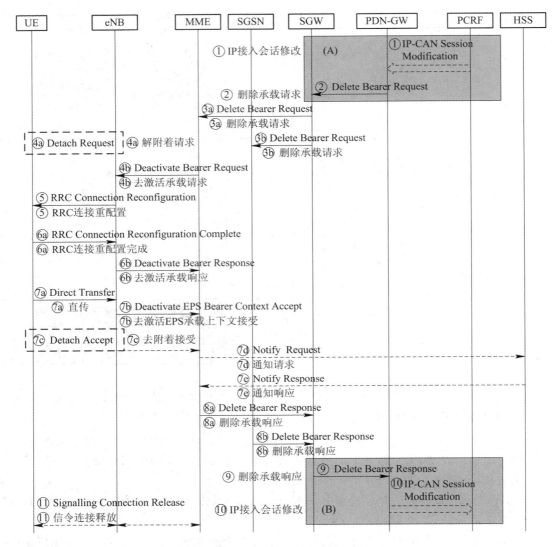

图 8.34　PDN-GW 发起的承载释放流程

③a SGW 向 MME 发送 Delete Bearer Request 消息，请求删除承载；

③b 如果是 UE 处于 2G 或者 3G 模式下，则 SGW 向 SGSN 发送 Delete Bearer Request 消息，请求删除承载；

④a MME 向 UE 发送 Detach Bearer Request 消息，发送解附着请求；

④b MME 向 eNB 发送 Deactivate Bearer Request 消息，请求去激活承载；

⑤ eNB 向 UE 发送 RRC Connection Reconfiguration 消息，要求重新建立 RRC 连接；

⑥a UE 向 eNB 回复 RRC Connection Reconfiguration Complete 消息，确认 RRC 重建完成；

⑥b eNB 向 MME 发送 Deactivate Bearer Response 消息，对 MME 发给它的 Request 消息进行回应；

⑦a UE 直传数据到 eNB；

⑦b eNB 向 MME 回复 Deactivate EPS Bearer Context Accept 消息，确认去激活 EPS 承载上下文信息；

⑦c UE 给 MME 发送 Detach Accept 消息，要求从 MME 中解附着；

⑦d MME 向 PCRF 发送 Notify Request 消息，告知 PCRF 服务器 UE 的要从 MME 中解附着；

⑦e PCRF 向 MME 回复 Notify Response 消息，告知已经同步 UE 状态信息，PCRF 中的 UE 信息已经是解附着状态；

⑧a MME 向 SGW 发送 Delete Bearer Response 消息；

⑧b 如果是 UE 处于 2G 或者 3G 模式下，则由 SGSN 向 SGW 发送 Delete Bearer Response 消息；

⑨ SGW 继续向 PDN-GW 发送 Delete Bearer Response 消息；

⑩ PDN-GW 给 PCRF 发送 IP-CAN Session Modification 信令，更新 PCRF 中的该用户的承载和计费数据；

⑪ UE 和 eNB 之间，eNB 和 MME 之间分别进行信令释放。

场景 2：MME 发起的承载释放流程。

MME 发起的承载删除只能删除专有承载，如果要删除默认承载，则 MME 使用 UE 或者 MME 请求 PDN 连接断开。触发条件是对异常的无线资源进行限制，无线环境不能让 eNB 继续维持分配的 GBR 承载连接。该流程如图 8.35 所示。

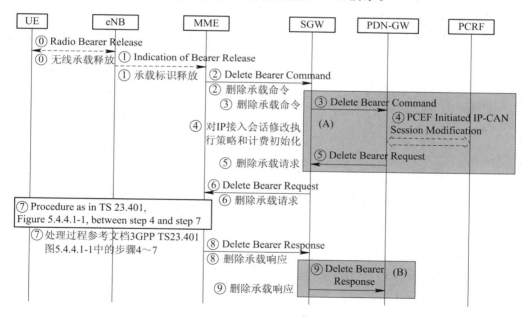

图 8.35　MME 发起的承载释放流程

关键信令流程如下：

⓪ eNB 向 UE 发送 Radio Bearer Release 消息，请求释放无线承载；

① eNB 向 MME 发送 Indication of Bearer Release 消息，指示需要释放的承载标识；

② MME 向 SGW 发送 Delete Bearer Command 消息，即删除承载的命令；

③ SGW 接着向 PDN-GW 发送 Delete Bearer Command 消息，即删除承载的命令；

④ PCRF 服务器初始化 IP 接入会话，并对会话的状态进行修改；

⑤ PDN-GW 向 SGW 发送 Delete Bearer Request 消息，请求删除承载；

⑥ SGW 接着向 MME 发送 Delete Bearer Request 消息，请求删除承载；

⑦ 接下来的处理过程可参考 3GPP 规范 TS 23.401 图 5.4.4.1-1 中处理步骤 4～7；

⑧ MME 向 SGW 回复 Delete Bearer Response 消息，确认删除承载成功；

⑨ SGW 向 PDN-GW 回复 Delete Bearer Response 消息，确认删除承载成功。

习　题

8-1　简述小区搜索的信令流程。

8-2　随机接入过程分为哪两种，它们之间的不同点是什么？

8-3　LTE 中，跟踪区和跟踪区列表的作用是什么？

8-4　UE 状态分为哪几种，它们之间是如何转移的？

8-5　简述 LTE 网络中 UE 附着和解附着的流程。

8-6　LTE 中，切换分为几种？哪一种是用户体验最好的？请简述这种切换流程。

8-7　LTE 中，用户面数据可以分配哪几种承载类型？

8-8　假设有语音、淘宝购物、网上视频三种用户数据，这三种数据分别用哪种用户面承载方式承载比较适合？

8-9　简述默认承载的激活流程。

第 9 章　第五代移动通信新技术

9.1　第五代移动通信技术概述

　　5G 是 IMT(International Mobile Telecommunications，国际移动通信)演进的下一个阶段，ITU 对其正式命名为 IMT-2020，IMT-Advanced 系统之后的系统即为"5G"。移动通信从 1G 到 4G，虽然速度不断提升，但是其核心仍然是人与人之间的通信。第五代移动通信技术将彻底颠覆这种格局，不仅速度相比 4G 网络可提升 10～100 倍，而且通信的对象不仅仅限于人与人，还包括人与物、物与物之间的通信，可实现真正的万物互联。

9.1.1　5G 的三种应用场景

　　2G、3G、4G 时代，从定义上来说没有应用场景的说法，即使已经有了远程抄表、共享单车、智能停车等此类的物联网应用，也没有把物联网应用单独拿出来定义为物联网应用场景。但是 5G 则不同，根据应用对 5G 网络不同的带宽、时延、连接数量的需求，5G 被定义包括三大主要的应用场景：

　　• **第一种场景**：eMBB(Enhanced Mobile BroadBand，增强移动宽带)，它主要是针对人与人、人与媒体的通信场景，核心是速率的提升。5G 标准要求单个 5G 基站至少能够支持 20 Gb/s 的下行速率以及 10 Gb/s 的上行速率，这个速度比 LTE-A 的 500 Mb/s 上行速率和 1 Gb/s 的下行速率提高了几十倍，适用于 4K/8K 超高清视频、VR/AR 等大流量应用。

　　• **第二种场景**：URLLC(Ultra Reliable & Low Latency Communication，超高可靠超低时延通信)，它主要是针对工业生产和工业控制的应用场景，强调较低的时延和较高的可靠性两个方面。URLLC 要求 5G 的端到端时延必须低于 1 ms(在目前已广泛部署的 4G 网络中，端到端时延为 50～100 ms，比 5G 时延约高一个数量级)，才能应对无人驾驶、智能工厂等低时延应用，而且这些业务对差错的容忍度非常小，需要通信网络非常稳定。

　　• **第三种场景**：mMTC(Massive Machine Type of Communication，大规模物联网)，它主要是针对人与物、物与物的互联。这种场景强调大规模的设备连接能力、处理能力以及低功耗能力，如连接能力能够达到 100 000 连接/扇区，至少 5 年以上的电池持续能力。

9.1.2　5G 的基本特点

　　5G 的特点主要包括以下几点。

　　1. 高速度

　　相对于 4G，5G 要解决的第一个问题就是高速度。网络速度提升，用户体验与感受才会有较大的提高，网络才能面对 VR 和超高清业务时不受限制，对网络速度要求很高的业务也才能被广泛推广和使用。因此，5G 的第一个特点就是定义了速度的提升。如上所述，5G 标准要求单个 5G 基站至少能够支持 20 Gb/s 的下行速率以及 10 Gb/s 的上行速率，当然这个速度是峰值速度，不是每一个用户的体验。这样一个速度，意味着用户可以每秒钟下载一部高清电影，也可能支持 VR 视频。

2. 低功耗

5G 要支持大规模物联网应用，就必须要有功耗的要求。物联网设备的电源的供应只能靠电池，如果通信过程中消耗大量的电量以至于不能够长时间地持续服务，那么物联网将很难应对各种复杂环境下的应用，会造成服务中断、维护艰难和费用昂贵等。而 5G 的物联协议中可剪裁的子载波宽度和空口参数集更加适合低功耗的应用。

3. 低时延

5G 的一个新场景是无人驾驶、工业自动化的高可靠连接。人与人之间进行信息交流，140 ms 的时延是可以接受的，但是如果这个时延用于无人驾驶、工业自动化则无法接受。5G 对于时延的最低要求是 1 ms，甚至更低，这就对网络提出了严酷的要求。要满足低时延的要求，需要在 5G 网络建构中找到各种办法，减少时延，因此边缘计算技术会被采用到 5G 的网络架构中。

4. 万物互联

接入到 5G 网络中的终端，不仅是我们的手机，还会有更多千奇百怪的产品，社会生活中大量以前不可能联网的设备也会进行联网工作，如汽车、井盖、电线杆、垃圾桶这些公共设施。5G 的远景是每一平方公里内可以支撑 100 万个移动终端。可以说，我们生活中的每一个产品都有可能通过 5G 接入网络。

5. 重构安全

5G 基础上建立的是智能互联网。智能互联网不仅是要实现信息传输，还要建立起一个社会和生活的新机制与新体系。安全是 5G 之后的智能互联网要求的第一位，设想如果 5G 建设起来却无法重新构建安全体系，那么就会产生巨大的破坏力。在 5G 的网络构建中，在底层就应该解决安全问题；从网络建设之初，就应该加入安全机制；信息应该加密；网络并不应该是开放的；对于特殊的服务需要建立起专门的安全机制。

9.1.3　5G 的关键技术

5G 作为新一代的移动通信技术，它既有从 4G 演进过来的技术，也有大量新的技术被应用在其中。其核心技术包括以下几个方面。

1. 基于 OFDM 优化的波形和多址接入

5G 采用基于 OFDM 的波形和多址接入技术。OFDM 技术被当今的 4G LTE 和 WiFi 系统广泛采用，因其可扩展至大带宽应用，而且具有高频谱效率和较低的数据复杂性，能够很好地满足 5G 要求。OFDM 技术家族可实现多种增强功能，例如通过加窗或滤波增强频率本地化、在不同用户与服务间提高多路传输效率，以及创建单载波 OFDM 波形，实现高能效上行链路传输。

2. 实现可扩展的 OFDM 间隔参数配置

通过 OFDM 子载波之间的 15 kHz 间隔，LTE 最高可支持 20 MHz 的载波带宽。为了连接尽可能丰富的设备，5G 将利用所有能利用的频谱，如毫米微波、非授权频段，即支持更丰富的频谱类型和部署方式，5G NR 将引入可扩展的 OFDM 间隔参数配置。这一点至关重要，因为当 FFT 为更大带宽时，必须保证不会增加处理的复杂性。而为了支持多种部署模式的不同信道宽度，5G NR 必须适应同一部署下不同的参数配置，在统一的框架下提高多路传输效率。另外，5G NR 也能跨参数实现载波聚合，比如聚合毫米波和 6 GHz 以下频段的载波。

3. OFDM 加窗提高多路传输效率

5G 将被应用于大规模物联网，这意味着会有数十亿设备在相互连接，5G 势必要提高多路传输的效率，以应对大规模物联网的挑战。为了相邻频带不相互干扰，频带内和频带外信号辐射必须尽可能小。OFDM 能实现波形后处理，如时域加窗或频域滤波，来提升频率局域化。

4. 灵活的框架设计

设计 5G NR 的同时，采用灵活的 5G 网络架构，可进一步提高 5G 服务多路传输的效率。这种灵活性既体现在频域上，更体现在时域上。5G NR 的框架能充分满足 5G 的不同服务和应用场景，包括 STTI(Scalable Transmission Time Interval，可扩展的时间间隔)和 Self-contained Integrated Subframe(自包含集成子帧)。

5. 先进的新型无线技术

5G 演进的同时，LTE 本身也还在不断进化，如已实现的千兆级 4G＋，5G 不可避免地要利用目前在 4G LTE 上使用的先进技术，如载波聚合、MIMO、非共享频谱等。此外，5G 还包括众多成熟的通信技术，具体介绍如下。

1) 大规模 MIMO

LTE 从 2×2 MIMO 提高到了 8×8 MIMO。更多的天线也意味着占用更多的空间，要在空间有限的设备中容纳进更多的天线显然不现实，因此只能在基站端叠加更多的 MIMO。从理论角度来看，5G NR 可以在基站端使用最多 256 根天线，而通过天线的二维排布，可以实现 3D 波束成形，从而提高信道容量和覆盖。

2) 毫米波

全新的 5G 技术正首次将大于 24 GHz 以上的频段应用于移动宽带通信，该频段通常称为毫米波。大量可用的高频段频谱可提供极致数据传输速度和容量，这将重塑移动体验。但毫米波的利用并非易事，使用毫米波频段传输更容易造成路径受阻与损耗。通常情况下，毫米波频段传输的信号甚至无法穿透墙体，此外，它还面临着波形和能量消耗等问题。

3) 频谱共享

用共享频谱和非授权频谱可将 5G 扩展到多个维度，从而实现更大容量、使用更多频谱、支持新的部署场景。这不仅将使拥有授权频谱的移动运营商受益，而且会为没有授权频谱的厂商创造机会，如有线运营商、企业和物联网垂直行业，使它们能够充分利用 5G NR 技术。5G 能够灵活兼容各种频谱。

4) 先进的信道编码设计

目前，LTE 网络的 Turbo 编码还不足以应对未来的数据传输需求，而 5G eMBB 场景下的数据编码采用了 LDPC(Low Density Parity Check，低密度奇偶校验)编码，信令编码采取了 Polar（极化）编码，这两种编码的效率远超 LTE 的 Turbo 编码。

5）超密集异构网络

5G 网络是一个超复杂的网络。在 2G 时代，几万个基站就可以对全国进行网络覆盖，而在 4G 时代中国的网络超过了 500 万个。5G 需要做到每平方公里支持 100 万个设备，这个网络必须非常密集，且需要大量的小基站来进行支撑。另一方面，一个网络中，不同的终端需要不同的速率、功耗，也会使用不同的频率，对于 QoS 的要求也不同。这样的情况下，网络很容易造成相互之间的干扰。

在这个超密集网络中，密集部署使得小区边界数量剧增，小区形状也不规则，不同业务在网络中的实现、各种节点间的协调方案、网络的选择以及节能配置方法等都会面临严重的考验，因此一个复杂的、密集的、异构的、大容量的、多用户的网络应保持平衡、稳定，且应减少干扰，这就需要不断地进行网络优化。

6）网络的自组织

在 5G 系统中，面对更加多样化的需要和指标，5G 系统采用了更加复杂的无线传输技术和融合的无线网络架构，融合了多种接入方式、多种制式、多种架构的异构网络，LTE、UMTS、WiFi 等多种制式网络将在 5G 中共存。因此，网络管理的复杂度远远高于现有网络的，而网络深度智能化成为保证 5G 网络性能的迫切需要，更加智能的 SON（Self Organizing Network，自组织网络）将成为 5G 不可或缺的又一关键技术。

SON 的思路是在网络中引入自组织能力，包括自配置、自优化、自愈合等，在越来越复杂的 5G 网络中，通过对大量 KPI（Key Performance Indicator，关键性能指标）和网络配置参数以及功能实体的智能管理，一方面可以降低网络运营商的网络运行开销，另一方面可以提高网络性能。在 5G 网络结构中，SON 可以看成是对传统的、靠人工管理的 OAM（Operation Administration and Maintenance，操作管理维护）的自动化升级。SON 对 OAM 的功能和架构有较大影响，它使得运营商在进行网络规划、网络配置及网络优化时具有更高的自动化程度。

7）网络切片

网络切片是一种特定的虚拟化形式，它允许多个逻辑网络在共享的物理网络基础设施之上运行。网络切片的关键优势在于它提供了一个端到端的虚拟网络，不仅包括网络，还包括计算和存储功能，目标是允许移动网络运营商划分其网络资源以允许不同的用户复用单个物理基础设施。网络切片的目的是为了能够在端到端的层面上对物理网络进行划分，以实现最佳流量分组，隔离其他租户，并在宏观层面配置资源。把运营商的物理网络切分成多个虚拟网络，每个网络适应不同的服务需求，这可以通过时延、带宽、安全性、可靠性来划分不同的网络，以适应不同的场景。通过网络切片技术在一个独立的物理网络上切分出多个逻辑网络，从而避免了为每一个服务建设一个专用的物理网络，这样可以大大节省部署的成本。

8）内容分发网络

在 5G 网络中会存在大量的复杂业务，尤其是一些音频、视频业务的大量出现，某些业务会出现瞬时爆炸性的增长，这会影响用户的体验与感受。因此需要对网络进行改造，使网络适应内容爆发性增长的需要。

内容分发网络是在传统网络中添加新的层次，即智能虚拟网络。CDN（Content

Delivery Network，内容分发网络）系统综合考虑各节点的连接状态、负载情况以及用户距离等信息，通过将相关内容分发至靠近用户的 CDN 代理服务器上，实现用户就近获取所需的信息，使得网络拥塞状况得以缓解，还可以缩短响应时间，提高响应速度。

源服务器只需要将内容发给各个代理服务器，便于用户从就近的带宽充足的代理服务器上获取内容，以降低网络时延并提高用户体验。CDN 技术的优势正是为用户快速地提供信息服务，同时有助于解决网络拥塞问题。CDN 技术成为 5G 必备的关键技术之一。

9）设备到设备通信

D2D（Device-to-Device，设备到设备）是一种基于蜂窝系统的近距离数据直接传输技术。D2D 会话的数据直接在终端之间进行传输，不需要通过基站转发，而相关的控制信令，如会话的建立、维持、无线资源分配以及计费、鉴权、识别、移动性管理等仍由蜂窝网络负责。蜂窝网络引入 D2D 通信，可以减轻基站负担，降低端到端的传输时延；可以提升频谱效率，降低终端发射功率。当无线通信基础设施损坏，或者在无线网络的覆盖盲区，终端可借助 D2D 实现端到端通信甚至接入蜂窝网络。在 5G 网络中，D2D 通信既可以在授权频段部署，也可在非授权频段部署。

10）边缘计算

边缘计算指在网络边缘节点来处理、分析数据，采用网络、计算、存储、应用核心能力为一体的开放平台，就近提供最近端服务。其应用程序在边缘侧发起，可产生更快的网络服务响应，同时满足行业在实时业务、应用智能、安全与隐私保护等方面的基本需求。如果数据都是要到云端和服务器中进行计算和存储，再把指令发给终端，5G 就无法实现低时延。边缘计算是要在基站上建立计算和存储能力，在最短的时间完成计算，并发出指令。边缘计算和云计算互相协同，它们彼此是优化补充的。云计算是一个统筹者，它负责长周期数据的大数据分析，能够在周期性维护、业务决策等领域运行；边缘计算着眼于实时、短周期数据的分析，可更好地支撑本地业务的及时处理执行。边缘计算靠近设备端，可为云端数据采集做出贡献，也可支撑云端应用的大数据分析；云计算也通过大数据分析输出业务规则下发到边缘处，以便执行和优化处理。

11）软件定义网络和网络虚拟化

5G 带来的不仅仅是更高的带宽和更低的时延，其灵活、敏捷、可管理等特性还将为运营商打造更多的创新服务，以更好地应对 OTT（Over the Top，互联网绕过运营商）的冲击。而 SDN（Software Defined Network，软件定义网络）将是实现这一切的基础，它改变了传统的一个应用一个硬件的"烟囱"架构。SDN 架构的核心特点是开放性、灵活性和可编程性，它主要分为三层：基础设施层位于网络最底层，包括大量基础网络设备，该层根据控制层下发的规则处理和转发数据；中间层为控制层，该层主要负责对数据转发面的资源进行编排，控制网络拓扑、收集全局状态信息等；最上层为应用层，该层包括大量的应用服务，通过开放的北向 API 对网络资源进行调用。NFV（Network Function Virtualization，网络功能虚拟化）作为一种新型的网络架构与构建技术，其倡导的控制与数据分离、软件化、虚拟化思想，为突破现有网络的困境带来了希望。

SDN 带来的敏捷特性可以更好地满足 5G 时代不同应用的不同需求，它可以使每一个应用都有特定的带宽、时延等。同时，IT 人员还能借助 SDN 的可编程性，将网络资源变成独立的、端到端的"切片"，包括无线、回程、核心和管理域。有了 SDN 架构的支撑，运营商可真正实现将网络作为一种服务，并在连续提供服务的同时有效地管理网络资源。SDN 还将为运营商提供最佳数据传输路径，进一步优化运营商的网络。综合来看，基于 SDN 构建的 5G 架构，将会进一步降低运营商的 CAPEX（Capital Expenditure，资本性支出）和 OPEX（Operating Expense，运营成本），让运营商有更多的资金去实现服务的创新，从而将网络真正转化为价值收益。

9.2　5G 的体系架构

2018 年 6 月 14 日，第五代移动通信技术标准 SA（Standalone，独立组网）功能在 3GPP 第 80 次 TSG RAN 全会（TSG♯80）正式冻结。加上 2017 年 12 月完成的 NSA（Non-Standalone，非独立组网）架构的 5G Release 15 早期版本，5G 已经完成了第一阶段全功能标准化工作，进入了产业全面冲刺新阶段。

相对于 4G 的核心网，5G 核心网架构云化和下移，首先是核心网从省网下沉到城域网，原先的 EPC 拆分成 NewCore（新核心网）和 MEC（Moving Edge Computing，移动边缘计算）两部分，前者云化布局在城域核心的大型数据中心，后者部署在城域汇聚或更低位置的中小型数据中心。因此，需要承载网提供更灵活的数据中心互联网络进行适配。

5G 的网络架构包含有独立的 SA 和与 4G 网络相结合的 NSA 两种：

（1）SA：新建 5G 网络，包括新基站、回程链路以及核心网。SA 引入了全新网元与接口的同时，还将大规模采用网络虚拟化、软件定义网络等新技术，并与 5G NR 结合。

（2）NSA：使用现有的 4G 基础设施，进行 5G 网络的部署。基于 NSA 架构的 5G 载波仅承载用户数据，其控制信令仍通过 4G 网络传输。运营商可根据业务需求确定升级站点和区域，不一定需要完整的连片覆盖。

从目前的情况来看，中国的运营商很有可能选择 SA 组网，因此，下面对 SA 组网模式的 5G 网络架构进行介绍。5G Release 15 中规定了非漫游参考架构和漫游参考架构的核心网架构，如图 9.1 和图 9.2 所示。

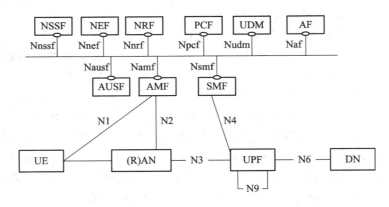

图 9.1　5G 网络非漫游架构

5G 系统架构由以下 NF（Network Function，网络功能）组成。

（1）AUSF（Authentication Server Function，认证服务器功能）。AUSF 支持 3GPP 接入和不受信任的非 3GPP 接入的认证。

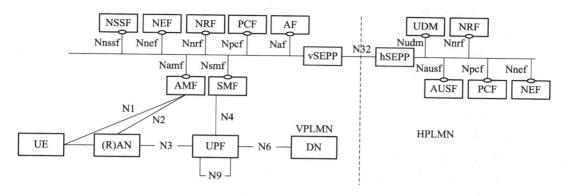

图 9.2　5G 系统漫游架构

（2）AMF(Access and Mobile Management Function，接入和移动管理功能)。AMF 包括以下功能：

- 终止 RAN CP 接口(N2)；
- 终止 NAS(N1)，NAS 加密和完整性保护；
- 注册管理；
- 连接管理；
- 可达性管理；
- 移动性管理；
- 合法截听；
- 为 UE 和 SMF 之间的 SM 提供传输；
- 用于路由 SM 消息的透明代理；
- 接入身份验证；
- 接入授权；
- 在 UE 和 SMSF 之间提供 SMS 消息的传输；
- 安全锚功能(SEAF)；
- 监管服务的定位服务管理；
- 为 UE 和 LMF 之间以及 RAN 和 LMF 之间的位置服务消息提供传输；
- 用于与 EPS 互通的 EPS 承载 ID 分配；
- UE 移动事件通知。

（3）DN(Data Network，数据网络)。例如运营商服务、互联网接入或第三方服务。

（4）UDSF(Unstructured Data Storage Function，非结构化数据存储功能)。UDSF 是一个可选功能，任何 NF 都可以将信息存储和检索为非结构化数据。

（5）NEF(Network Exposure Function，网络开放功能)。NEF 支持以下独立功能：

- 能力和事件的开放；
- 从外部应用流程到 3GPP 网络的安全信息提供；
- 内部-外部信息的翻译；
- 从其他网络功能接收信息(基于其他网络功能的公开功能)。

（6）NRF(Network Repository Function，网络存储库功能)。NRF 支持以下功能：

① 支持服务发现功能。从 NF 实例接收 NF 发现请求,并将发现的 NF 实例的信息提供给 NF 实例。

② 维护可用 NF 实例及其支持服务的 NF 配置文件。在 NRF 中维护的 NF 实例的 NF 概况包括以下信息:

- NF 实例 ID;
- NF 类型;
- PLMN ID;
- 网络切片相关标识符;
- NF 的 FQDN(Fully Qualified Domain Name,完全限定域名)或 IP 地址;
- NF 容量信息;
- NF 特定服务授权信息;
- 支持的服务的名称;
- 每个支持的服务其实例的端点地址;
- 识别存储的数据/信息;

(7) NSSF(Network Slice Selection Function,网络切片选择功能)。NSSF 支持以下功能:

- 选择为 UE 提供服务的网络切片实例集;
- 确定允许的 NSSAI(网络切片选择信息),并在必要时确定到用户的 S-NSSAI 的映射;
- 确定已配置的 NSSAI,并在需要时确定到用户的 S-NSSAI 的映射;
- 确定 AMF 基于服务 UE,或者基于配置,可通过查询 NRF 来确定候选 AMF 列表。

(8) PCF(Policy Control Function,控制策略功能)。PCF 包括以下功能:

- 支持统一的策略框架来管理网络行为;
- 为控制平面功能提供策略规则以强制执行它们;
- 访问与统一数据存储库 UDR 中的与策略决策相关的用户信息。

(9) SMF。SMF 包括以下功能:

- 会话管理,例如会话建立、修改和释放,包括 UPF 和 AN 节点之间的通道维护;
- UE IP 地址分配和管理;
- DHCPv4 和 DHCPv6 功能;
- SMF 通过提供与请求中发送的 IP 地址相对应的 MAC 地址来响应 ARP 和 IPv6 邻居请求;
- 选择和控制 UP 功能,包括控制 UPF 代理 ARP 或 IPv6 邻居发现,或将所有 ARP/IPv6 邻居请求流量转发到 SMF,用于以太网 PDU 会话;
- 配置 UPF 的流量控制,将流量路由到正确的目的地;
- 终止接口到策略控制功能;
- 合法截听,用于 SM 事件和 LI 系统的接口;
- 收费数据收集和支持计费接口;
- 控制和协调 UPF 的收费数据收集;
- 终止 SM 消息的 SM 部分;
- 下行数据通知;
- AN 特定 SM 信息的发起者,特定信息通过 AMF 功能中的 N2 发送到 AN;
- 确定会话的 SSC 模式;

- 漫游功能；
- 处理本地实施以应用 QoS SLA)；
- 计费数据收集和计费接口；
- 合法截听（在 VPLMN 中用于 SM 事件和 LI 系统的接口）；
- 支持与外部 DN 的交互，以便通过外部 DN 传输 PDU 会话授权/认证的信令。

（10）UDM(Unified Data Management，统一数据管理)。UDM 包括对以下功能的支持：

- 生成 3GPP AKA 身份验证凭据；
- 用户识别处理，例如，5G 系统中每个用户的 SUPI 的存储和管理；
- 支持隐私保护的用户标识符 SUCI 的隐藏；
- 基于用户数据的接入授权，例如漫游限制；
- UE 的服务 NF 注册管理；
- 支持服务/会话连续性；
- MT-SMS 交付支持；
- 合法拦截功能；
- 用户管理；
- 短信管理。

为了支持这些功能，UDM 使用可能存储在 UDR 中的用户数据，包括身份验证数据。在这种情况下，UDM 实现应用流程逻辑，不需要内部用户数据存储，随后几个不同的 UDM 可以为同一用户在不同的交互中提供服务。

（11）UDR。UDR 支持以下功能：

- 通过 UDM 存储和检索用户数据；
- 由 PCF 存储和检索策略数据；
- 存储和检索用于开放的结构化数据；
- NEF 需要的应用数据（包括用于应用检测的分组流描述，用于多个 UE 的 AF 请求信息）。

UDR 位于与使用 Nudr 存储和从中检索数据的 NF 服务使用者相同的 PLMN 中。Nudr 是 PLMN 的内部接口。

（12）UPF。UPF 包括以下功能：

- 用于 RAT 内/RAT 间移动性的锚点；
- 外部 PDU 与数据网络互连的会话点；
- 分组路由和转发；
- 数据包检查；
- 用户平面部分策略规则实施，例如门控、重定向、流量转向；
- 合法拦截；
- 流量使用报告；
- 用户平面的 QoS 处理，例如 UL/DL 速率实施、DL 中的反射 QoS 标记；
- 上行链路流量验证，例如 SDF 到 QoS 流量映射；
- 上行链路和下行链路中的传输级分组标记；
- 下行数据包缓冲和下行数据通知触发；
- 将一个或多个"结束标记"发送和转发到源 NG-RAN 节点。

（13）AF。AF 与 3GPP 核心网络交互以提供服务，例如支持以下内容：

· 应用流程对流量路由的影响；

· 访问网络开放功能；

· 与控制策略框架互动。

基于运营商部署，应用功能可以允许运营商信任的应用功能直接与相关网络功能交互。应用流程操作员不允许直接接入使用的功能网络，应通过 NEF 使用外部开放框架。

（14）UE。

（15）RAN。

（16）5G-EIR（5G Equipment Identity Register，5G 设备识别寄存器）。5G-EIR 是一个可选的网络功能，可检查设备的状态。例如，检查设备是否已被列入黑名单。

（17）SEPP（Security Edge Protection Proxy，安全边缘保护代理）。SEPP 是一种非透明代理，支持以下功能：

· PLMN 间控制平面接口上的消息过滤和监管；

· 服务授权；

· 拓扑隐藏。

SEPP 将上述功能应用于 PLMN 间信令的每个控制平面消息中，充当实际服务生产者与实际服务消费者之间的服务中继。对于服务生产者和服务消费者，服务中继的结果等同于直接服务交互。SEPP 之间的 PLMN 间信令中的每个控制平面消息可以通过 IPX（Internetwork Packet eXchange，网际包分组交换）实体传递。

（18）NWDAF（Network Data Analytics Function，网络数据分析功能）。NWDAF 代表运营商管理的网络分析逻辑功能。NWDAF 为 NF 提供特定于片的网络数据分析。NWDAF 在网络切片实例级别上向 NF 提供网络分析信息，即负载级别信息，并且 NWDAF 不需要知道使用该片的当前用户。NWDAF 将切片特定的网络状态分析信息通知给用户，NF 可以直接从 NWDAF 收集切片特定的网络状态分析信息，此信息不是用户特定的。PCF 和 NSSF 都是网络分析的消费者，PCF 可以在其策略决策中使用该数据，NSSF 可以使用 NWDAF 提供的负载级别信息进行切片选择。

9.3　5G RAN

9.3.1　RAN 系统组成

5G RAN 是 5G 的无线接入网，简称 5G NR（New Radio，新空口），是 5G 系统的重要组成部分。相对于 4G RAN，5G RAN 发生了巨大变化，如图 9.3 所示。

如图 9.3 所示，NG-RAN 由一组通过 NG 接口（即 5G 基站和核心网之间接口）连接到 5GC（the Fifth-Generation Core，5G 核心网）的 gNB 组成。gNB 可以支持 FDD 模式、TDD 模式或双模式操作；gNB 可以通过 Xn 接口互连；gNB 可以由 gNB-CU（gNB-Centralized Unit，集中式单元）和一个或多个 gNB-DU（Distributed Unit，分布式单元）组成。gNB-CU 和 gNB-DU 通过 F1 接口连接，一个 gNB-DU 仅连接到一个 gNB-CU。为了可扩展性，可以通过适当的实现将 gNB-DU 连接到多个 gNB-CU。图中的 NG、Xn 和 F1 是逻辑接口。

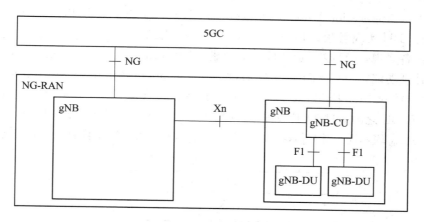

图 9.3　5G RAN 结构

对于 NG-RAN，由 gNB-CU 和 gNB-DU 组成的 gNB 的 NG 和 Xn 接口终止于 gNB-CU；gNB-CU 和连接的 gNB-DU 仅对其他 gNB 可见，而 5GC 仅对 gNB 可见。

gNB 包括以下功能：

- 无线资源管理的功能：无线承载控制，无线接纳控制，连接移动性控制，在上行链路和下行链路中向 UE 的动态资源分配及调度；
- IP 报头压缩，加密和数据完整性保护；
- 当不能从 UE 提供的信息确定到 AMF 的路由时，在 UE 附着处选择 AMF；
- 用户面数据向 UPF 的路由；
- 控制面信息向 AMF 的路由；
- 连接设置和释放；
- 调度和传输寻呼消息；
- 调度和传输系统广播信息；
- 用于移动性和调度的测量以及测量报告配置；
- 上行链路中的传输级别数据包标记；
- 会话管理；
- 支持网络切片；
- QoS 流量管理和映射到数据无线承载；
- 支持处于 RRC_INACTIVE 状态的 UE；
- NAS 消息的分发功能；
- 无线接入网共享；
- 双连接。

9.3.2　gNB-CU 和 gNB-DU

依托 5G 系统对接入网架构的需求，5G 接入网逻辑架构中已经明确将接入网分为 CU 和 DU 逻辑节点，CU 和 DU 组成 gNB 基站，如图 9.4 所示。其中，CU 是一个集中式节点，对上通过 NG 接口与核心网 NGC 相连接，在接入网内部则能够控制和协调多个小区，包含协议栈高层控制和数据功能，涉及的主要协议层包括控制面的 RRC 功能和 SDAP

（Service Data Application Unit，业务数据应用单元）、PDCP 子层功能。DU 是分布式单元，广义上，DU 实现射频处理功能和 RLC、MAC 以及 PHY 等基带处理功能；狭义上，基于实际设备实现，DU 仅负责基带处理功能，RRU（Remote Radio Unit，远端射频单元）负责射频处理功能，DU 和 RRU 之间通过 CPRI（Common Public Radio Interface，通用无线协议接口）或 eCPRI（Enhance Common Public Radio Interface，增强通用无线协议接口）相连。CU 和 DU 之间通过 F1 接口连接。CU/DU 具有多种切分方案，不同切分方案的适用场景和性能增益均不同，对前传接口的带宽、传输时延、同步等参数要求也有很大的差异。

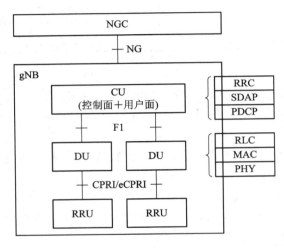

图 9.4　接入网 CU-DU 逻辑架构

　　无线网 CU-DU 架构的好处在于能够获得小区间协作增益，实现集中负载管理；高效实现密集组网下的集中控制，如多连接、密集切换；获得池化增益，使能 NFV/SDN，满足运营商某些 5G 场景的部署需求。需要注意的是，在设备实现上，CU 和 DU 可以灵活选择，即二者可以是分离的设备，通过 F1 接口通信；或者 CU 和 DU 也完全可以集成在同一个物理设备中，此时 F1 接口就变成了设备内部接口，CU 之间通过 Xn 接口进行通信，如图 9.5 所示。

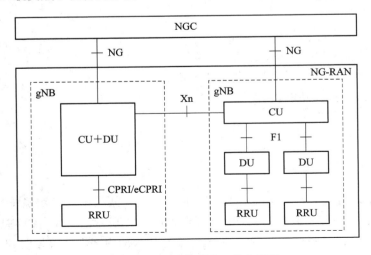

图 9.5　CU-DU 分离和一体化实现

9.3.3　RAN 接口

RAN 接口主要包括：

1. NG-U

NG 用户面接口(NG-U)在 NG-RAN 节点和 UPF 之间定义。NG 接口的用户面协议栈如图 9.6 所示。可见，传输网络层建立在 IP 传输上，GTP-U 用于 UDP/IP 之上，以承载 NG-RAN 节点和 UPF 之间的用户面 PDU。

NG-U 在 NG-RAN 节点和 UPF 之间提供无保证的用户面 PDU 传送。

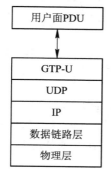
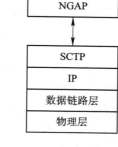

图 9.6　NG-U 协议栈　　　　图 9.7　NG-C 协议栈

2. NG-C

NG 控制面接口(NG-C)在 NG-RAN 节点和 AMF 之间定义。NG 接口的控制面协议栈如图 9.7 所示。可见，传输网络层建立在 IP 传输之上，为了可靠地传输信令消息，在 IP 之上添加 SCTP；应用层信令协议称为 NGAP(NG 应用协议)；SCTP 层提供有保证的应用层消息传递；在传输中，IP 层点对点传输用于传递信令 PDU。

NG-C 提供以下功能：

- NG 接口管理；
- UE 上下文管理；
- UE 移动性管理；
- 传输 NAS 消息；
- 寻呼；
- PDU 会话管理；
- 配置转移；
- 警告消息传输。

3. Xn-U

Xn 用户面接口(Xn-U)在两个 NG-RAN 节点之间定义。Xn 接口上的用户面协议栈如图 9.8 所示。可见，传输网络层建立在 IP 传输上，GTP-U 用于 UDP/IP 之上以承载用户面 PDU。

Xn-U 提供无保证的用户面 PDU 传送，并支持以下功能：

- 数据发送；

·流量控制。

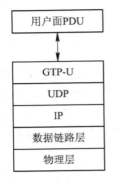
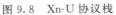

图 9.8 Xn-U 协议栈

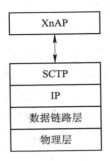

图 9.9 Xn-C 协议栈

4. Xn-C

Xn 控制面接口(Xn-C)在两个 NG-RAN 节点之间定义。Xn 接口的控制面协议栈如图 9.9 所示。可见,传输网络层建立在 IP 之上的 SCTP 上;应用层信令协议称为 XnAP(Xn Application Protocol,Xn 应用协议);SCTP 层提供有保证的应用层消息传递;在传输 IP 层中,点对点传输用于传递信令 PDU。

Xn-C 接口支持以下功能:

·Xn 接口管理;

·UE 移动性管理,包括上下文传输和 RAN 寻呼;

·双连接。

9.3.4 无线协议架构

无线协议架构包括用户面协议架构和控制面协议架构。用户面协议栈如图 9.10 所示。

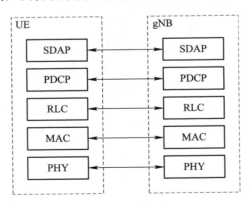

图 9.10 用户面协议架构

除了增加了一个新的 SDAP 协议栈外,用户面协议栈的其他结构与 LTE 是完全相同的。增加的 SDAP 这一协议栈的目的非常明确,因为 5G 网络中的无线侧依然沿用 4G 网络中的无限承载的概念,但为了更加精细化业务实现,5G 中核心网基本的业务通道从 4G 时代的承载细化到以 QoS Flow 为基本业务传输单位。因此,在无线侧的承载 DRB 就需要与 5GC 中的 QoS Flow 进行映射，这便是 SDAP 协议栈的主要功能。

控制面协议栈如图 9.11 所示。

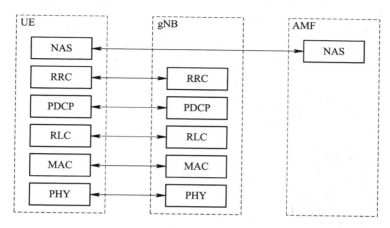

图 9.11　控制面协议架构

5G 和 4G 在控制面协议栈上没有什么大的变化，两者都是进行用户面和控制面的分离，而且两者的结构完全相同。当然，随着功能和性能的提升，控制面协议栈在细节上面的变化是不可避免的。

9.4　新空中接口技术

9.4.1　5G NR 多址方式和双工方式

用于 NR 物理层的多址方案和 LTE 的一样，下行是基于具有 CP 的 OFDM；对于上行链路，还支持具有 CP 的离散傅立叶变换扩展 OFDM(DFT-s-OFDM)。为了支持成对和不成对频谱中的传输，5G NR 启用了 FDD 和 TDD。

9.4.2　5G NR 帧结构

5G 的新空中接口称为 5G NR，相对于 4G，从物理层来说，5G NR 最大的特点是支持灵活的帧结构。5G NR 中引入了 Numerology 的概念，Numerology 可翻译为参数集，指一套参数，包括子载波间隔、符号长度、CP 长度等，这些参数共同定义了 5G NR 的帧结构。5G NR 由固定结构和灵活结构两部分组成，如图 9.12 所示。

在固定架构部分，5G NR 的一个物理帧长度是 10 ms，由 10 个子帧组成，每个子帧长度为 1 ms，每个帧被分成两个大小相等的五个子帧的半帧，每个子帧具有由子帧 0～4 组成的半帧 0 和由子帧 5～9 组成的半帧 1。这个结构和 LTE 的基本是一致的。

在灵活架构部分，5G NR 的帧结构与 LTE 的有明显的不同，用于三种场景 eMBB、URLLC 和 mMTC 的子载波的间隔是不同的，5G NR 的子载波间隔设为 $15 \times 2^{\mu}$ kHz，$\mu \in \{-2, 0, 1, \cdots, 5\}$，也就是说，子载波间隔可以设为 3.75、7.5、15、30、60、120、240 kHz …，如表 9.1 所示。

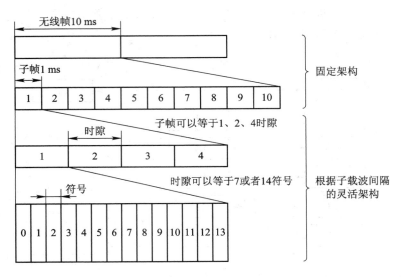

图 9.12　5G NR 帧结构图

表 9.1　5G NR 的子载波设置

μ	$\Delta f = 2^{\mu} \times 15/\text{kHz}$	CP
0	15	正常
1	30	正常
2	60	正常、扩展
3	120	正常
4	240	正常

每个子帧的时隙数目也是不同的，例如在子载波带宽为 15 kHz 时，每个子帧时隙数目为 1；在子载波带宽为 30 kHz 时，每个子帧时隙数目为 2，如表 9.2 和表 9.3 所示。

表 9.2　正常 CP 下 OFDM 符号数、每帧时隙数和每子帧时隙数分配

μ	$N_{\text{symb}}^{\text{slot}}$	$N_{\text{slot}}^{frame,u}$	$N_{\text{slot}}^{subframe,u}$
0	14	10	1
1	14	20	2
2	14	40	4
3	14	80	8
4	14	160	16

表 9.3　扩展 CP 的每时隙 OFDM 符号数、每帧时隙数和每子帧时隙数

μ	$N_{\text{symb}}^{\text{slot}}$	$N_{\text{slot}}^{frame,m}$	$N_{\text{slot}}^{subframe,m}$
2	12	40	4

在表 9.2 和表 9.3 中，μ 是子载波配置参数，$N_{\text{symb}}^{\text{slot}}$ 是每时隙符号数目，$N_{\text{slot}}^{frame,u}$ 是每帧时隙数目，$N_{\text{slot}}^{subframe,u}$ 是每子帧时隙数目，子载波间隔为 $2^{\mu} \times 15$ kHz，子帧由一个或多个相

邻的时隙形成，每个时隙具有 14 个相邻的符号。

由于每个时隙的 OFDM 数目固定为 14(正常 CP)和 12(扩展 CP)，因此 OFDM 符号的长度也是可变的，如表 9.4 所示。

表 9.4　OFDM 长度可变数表

参数、参数集	0	1	2	3	4
子载波间隔/kHz	15	30	60	120	240
每个时隙长度/μs	1000	500	250	125	62.5
每个时隙符号数(普通 CP)/个	14	14	14	14	14
OFDM 符号有效长度/μs	66.67	33.33	16.67	8.33	4.17
CP 长度/μs	4.69	2.34	1.17	0.57	0.29
OFDM 符号有效长度(包含 CP)/μs	71.35	35.68	17.84	8.92	4.46
OFDM 符号长度(包含 CP)＝每个时隙长度/每个时隙符号数					

因此，无论子载波间隔是多少，符号长度×子帧时隙数目＝子帧长度一定是 1 ms。

9.4.3　各种子载波的帧结构划分

虽然 5G NR 支持多种子载波间隔，但是不同的子载波间隔配置下，无线帧和子帧的长度是相同的。无线帧长度为 10 ms，子帧长度为 1 ms。

不同的子载波间隔配置下，无线帧的结构中每个子帧中包含的时隙数不同。在正常 CP 情况下，每个时隙包含的符号数相同，且都为 14 个。下面根据每种子载波的间隔配置，来看一下 5G NR 的帧结构。

1. 正常 CP(子载波间隔＝15 kHz)

如图 9.13 所示，在这个配置中，一个子帧仅有 1 个时隙，所以无线帧包含 10 个时隙，一个时隙包含的 OFDM 符号数为 14。

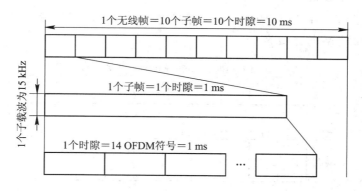

图 9.13　子载波间隔＝15 kHz(正常 CP)

2. 正常 CP(子载波间隔＝30 kHz)

如图 9.14 所示，在这个配置中，一个子帧有 2 个时隙，所以无线帧包含 20 个时隙，1 个时隙包含的 OFDM 符号数为 14。

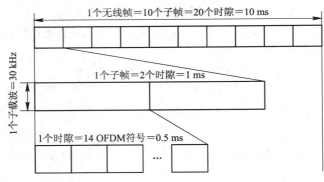

图 9.14　子载波间隔＝30 kHz(正常 CP)

3. 正常 CP(子载波间隔＝60 kHz)

如图 9.15 所示,在这个配置中,一个子帧有 4 个时隙,所以无线帧包含 40 个时隙,1 个时隙包含的 OFDM 符号数为 14。

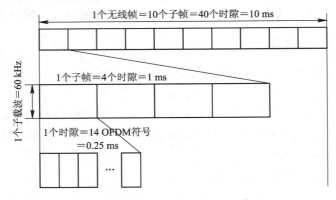

图 9.15　子载波间隔＝60 kHz(正常 CP)

4. 正常 CP(子载波间隔＝120 kHz)

如图 9.16 所示,在这个配置中,一个子帧有 8 个时隙,所以无线帧包含 80 个时隙,1 个时隙包含的 OFDM 符号数为 14。

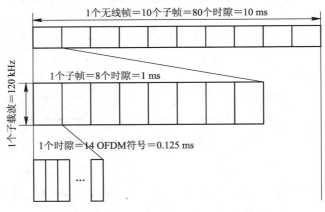

图 9.16　子载波间隔＝120 kHz(正常 CP)

5. 正常 CP(子载波间隔＝240 kHz)

如图 9.17 所示,在这个配置中,一个子帧有 16 个时隙,所以无线帧包含 160 个时隙,1 个时隙包含的 OFDM 符号数为 14。

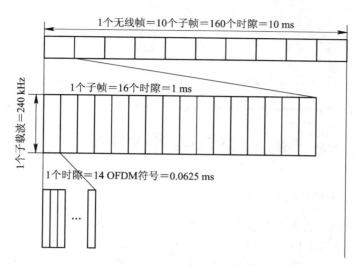

图 9.17　子载波间隔＝240 kHz(正常 CP)

6. 扩展 CP(子载波间隔＝60 kHz)

如图 9.18 所示,在这个配置中,一个子帧有 4 个时隙,所以无线帧包含 40 个时隙,1 个时隙包含的 OFDM 符号数为 12。

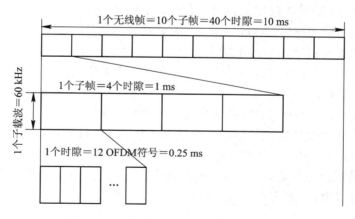

图 9.18　子载波间隔＝60 kHz(扩展 CP)

9.4.4　5G NR RB

RB 的定义和 LTE 中的定义是一样的,5G NR RB 是频率上连续 12 个子载波(时域上没有定义)称为 1 个 RB。但是,由于 5G 引入了参数集的概念,在不同的参数集下,不同的子载波间隔对应的最小和最大 RB 数是不同的。5G NR 中,最小频率带宽和最大频率带宽随子载波间隔变化而变化,如表 9.5 所示。

表 9.5   RB 和带宽对应表

μ 参数	最小 RB 数	最大 RB 数	子载波间隔/kHz	最小频率带宽/MHz	最大频率带宽/MHz
0	24	275	15	4.32	49.5
1	24	275	30	8.64	99
2	24	275	60	17.28	198
3	24	275	120	34.56	396
4	24	138	240	69.12	397.44

9.5   大规模 MIMO 技术

9.5.1   大规模 MIMO 技术的定义

5G 的一项关键性技术就是大规模天线技术，即 Large scale MIMO，亦称为 Massive MIMO。Massive MIMO 由贝尔实验室科学家 Thomas L. Marzetta 于 2010 年底提出，和 LTE 相比，它同样占用 20 MHz 的带宽，其小区吞吐率可以达到 1200 Mb/s，频率利用率达到了每小区 60 b/(s·Hz)。4G 移动通信时代基站天线支持 4×4、8×8 MIMO，LTE-A 可支持 64×64 MIMO，下行峰值速率达到 1 Gb/s，5G NR 可支持 128×128 MIMO 以及 256×256 MIMO，下行峰值速率可达到 10~20 Gb/s。因此，MIMO 技术为实现在高频段上进行移动通信提供了广阔前景，而且它还可以成倍提升无线频谱效率，增强网络覆盖和系统容量，帮助运营商最大限度地利用已有站址和频谱资源。

为了更好地理解大规模天线的技术，首先需要了解波束赋形技术。传统的通信方式是基站与手机间单天线到单天线的电磁波传播，而在波束赋形技术中，基站端拥有多根天线，可以自动调节各个天线发射信号的相位，使其在手机接收点形成电磁波的叠加，从而达到提高接收信号强度的目的。

从基站方面看，这种利用数字信号处理产生的叠加效果就如同完成了基站端虚拟天线方向图的构造，因此称为"波束赋形"。通过这一技术，发射能量可以汇集到用户所在位置，而不向其他方向扩散，并且基站可以通过监测用户的信号，对其进行实时跟踪，使最佳发射方向跟随用户的移动，保证在任何时候手机接收点的电磁波信号都处于叠加状态。即传统通信就像灯泡，照亮整个房间，而波束成形就像手电筒，光亮可以智能地汇集到目标位置上。

在实际应用中，多天线的基站也可以同时瞄准多个用户，可构造朝向多个目标客户的不同波束，并有效地减少各个波束之间的干扰。这种多用户的波束赋形在空间上有效地分离了不同用户间的电磁波，是大规模天线的基础所在。

大规模天线阵列正是基于多用户波束赋形的原理，在基站端布置几百根天线，对几十个目标接收机调制各自的波束，通过空间信号隔离，在同一频率资源上同时传输几十条信号。这种对空间资源的充分挖掘，可以有效地利用宝贵而稀缺的频带资源，并且几十倍地提升网络容量。

图 9.19 是从美国莱斯大学的大规模天线阵列原型机中看到的由 64 个小天线组成的天线阵列，它很好地展示了大规模天线系统的雏形。

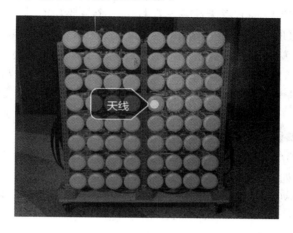

图 9.19　64 阵列天线

9.5.2　大规模 MIMO 技术的优势

大规模天线并不只是简单地扩增天线数量，因为量变可以引起质变。依据大数定理和中心极限定理，样本数趋向于无穷，均值趋向于期望值，而独立随机变量的均值分布趋向于正态分布，随机变量趋于稳定。

在单天线对单天线的传输系统中，由于环境的复杂性，电磁波在空气中经过多条路径传播后在接收点的相位可能会相反，从而互相削弱，此时信道很有可能陷于很强的衰落，影响用户接收到的信号质量。而当基站天线数量增多时，相对于用户的几百根天线就拥有了几百个信道，它们相互独立，同时陷入衰落的概率便大大减小，这对于通信系统而言反而变得简单而易于处理。

大规模天线的优点有：

（1）每根天线消耗的功率极低。理想情况下，在总发射功率一定的条件下，每根天线所用发射功率与天线数量成反比例关系，并且在发射信噪比一定的条件下，总的发射功率也与天线的数量成反比例关系。因此，每根天线所需的发射功率与天线数量的平方成反比，从而可以有效地降低大规模 MIMO 的应用中所消耗的功率。

（2）信道"硬化"。当天线数趋于无穷大时，信道矩阵可以采用随机矩阵的理论进行分析，信道矩阵的奇异值将趋向已知的渐进分布，并且信道向量将会趋向正交，而最简单的信号处理方法是渐进最优的。

（3）热噪声和小尺度衰落的影响消除。采用线性信号处理方法，热噪声和小尺度衰落对系统性能的影响会随着天线数量的增加而减小，并且热噪声和小尺度衰落的影响与小区间的干扰相比可以忽略不计。

（4）空间分辨率提升。在大规模 MIMO 系统中随着基站天线数的增多，波束成形能够把所传输的信号集中到空间的一个点上，即基站能够精确分辨每一个用户，从而提高了空间的分辨能力。

9.5.3　Massive MIMO 系统架构

支持 Massive MIMO 的有源天线基站架构以三个主要功能模块为代表：射频收发单元阵列、射频分配网络（RDN，Radio Frequency Distribution Network）和天线阵列。射频收发单元阵列包含多个发射单元和接收单元。发射单元获得基带输入并提供射频发送输出，射频发送输出将通过射频分配网络分配到天线阵列，接收单元执行与发射单元操作相反的工作。RND 将输出信号分配到相应的天线路径和天线单元，并将天线的输入信号分配到相反的方向。

RND 可包括在发射单元（或接收单元）和无源天线阵列之间简单的一对一的映射中。在这种情况下，射频分配网络将是一个逻辑实体，但未必是一个物理实体。天线阵列可包括各种实现和配置，如极化、空间分离等。

射频收发单元阵列、RND 和天线阵列的物理位置有可能不同于图 9.20 所示的逻辑表示，而取决于实现。

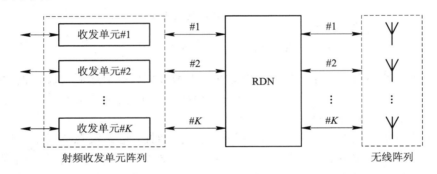

图 9.20　支持 Massive MIMO 的有源天线基站架构

9.5.4　大规模 MIMO 的工作流程

大规模 MIMO 在使用中主要有三个工作流程：信道估计、预编码和权值计算。

（1）信道估计：接收端通过对发射端的数据处理，来确定无线传输信道的状态（不确定性）。常用的方法是基于导频符号的非盲信道估计，即发射端发送已知的导频信息，接收端对该信息进行处理，得出信道状态。

（2）预编码：发射端常常包含预编码器，该编码器能够利用信道状态信息，生成预编码矩阵，用于对发射信号进行预处理操作，实现 DBF（Dual Beam Forming，双流波束赋形）的功能。

（3）权值计算：利用预编码矩阵和发射数据流进行矩阵乘法的操作，实现 K 个用户数据流到 M 个天线数据流的变换。

大规模 MIMO 的技术框架与实际使用场景是密切相关的，目前包括 TDD 与 FDD 两种方式。

在 FDD 模式下，基站与用户的通信有上下行链路，由于上下行采用不同频段进行通信，所以两个链路的状态特性不相同。为了采集上行链路（用户传输到基站）参数，需要用户发送 CSI 导频信息到基站，由基站计算后得出加权的参数，之后再回传给用户，用于上行链路的权值计算。下行链路则相反。在 M 个天线和 K 个用户的场景下，该导频模式需要知道每根天线对于每个用户之间的上下行状态，需要 $O(M+K)$ 的发送导频时间和 $O(MK)$ 的计算量。当 M 非常大时，FDD 模式下的导频将会占用非常多的资源，使得 FDD 模式变得不合适。针对这样的情况，一种针对 FDD 模式下的多用户大规模 MIMO 系统的传输方案被提出，被称为 JSDM（Joint Spatial Division and Multiplexing，联合空分复用）。其主要思想是在基站侧对用户进行分组及预波束赋形，分组的原则是利用不同用户的信道二阶统计量。预波束赋形之后系统的等效信道维度明显降低，在该等效信道上实施信道估计能够明显降低下行导频开销和 CSIT 反馈，这使得 FDD 模式下的多用户大规模 MIMO 系统成为可能。

在 TDD 模式下，基站与用户的通信有上下行链路，由于上下行采用同一频段进行通信，因此两个链路的状态特性相同，知道任一链路的特性就可以利用另外一条链路。目前常用的设计思路是用户在上行链路发送 CSI 状态信息给基站，基站利用 CSI 信息进行信道估计等处理后，将处理信息通过下行链路送给用户使用。在该模式下，需要 $O(K)$ 的导频接收时间，且相关的计算量与天线数量 M 不相关。

TDD 模式相比 FDD 模式有着很大的优势，因此目前主要的研究都是基于 TDD 模式进行的。表 9.6 是传统 MIMO 和大规模 MIMO 在技术上的比较。

表 9.6　传统 MIMO 和大规模 MIMO 在技术上的比较

技术内容	传统 MIMO	大规模 MIMO
天线数	$\leqslant 8$	$\geqslant 100$
信道角域值	不确定	随着矩阵域的增长形成一个确定函数
信道矩阵	要求低	要求高
信道容量	低	高
分集增益	低	高
链路稳定性	低	高
抵御噪声能力	低	高
阵列分辨率	低	高
天线相关性	低	高
耦合	低	高
信噪比	高	低
技术内容	传统 MIMO	大规模 MIMO
导频污染	无	有

9.6　毫米波技术

9.6.1　毫米波技术概述

随着通信的高速发展，无线电频谱的低端频率已趋饱和，即使是采用 GMSK

(Gaussian-filtered Minimum Shift Keying，高斯滤波最小频移键控)调制或各种多址技术扩大通信系统的容量，提高频谱的利用率，也无法满足未来通信发展的需求，因而高速宽带的无线通信势必要向微波开发新的频谱资源。毫米波由于其波长短、频带宽，可以有效地解决高速宽带无线接入面临的许多问题，因而在短距离通信中有着广泛的应用前景。

第五代移动通信系统离正式商用越来越接近。5G 在传输速率上应当比 4G 快十倍以上，即 5G 可实现传输速率为 1 Gb/s。无线传输增加传输速率大体上有两种方法，其一是增加频谱利用率，其二是增加频谱带宽。

相对于提高频谱利用率，增加频谱带宽的方法显得更简单直接。现在常用的 5 GHz 以下的频段已经非常拥挤，为了寻找新的频谱资源，各大厂商能想到的方法就是使用毫米波技术。微波波段包括：分米波、厘米波、毫米波和亚毫米波。其中，毫米波通常指频段在 30~300 GHz，相应波长为 1~10 mm 的电磁波，它的工作频率介于微波与远红外波之间，因此兼有两种波谱的特点。由于 3GPP 决定 5G NR 继续使用 OFDM 技术，因此相比 4G 而言，5G 并没有颠覆性的技术革新，而毫米波则成为了 5G 最大的"新意"。5G 其他新技术的引入，如 Massive MIMO、新的参数集、LDPC/Polar 码等，都与毫米波密切相关，都是为了使 OFDM 技术能更好地扩展到毫米波段。为了适应毫米波的大带宽特征，5G 定义了多个子载波间隔，其中较大的子载波间隔 60 kHz 和 120 kHz 就是专门为毫米波设计的，Massive MIMO 技术也是为毫米波而量身定制的。

9.6.2　毫米波的传播特性

毫米波通信是指以毫米波作为传输信息的载体而进行的通信，目前绝大多数的应用研究集中在几个"大气窗口"频率和三个"衰减峰"频率上。

1. 一种典型的视距传输方式

毫米波属于甚高频段，它以直射波的方式在空间进行传播，其波束很窄，且具有良好的方向性。一方面，由于毫米波受大气吸收和降雨影响严重衰落，所以单跳通信距离较短；另一方面，由于频段高、干扰源很少，所以传播稳定可靠。因此，毫米波通信是一种典型的具有高质量、恒定参数的无线传输信道的通信技术。

2. 具有"大气窗口"和"衰减峰"

"大气窗口"是指 35、45、94、140、220 GHz 频段，在这些特殊频段附近，毫米波传播受到的衰减较小。一般说来，"大气窗口"频段比较适用于点对点通信，已经被低空空地导弹和地基雷达所采用。在 60、120、180 GHz 频段附近毫米波的衰减出现极大值，高达 15 dB/km，被称做"衰减峰"。通常这些"衰减峰"频段被多路分集的隐蔽网络和系统优先选用，用以满足网络安全系数的要求。

3. 降雨时衰减严重

与微波相比，毫米波信号在恶劣的气候条件下，尤其是降雨时的衰减要大许多，严重影响传播效果。经过研究，毫米波信号降雨时衰减的大小与降雨的瞬时强度、距离长短和雨滴形状密切相关。进一步的验证表明：通常情况下，降雨的瞬时强度越大、距离越远、雨滴越大，所引起的衰减也就越严重。因此，对付降雨衰减最有效的办法是在进行毫米波通信系统或通信线路设计时，留出足够的电平衰减余量。

4. 对沙尘和烟雾具有很强的穿透能力

大气激光和红外对沙尘和烟雾的穿透力很差，而毫米波在这点上具有明显的优势。大量现场试验结果表明，毫米波对于沙尘和烟雾具有很强的穿透力，几乎能无衰减地通过沙尘和烟雾，甚至在由爆炸和金属箔条产生的较高强度散射的条件下，即使出现衰落也是短期的，很快就会恢复，且离子的扩散和降落不会引起毫米波通信的严重中断。

9.6.3　毫米波通信的优点

采用毫米波通信具有以下优点。

1. 极宽的带宽

通常认为，毫米波的频率范围为 26.5～300 GHz，带宽高达 273.5 GHz，超过从直流到微波全部带宽 10 倍。即使考虑大气吸收，在大气中传播时只能使用四个主要窗口，但这四个窗口的总带宽也可达 135 GHz，为微波以下各波段带宽之和的 5 倍，这在频率资源紧张的今天无疑极具吸引力。

2. 波束窄

在相同的天线尺寸下，毫米波的波束要比微波的波束窄得多。例如一个 12 cm 的天线，在 9.4 GHz 时波束宽度为 18°，而 94 GHz 时波束宽度仅 1.8°，因此能分辨相距更近的小目标或更为清晰地观察目标的细节。

3. 探测能力强

可以利用宽带广谱能力来抑制多径效应和杂乱回波。有大量频率可供使用，可有效地消除相互干扰。在目标径向速度下可以获得较大的多普勒频移，从而提高对低速运动物体或振动物体的探测和识别能力。

4. 安全保密好

毫米波通信的这个优点来自两个方面：第一，由于毫米波在大气中传播受氧气、水汽和降雨的吸收衰减很大，点对点的直通距离很短，超过这个距离信号就会变得十分微弱，这就增加了敌方进行窃听和干扰的难度；第二，毫米波的波束很窄且副瓣低，这又进一步降低了其被截获的概率。

5. 传输质量高

由于高频段毫米波通信基本上没有什么干扰源，电磁频谱极为干净，因此毫米波信道非常稳定可靠，其误码率可长时间保持在 10^{-12} 量级，可与光缆的传输质量相媲美。

6. 全天候通信

毫米波对降雨、沙尘、烟雾和等离子的穿透能力比大气激光和红外的穿透能力强得多，这就使得毫米波通信具有较好的全天候通信能力，保证持续可靠的工作。

7. 元件尺寸小

和微波相比，毫米波元器件的尺寸要小得多，因此毫米波系统更容易小型化。

9.6.4　5G 毫米波技术

根据 3GPP 38.101 协议的规定，5G NR 主要使用两段频率：FR1 频段和 FR2 频段。

FR1 频段的频率范围是 450 MHz～6 GHz，又称为低于 6 GHz 频段；FR2 频段的频率范围是 24.25～52.6 GHz，即毫米波。我国工信部在 2017 年 6 月征求毫米波频段意见方案发布以后，于 2017 年 7 月确定将毫米波高频段 24.75～27.5 GHz、37～42.5 GHz 用于 5G 试验。

9.6.1 中提到无线传输增加传输速率一般有两种方法，一是增加频谱利用率，二是增加频谱带宽。5G 使用毫米波（26.5～300 GHz）就是通过第二种方法来提升速率的。根据通信原理，无线通信的最大信号带宽是载波频率的 5% 左右，因此载波频率越高，可实现的信号带宽也越大。在毫米波频段中，28 GHz 频段和 60 GHz 频段是最有可能在 5G 中使用的两个频段。28 GHz 频段的可用频谱带宽可达 1 GHz，而 60 GHz 频段每个信道的可用信号带宽则为 2 GHz，整个 9 GHz 的可用频谱分成了 4 个信道，如图 9.21 所示。

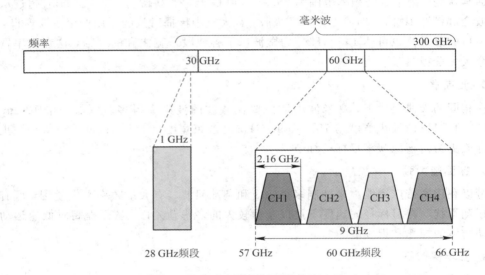

图 9.21　各个频段可用频谱带宽比较

通过比较可知，4G 频段最高频率的载波在 2 GHz 上下，而可用频谱带宽只有 100 MHz。因此，如果使用毫米波频段，频谱带宽可翻 10 倍，传输速率也可得到巨大的提升。

毫米波频段的另一个特性是在空气中衰减较大，且绕射能力较弱。换句话说，用毫米波实现信号穿墙基本是不可能的。但是，毫米波在空气中传输衰减大也可以被我们所利用，手机使用的毫米波信号衰减确实比较大，但是其他终端发射出的毫米波信号（对本终端而言是干扰信号）的衰减也很大，所以毫米波系统在设计时不用特别考虑如何处理干扰信号，只要不同的终端之间不要靠得太近就可以。选择 60 GHz 更是把这一点利用到了极致，因为 60 GHz 正好是氧气的共振频率，因此 60 GHz 的电磁波信号在空气中衰减得非常快，从而可以完全避免不同终端之间的干扰。

当然，毫米波在空气中衰减非常大这一特点也注定了毫米波技术不太适合使用在室外手机终端和基站距离很远的场合。各大厂商对使用 5G 频段的规划是在户外开阔地带使用较传统的 6 GHz 以下的频段，以保证信号覆盖率；而在室内则使用微型基站加毫米波技术，以实现超高速数据传输，如图 9.22 所示。

相比于传统的 6 GHz 以下的频段，毫米波还有一个特点，即天线的物理尺寸可以比较

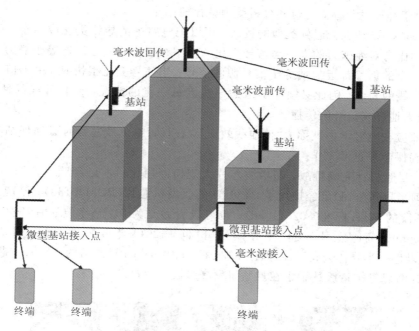

图 9.22　毫米波必须配合微型基站(或接入点)使用

小。这是因为天线的物理尺寸正比于波段的波长，而毫米波波段的波长远小于传统的 6 GHz 以下频段的波长，相应的天线尺寸也就比较小。因此可以方便地在移动设备上配备毫米波的天线阵列，从而实现各种 MIMO 技术，包括波束成形。

　　商用的毫米波收发机芯片会使用 CMOS(Complementary Metal Oxide Semiconductor，互补型 MOS 集成电路制造工艺)，它是最常用的集成电路制造工艺，这一方面是为了能够和数字模块集成，另一方面是为了节省成本。

　　毫米波收发机芯片的结构和传统频段收发机的结构很相似，但是毫米波收发机有着独特的设计挑战：

　　其一是如何控制功耗。毫米波收发机要求 CMOS 器件能工作在毫米波频段，所以要求 CMOS 器件对信号的灵敏度很高。CMOS 器件是通过控制端(栅极)调整输出电流的。因此，如果需要 CMOS 器件对微弱的毫米波信号能快速响应，则必须将它的直流电流调到很大。这样一来，CMOS 电路就需要很大的功耗才能处理毫米波信号。

　　另一个毫米波芯片必须考虑的问题是传输线效应，如图 9.23 所示。

图 9.23　传输线效应示意图

　　分析一根静止绳子的受力情况是很简单的，绳子的弹力即等于人对绳子的拉力，而且每一点都相同。但如果不是静止地拉绳子，而是用手挥动绳子，这时在绳子上产生了一列机械波，每一点的受力情况都不相同，而且受力的变化不仅取决于挥动绳子过程中手的施力，还取决于绳子的材质，这时候分析受力就比较困难。

　　毫米波电路设计也会遇到类似的挑战，可以把电路中的导线类比成绳子，而把电路中的信号源类比为对绳施力的人。当信号变化的频率很慢时，就近似地等于静力分析，此时导线上每一点的信号都近似地等于信号源的信号；当信号变化很快时，由于信号的波长接近或小于导线的长度，因此必须仔细考虑导线上每一点的情况，而且导线的性质（如特征阻抗）会极大地影响信号的传播。

　　这种效应在电磁学中被称为"传输线效应"，在设计毫米波芯片时必须仔细考虑传输线效应才能确保芯片正常工作。

　　不过，尽管设计充满挑战，毫米波芯片大规模商用化目前已现曙光。Broadcom（博通公司，美国半导体公司）已经推出了 60 GHz 的收发机芯片（BCM20138），该产品主要针对 60 GHz 频段的 WiFi 标准（802.11.ad），也可以看做是为 5G 毫米波芯片解决方案投石问路。Qualcomm（高通公司，美国半导体公司）也于 2014 年收购了专注于毫米波技术的 Wilocity（以色列半导体公司），而如图 9.24 所示为 Wilocity 推出的 60 GHz 芯片。同时，三星、华为海思等重量级选手也在加紧研发毫米波芯片。

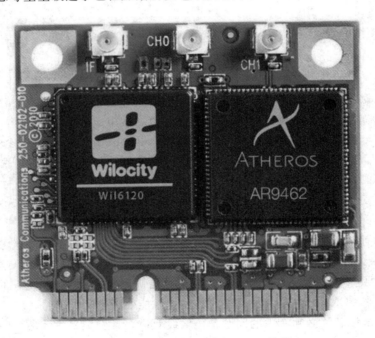

图 9.24　Wilocity 推出的 60 GHz 芯片

9.6.5　毫米波基站应用场景

1. 毫米波小基站

　　如图 9.25 所示，在传统的多种无线接入技术叠加型网络中，宏基站与小基站均工作于低频段，这就带来了频繁切换的问题，且用户体验差。为解决这一关键问题，在未来的叠加型网络中，宏基站工作于低频段并作为移动通信的控制平面，而毫米波小基站则工作于高频段并作为移动通信的用户数据平面，以增强高速环境下移动通信的使用体验。

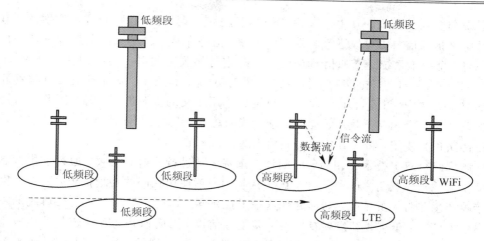

图 9.25　高低频叠加覆盖

2. 基于毫米波的移动通信回程

如图 9.26 所示，在采用毫米波信道作为移动通信的回程后，叠加型网络的组网就将具有很大的灵活性，可以随时随地地根据数据流量增长需求部署新的小基站，并可以在空闲时段或轻流量时段灵活、实时关闭某些小基站，从而可以收到节能降耗之效。

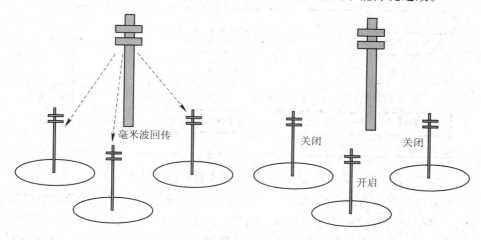

图 9.26　毫米波回传

9.7　同频同时全双工技术

为解决现实生活中无线业务需求不断增长与频谱资源日益匮乏之间的矛盾，通信界在理论和技术上进行了长期的研究，研究的核心问题是如何提高频谱效率。同频同时全双工技术正是这样一种新型的空口技术，它将传统通信节点的发射信号和接收信号设置在相同频点和相同时间内，因此，该技术可以将频谱效率增加一倍。

9.7.1　同频同时全双工定义

双工技术是实现通信节点收发双向通信的技术。传统上，通信系统分为单工系统、半双工系统和全双工系统。其中，单工系统是指通信节点只能进行接收或者发射的操作；半双工系统是指通信节点可以进行收发双向传输，但是在某个时刻或某个频段只能进行接收或者发射；全双工系统是指通信节点能够同时进行接收和发射。传统的双工分为 FDD 模式和 TDD 模式，即上行链路和下行链路占用正交的频率资源，或者正交的时间资源。在传统的双工方式中，由于上行链路和下行链路采用正交的资源进行传输，因此上行链路和下行链路之间不会相互干扰。但是，由于系统的总资源（如总带宽或者总时间）被上行链路和下行链路正交使用，将导致资源的利用率降低。

同频同时全双工技术在相同的时间和频率资源上进行发射和接收，通过干扰抑制的方法降低发射和接收链路之间的干扰。由于接收和发射使用相同的物理信道，因而发射信号会对接收产生非常大的干扰，如何处理这一干扰是同频同时全双工技术需要解决的首要问题。另一方面，由于接收和发射复用同一条物理信道，因而该条物理信道的使用效率得到了提高。如果收发之间的干扰能够被理想地消除，那么理论上就可以将频谱效率提高一倍。

9.7.2　全双工系统结构

图 9.27 为同频同时全双工通信节点结构框图。

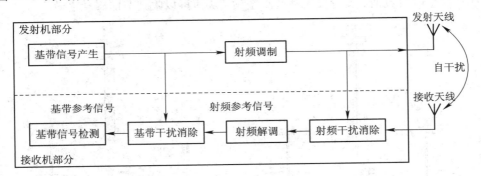

图 9.27　同频同时全双工通信节点结构框图

为实现同频同时信号收发操作，通信节点配备有两根天线，分别用于信号的发射和信号的接收。基带信号产生之后进行调制、编码等操作，经射频调制由发射天线发送出去。接收天线接收远端的射频有用信号，经由下变频转换成基带信号，之后经过解调制、解码等逆操作恢复出远端的有用信号。同频同时全双工节点中，由于发射天线和接收天线工作在相同的时间和相同的频率资源上，且发射天线和接收天线之间的距离较近，因而发射天线会对接收天线产生强烈的自干扰，该自干扰会对远端信号的接收造成影响。

对于线性时不变系统，自干扰原则上是可以完全消除的。首先，自干扰是系统内部干扰，对于一台同频同时全双工设备，其发射的信号自身是完全已知的，接收机可以获得基带或射频的发射信号；其次，由于发射信号是理想的，接收机可以利用它作为导频信号对收发信道进行估计。对于时不变系统，随着导频信号持续时间的增长，导频序列累积的能量增加，信道估计精度可以趋近于无穷高。因此，当接收机具备理想的发射信号和信道估计后，可以重建干扰信号，并将其从接收信号中减掉，这样就可以完全消除双工干扰。该原理的本质是利用接收机可以获得发射机信息，因而发射信号不会增加接收信号的熵。双工干扰消除的实际困难主要在于实际系统并非线性时不变系统以及发射机的噪声等因素，热噪声及相位噪声等恶化了接收机的信噪比。

　　全双工技术在未来系统中的应用：可以根据系统的具体需求采用全双工与现有的TDD/FDD 双工方式的混合工作方式。如果系统的负载较低，则完全可以使用 TDD/FDD模式以避免系统内的强干扰；仅当系统负载率较高时，才利用全双工技术提高带宽效率。全双工系统的上、下行信道共享同一个时频资源空间，系统实际上融合了 TDD 与 FDD 两种现有模式，并且消除了两者间的界限。在全双工与 TDD/FDD 双工方式之间进行模式选择将为系统带来选择分集的增益。另外，全双工技术也对当前采用 TDD 和 FDD 两种体系的通信系统提供了一种相互融合的演进方案，有利于提升系统和技术的未来发展空间。

习　　题

　　9-1　第五代移动通信包括哪三种应用场景？每种应用场景要求的关键性能指标是什么？

　　9-2　针对 5G 的三种应用场景，请对每种场景举出三个应用实例。

　　9-3　5G 中，数据信道采用什么编码方式，控制信道采用什么编码方式？

　　9-4　Massive MIMO 相比 MIMO 做了哪些方面的提升？

　　9-5　5G 网络部署时，包括哪两种组网方式？

　　9-6　5G 的核心网主要包括哪些网元，每种网元的主要功能是什么？

　　9-7　5G 基站分为哪两种逻辑节点？两种逻辑节点之间的接口是什么？5G 基站之间的接口是什么？5G 基站和 5G 核心网之间的接口是什么？

　　9-8　5G 的帧结构中，载波间隔、OFDM 符号、时隙之间的关系是怎样的？

　　9-9　毫米波一般是指哪一段的频率？

　　9-10　5G 的用户面协议栈相对于 LTE 的用户面协议栈多了哪一层？它的主要功能是什么？

第 10 章　LTE 基站开通与维护

4G 基站包括一体化宏基站、微基站、射频拉远（分布式基站）、直放站和室内分布系统等，其中，分布式基站和一体化宏基站是应用最广泛的基站。

10.1　分布式基站 BS8700

中兴分布式基站采用 eBBU/BBU（Evolution Baseband Unit，演进基带单元）＋eRRU/RRU（Evolution Remote Radio Unit，远端射频单元），两者配合共同完成 LTE 基站业务功能。

中兴分布式基站解决方案示意图如图 10.1 所示。

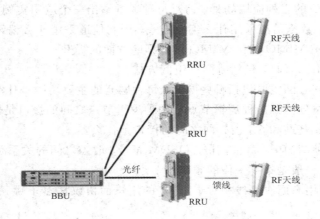

图 10.1　中兴分布式基站解决方案示意图

中兴 LTE eBBU/BBU＋eRRU/RRU 分布式基站解决方案具有以下优势：

（1）建网人工费和工程实施费大大降低。eBBU/BBU＋eRRU/RRU 分布式基站设备体积小、重量轻，易于运输和工程安装。

（2）建网快，费用省。eBBU/BBU＋eRRU/RRU 分布式基站适合在各种场景安装，可以上铁塔、置于楼顶、壁挂，其站点选择灵活，不受机房空间限制；可帮助运营商快速部署网络，发挥及早商用（Time-To-Market）的优势，同时节约机房租赁费用和网络运营成本。

（3）升级扩容方便，可节约网络初期的成本。eRRU/RRU 可以尽可能地靠近天线安装，从而节约馈缆成本，减少馈线损耗，提高 eRRU/RRU 机顶输出功率，增加覆盖面。

（4）功耗低，用电省。相对于传统的基站，eBBU/BBU＋eRRU/RRU 分布式基站功耗更小，可降低在电源上的投资及用电费用，节约网络运营成本。

（5）分布式组网，可有效利用运营商的网络资源。支持基带和射频之间的星形、链形组网模式。

（6）采用更具前瞻性的通用化基站平台。eBBU 的同一个硬件平台能够实现不同的标准制式，多种标准制式能够共存于同一个基站。这样可以简化运营商管理，把需要投资的多种基站合并为一种基站（多模基站），使运营商能更灵活地选择未来网络的演进方向，终端用户也将感受到网络的透明性和平滑演进。

ZXSDR B8200/8300 可实现 eNB 的基带单元功能，与射频单元 eRRU/RRU 通过基带—射频光纤接口连接，构成完整的 eNB。

ZXSDR B8200/8300 与 EPC 通过 S1 接口连接，与其他 eNB 间通过 X2 接口连接，在网络中的位置如图 10.2 所示。

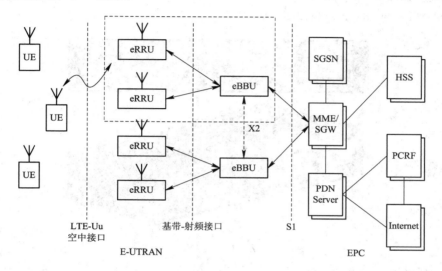

图 10.2　ZXSDR B8200/8300 在网络中的位置

BS8700 是中兴通讯自主开发的室内型 GSM/UMTS/LTE 多模分布式基站，它包括基站资源池 B8200/8300 和射频单元 RRU/eRRU，可实现 GSM 单模、UMTS 单模、LTE 单模，GSM/UMTS/LTE 多模基站功能；实现所覆盖区域的无线传输，以及对无线信道的控制；完成与 BSC/RNC/EPC 之间的通信。

BS8700 的硬件结构如图 10.3 所示。

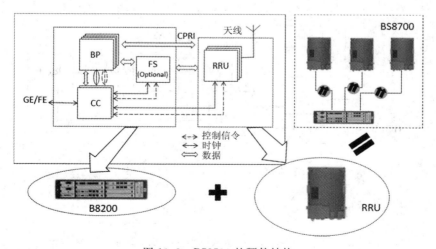

图 10.3　BS8700 的硬件结构

10.1.1　BBU8200/8300

ZXSDR B8200/8300 是一款支持多频段、多制式的基带单元，可同时支持 GSM、UMTS 及 LTE 等多种制式。仅需进行软件配置和少量的硬件改动，即可将 ZXSDR B8200/8300 配置为 GERAN 基站、UTRAN 基站、LTE 基站或者 GUL 多模基站。

ZXSDR B8200/8300 基于中兴 SDR 统一平台，采用基带射频分离的架构，以适应运营商长期演进的低成本策略。

ZXSDR B8200/8300 外观如图 10.4 所示。

图 10.4　ZXSDR B8200/8300 外观

1. 硬件结构

ZXSDR B8200/8300 包括的主要单板/模块有：CC(Control and Clock Module，控制与时钟板)、BPL(Baseband Processing Board Type L，基带处理板)、FS(Fabric Switch Module，光纤交换板)、SA/SE(Site Alarm Module (extend)，现场告警板及扩展板)、PM(Power Module，电源模块)和 FAM(FAN Module，风扇模块)，它们的连接关系如图 10.5 所示。

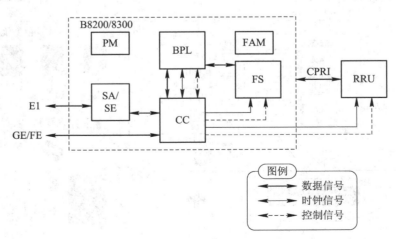

图 10.5　ZXSDR B8200/8300 硬件结构

各单板/模块的功能说明如下：

（1）CC：为系统提供时钟信号和维护接口。

（2）FS/BPL：与射频单元 RRU 基于 CPRI 接口进行通信，处理物理层协议。

（3）SA/SE：监控单板告警，提供干接点接口。

（4）FAM：监控和调整风扇状态。

（5）PM：为系统提供负载电源。

2. 软件结构

ZXSDR B8200/8300 的软件结构分为 SDR 平台软件层、LTE 适应软件层和 LTE 应用层，如图 10.6 所示。

图 10.6　ZXSDR B8200/8300 软件结构

（1）SDR 平台软件层：主要实现 BSP（Board Support Package，板级支持包）、OSS（Operational Support System，运营支撑系统）和 BRS（Bearing System，承载系统）的功能；

（2）LTE 适应软件层：主要实现 OAM 和 DBS（Database Subsystem，数据库子系统）的功能；

（3）LTE 应用层：实现 LTE 协议功能，包括控制面子系统、用户面子系统、调度器子系统、基带处理子系统等功能模块。

3. 产品功能

ZXSDR B8200/8300 作为多模 BBU，主要提供 S1、X2 接口、时钟同步、BBU 级联接口、基带射频接口、OMC（Operation Maintenance Center，操作维护中心）/LMT（Local Maintenance Terminal，本地操作维护终端）接口、环境监控接口等，并实现业务及通信数据的交换、操作维护功能。

ZXSDR B8200/8300 的主要功能包括：

（1）支持 R9 10-06 协议中描述的各种业务、各种功能和性能要求，可配置支持包括 IP 传输在内的多种传输方式，可配置支持 AISG 接口的电调天线；

（2）系统通过 S1 接口与 EPC 相连，完成 UE 请求业务的建立，完成 UE 在不同 eNB 间的切换；

（3）系统通过 X2 接口与其他 eNB 相连，完成 UE 在不同 eNB 间的切换；

（4）BBU 与 RRU 之间通过标准 LTE Ir 接口连接，与 RRU 系统配合，通过空中接口完成 UE 的接入和无线链路传输功能；

（5）数据流的 IP 头压缩和加密/解密；

（6）无线资源管理：无线承载控制、无线接入控制、移动性管理、动态资源管理；

（7）UE 附着时的 MME 选择；

（8）路由用户面数据到 SGW；

（9）寻呼消息调度与传输；

（10）移动性及调度过程中的测量与测量报告；

（11）PDCP、RLC、MAC、ULPHY、DLPHY 数据处理；

（12）通过后台网管（OMC/LMT）提供操作维护功能：配置管理、告警管理、性能管理、版本管理、前后台通信管理、诊断管理；

（13）提供集中、统一的环境监控，支持透明通道传输；

（14）支持所有单板、模块带电插拔；

（15）支持远程维护、检测、故障恢复，支持远程软件下载；

（16）支持 TD-SCDMA、LTE-TDD 双模组网；

（17）支持超级小区（SuperCell）功能；

（18）充分考虑支持 SON 功能。

4. 基带射频组网

ZXSDR B8200/8300 支持和 RRU 的星形/链形组网，两者之间通过光纤连接。

星形组网：如图 10.7 所示，每个 RRU 点对点连接到 ZXSDR B8200/8300。此种组网方式的可靠性较高，但会占用较多的传输资源，适合于用户比较稠密的地区。

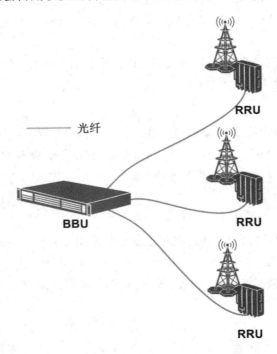

图 10.7　星形组网

链形组网：如图 10.8 所示，多个 RRU 连成一条链后再接入 BBU。此种方式占用的传输资源少，但可靠性不如星形组网的，适合于呈带状分布、用户密度较小的地区。

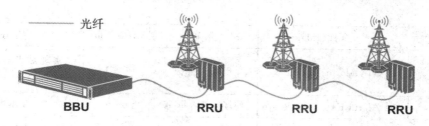

图 10.8　链形组网

5. 操作维护

对 ZXSDR B8200/8300 的操作维护包括远端维护和本地维护两种方式。

远端维护是由网管系统通过 IP 网等传输网络与 BBU 远端连接，对其进行操作维护的方式，如图 10.9 所示。一套网管系统可同时维护多个基站。

图 10.9　远端维护方式

6. 本地维护

LMT 是由 PC 通过以太网线与 BBU 直接物理相连，对其进行操作维护的方式，如图 10.10 所示。LMT 用于维护单个基站。

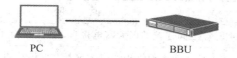

图 10.10　本地维护方式

7. 单板硬件

BBU 的硬件单板清单如表 10.1 所示。

表 10.1　BBU 的硬件单板清单

单板名称	全称（English）	全　称	支持数量	描　述
CC/CCE1	Control and Clock Board	控制与时钟板	1~2	实现 BBU 主控与时钟
BPL/BPL1/BPN2	Baseband Processing Board	基带处理板/增强型基带处理板	1~9	实现基带处理
FS/FS5C	Fabric Switch Board	光纤交换板	0~2	提供基带射频接口，并实现 I/Q 信号处理
UCI	Universal Clock Interface Board	通用时钟接口板	0~2	与 RGB 通过光纤相连，实现 GPS 拉远输入

单板名称	全称(English)	全　称	支持数量	描　述
SA	Site Alarm Module	现场告警板	0~1	实现站点告警监控和环境监控
SE	Site Alarm Extension Board	现场告警扩展板	0~1	实现 SA 单板功能扩展
PM	Power Module,−48 V DC input	电源模块	1~2	实现 BBU DC 电源输入,并给 BBU 单板供电
FAM	FAN Module	风扇模块	1	实现 BBU 风扇散热功能

其中,重要单板介绍如下。

1) CC 面板

CC 面板如图 10.11 所示。

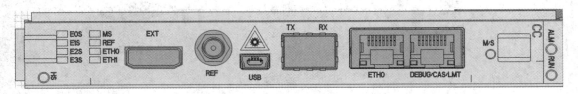

图 10.11　CC 面板

CC 面板接口说明如表 10.2 所示。

表 10.2　CC 面板接口说明

接口名称	说　明
ETH0	用于 BBU 与 EPC 之间连接的以太网电接口,该接口为 10M/100M/1000M 自适应
ETH1	用于 BBU 级联、调试或本地维护的以太网接口,该接口为 10M/100M/1000M 自适应电接口
TX/RX	用于 BBU 与 EPC 之间连接的以太网光接口,该接口为 100M/1000M,与 ETH0 互斥
EXT	外置通信口,连接外置接收机,主要是 485、PP1S+/2M+接口
REF	外接 GPS 天线接口

2) BPL0/BPL1 面板

BPL0/BPL1 提供的功能主要有:实现和 RRU 的基带射频接口;实现用户面处理和物理层处理,包括 PDCP、RLC、MAC、PHY 等。

BPL0/BPL1 面板如图 10.12 所示。

图 10.12　BPL0/BPL1 面板

BPL0/BPL1 面板接口说明如表 10.3 所示。

表 10.3　BPL0/BPL1 面板接口说明

接口名称	接口说明
TX0/RX0～ TX2/RX2	CPRI/Ir 光接口，用于连接 RRU。两种 BPL 单板支持的传输速率如下： BPL0：支持 3 对 2.4576 Gb/s 或 4.9152 Gb/s 或 6.144 Gb/s 光接口； BPL1：支持 3 对 2.4576 Gb/s 或 4.9152 Gb/s 或 6.144 Gb/s/9.8304 Gb/s 光接口

3）FS 面板

FS 面板如图 10.13 所示。

图 10.13　FS 面板

FS 面板接口说明如表 10.4 所示。

表 10.4　FS 面板接口说明

接口名称	接口说明
TX0/RX0～TX5/RX5	6 对 CPRI 光口/电口，用于 BBU 与 RSU/RRU 连接
ETH	10G 以太网接口，用于连接其他 BBU

4）SA 面板

SA 提供的主要功能有：支持 9 路轴流风机风扇监控（告警、调试、转速信息），提供 8 路 E1/T1 接口和保护。

SA 面板如图 10.14 所示。

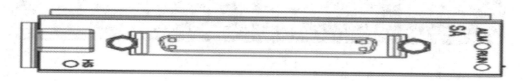

图 10.14　SA 面板

SA 面板接口说明如表 10.5 所示。

表 10.5　SA 面板接口说明

接口名称	接口说明
E1/T1 接口	8 路 E1/T1 接口，RS485/232 接口，6+2 干节点接口（6 路输入，2 路双向）

5）PM 面板

PM 的主要功能：电源监控、告警、输入/输出过流、过压等保护功能，系统支持两个 PM 主备方式或负荷分担方式运行。

PM 面板如图 10.15 所示。

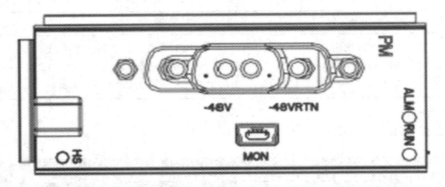

图 10.15　PM 面板

PM 面板接口说明如表 10.6 所示。

表 10.6　PM 面板接口说明

接口名称	接口说明
MON	调试用接口，RS232 接口
−48 V/−48 V RTN	−48 V 输入接口

8. 物理接口

ZXSDR B8200 TL200 设备物理接口如图 10.16 所示。

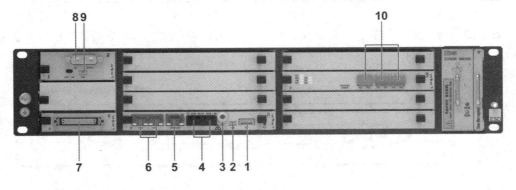

图 10.16　设备物理接口

ZXSDR B8200 TL200 物理接口描述如表 10.7 所示。

表 10.7   物理接口说明

标识号	接口名称	单板名称	接口功能描述
1	EXT	CCE1	外置通信口，连接外置接收机、时钟级联、测试用时钟接口
2	USB	CCE1	数据更新
3	REF	CCE1	与 GPS 天线相连的外部接口
4	ETH2/ETH3	CCE1	S1/X2 接口，GE/FE 光口
5	DEBUG/LMT	CCE1	级联、调试或本地维护接口，GE/FE 自适应电口
6	ETH0/ETH1	CCE1	S1/X2 接口，GE/FE 自适应电口
7	SA 接口	SA	RS485/232 接口，6+2 干接点接口(6 路输入，2 路双向)
8	−48 V/−48 V RTN	PM	−48 V 输入
9	MON	PM	调试用接口，RS232 串口
10	TX0/RX0～TX2/RX2	BPL	3 对 2.4576 Gb/s 或 4.9152 Gb/s 或 6.144 Gb/s OBRI/Ir 光口，与 RRU 互联

10.1.2   RRU

ZXSDR R8972E 远端射频单元是中兴通讯自主开发，符合 3GPP 标准，支持 TD-LTE +TD-SCDMA 双模、TD-LTE/TD-SCDMA 单模两通道、双天线的 RRU，用于宏蜂窝组网以及补盲覆盖，可应用于室内外环境。

ZXSDR R8972E 与 BBU 一起组成完整的基站，实现所覆盖区域的无线传输，以及对无线信道的控制。

1. 产品外观

ZXSDR R8972E 产品外观如图 10.17 所示。

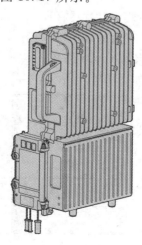

图 10.17   ZXSDR R8972E 产品外观

2. 系统结构

ZXSDR R8972E 系统结构如图 10.18 所示。

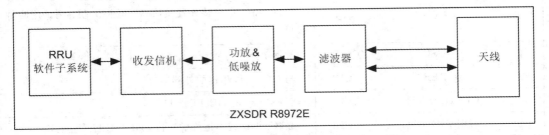

图 10.18　ZXSDR R8972E 系统结构示意图

ZXSDR R8972E 子系统说明如表 10.8 所示。

表 10.8　ZXSDR R8972E 子系统说明

名　称	类　型	功　能　说　明
RRU 软件子系统	软件子系统	实现软件操作系统及操作维护功能
收发信机	硬件子系统	包括电源接口、光口、控制功能、时钟功能、数字中频(DIF)、收发信机(TRX)功能
功放 & 低噪放	硬件子系统	功放放大下行信号，低噪放放大上行信号
滤波器	硬件子系统	对各通道射频信号进行滤波

3. 软件组成

ZXSDR R8972E 软件组成包括：

(1) RF(Radio Frequency，射频)管理，包括射频主控管理和射频通道管理两大部分；

(2) OAM 操作维护，提供整体操作维护适配接口。ZXSDR R8972E 提供的操作维护功能包括：配置管理、版本管理、性能统计、测试管理、安全管理、诊断测试、系统控制、通信处理。

(3) OSS(Operation-Support System，操作支持子系统)完全采用 SDR 平台架构。OSS 的基本功能包括调度管理、内存管理、定时器管理。

(4) BSP 采用统一架构设计，对上层采用统一接口。

(5) 操作系统 OS 采用 ZTE 自研 Linux 系统。

ZXSDR R8972E 的软件组成如图 10.19 所示。

图 10.19　ZXSDR R8972E 软件组成

4. 关键性能

ZXSDR R8972E 的关键性能如表 10.9 所示。

表 10.9　ZXSDR R8972E 的关键性能表

项　目	说　　明
无线制式	E 频段：TD-SCDMA/TD-LTE 双模 E 频段：TD-LTE
支持频段	E 频段：2320～2370 MHz
天线功能	支持 2×2 MIMO 2 路收发通道
支持的最大载波数	TD-SCDMA：18 载波（E 频段） TD-LTE：2×20 MHz（E 频段）＋TD-SCDMA：6 载波（E 频段） TD-LTE：2×20 MHz（E 频段）＋TD-LTE：1×10 MHz（E 频段）
信号带宽	50 MHz（E 频段）
每通道最大输出功率	E 频段：50 W
DPD 带宽	300 MHz
电源输入	直流：－48 V DC，交流：220 V AC

5. 硬件组成

ZXSDR R8972E 的硬件结构组成如图 10.20 所示，组成部分说明如表 10.10 所示。

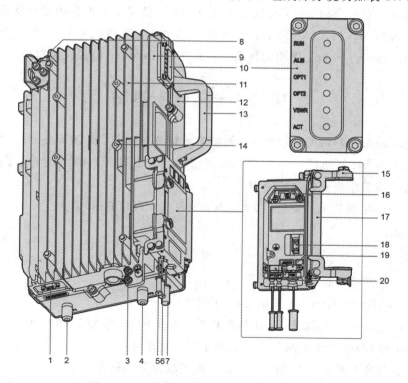

图 10.20　ZXSDR R8972E 的硬件结构构成

表 10.10　ZXSDR R8972E 组成部分说明

序号	组 成 部 分	序号	组 成 部 分
1	AISG/MON 接口	11	散热齿
2	天线接口 1(ANT1)	12	下壳体
3	接地螺栓	13	把手
4	天线接口 2(ANT2)	14	安装 RRU 支座的螺栓
5	光纤卡槽防水胶棒 1	15	操作维护窗把手
6	光纤卡槽防水胶棒 2	16	光纤接口
7	电源线卡槽防水胶棒	17	操作维护窗盖板
8	吊装支架	18	电源接口
9	上壳体	19	光纤压线夹
10	指示灯	20	电源线压线

　　RRU 设备采用全密封结构,由上壳体、下壳体组成。上、下壳体通过铰链进行旋转限位,用防盗螺钉连接。打开操作维护窗,内设直流/交流电源接口、2 个光口(OPT1 和 OPT2)。该设备有 6 个指示灯,可通过指示灯的显示情况了解设备的运行状态;设备底部有 2 个天线端口 ANT1～ANT2、1 个气密装置密封口(透气阀)、1 个 AISG(Antenna Interface Standards Group,电调天线端口)/MON(Monitor,监控设备)接口。

10.2　一体化宏基站

　　一体化基站是指基站的基带单元、射频单元集成在一起,天馈部分通过较长的天馈线连接到基站上,这种基站在 GSM、3G 基站中得到了广泛应用,4G 基站中在需要大功率超高容量覆盖的场景中也有较多的应用。

　　中兴的一体化宏基站主要包括 ZXSDR BS8800 系列和 BS89 系列。

1. BS8800

BS8800 基站如图 10.21 所示。

1) BS8800 基站的组成

(1) RSU (Radio Unit,射频单元):RSU82;

(2) Wiring Duct:走线槽,用于机架走线,例如 BBU 到 RSU 的光纤;

(3) Power Distribution Module:无源电源分配单元;

(4) 传输设备:可选,1U 槽位,可以内嵌传输或者微波设备;

(5) 风扇:总共 6 个风扇,用于 RSU 模块的散热。

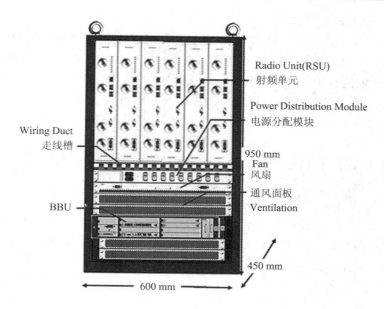

图 10.21　BS8800 基站

2）BS8800 基站的技术指标

（1）频率：支持 D、850、1800、1900、2100、2600 MHz 频段；

（2）灵敏度：−112.2 dBm@1.4 MHz，−108.2 dBm@3 MHz，−106 dBm@5，10，15，20 MHz；

（3）TOC 功率：2×60 W @ LTE 2.6 GHz；2×80 W @ CL 850/1900 MHz；2×80 W @ GL 1800 MHz；2×60 W @ UL 2.1 GHz；

（4）传输：支持 GE/FE。

2. BS89

BS89 系列基站如图 10.22 所示。

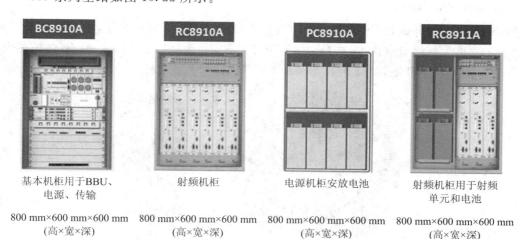

图 10.22　BS89 系列基站

BS89 系列基站的指标如下：

(1) BC8910A、RC8910A、RC8911A、PC8910A 机柜尺寸：800 mm×600 mm×600 mm；

(2) 重量：BC8910A 为 112 kg，RC8910A 为 144 kg（带 RSU82），RC8911A 为 100 kg（带 RSU82，无电池），PC8910A 为 52 kg（无电池）；

(3) 功耗：220V 交流(130～300 V 交流)，−48V 直流(−57～−40 V 直流)；

(4) 温度：−40～+55℃；

(5) 保护：IP55；

(6) 颜色和面材：银白色，铝合金；

(7) 支持频段：1.4、3、5、10、15、20 MHz；

(8) 支持频率：850、1800、1900、2100、2600 MHz；

(9) 灵敏度：−106 dBm @ 单天线；−108.6 dBm @ 双天线；−111 dBm @ 四天线；

(10) TOC 功耗：2×60 W @ LTE 2.6 GHz；2×80 W @ CL 850/1900 MHz；2×80 W @ GL 1800 MHz；2×60 W @ UL 2.1 GHz；

(11) 传输：GE/FE。

10.3　微(微微)型基站

小型蜂窝基站通常被认为是毫微微蜂窝基站、微微蜂窝基站、都市蜂窝基站或微蜂窝基站，所有这些都是小规模的蜂窝基站。相比典型的大型蜂窝基站，微蜂窝基站均以低功率运行，支持的用户数量也较少。一般来说，小型蜂窝基站是通过从宏基站上分担流量而增加容量的。

运营商部署微站的原因主要是：首先是部署快速灵活；其次是满足信号覆盖和容量的要求；最后是可以覆盖一些特殊场景，例如室内室外人口特别集中的地方，特殊场景比如隧道等。下面介绍中兴通讯有代表性的微站和配套产品，以及典型的组网方式。

1. 中兴 Pico RRU

Pico RRU 的外观如图 10.23 所示，其主要硬件特点为：吸顶圆盘，PoE(Power Over Ethernet，以太网线直流供电)接口，内置天线，不支持级联，多频段集成，每频段两个发射通道。表 10.11 和表 10.12 列出了两种 Pico RRU 的关键指标。

图 10.23　Pico RRU 外观

表 10.11　R8102 关键参数

关键特征	指 标 描 述
产品形态	整机硬件的主要特点：吸顶圆盘
业务特性	通道数：2T2R 频段：850 MHz/1.8 GHz/2.1 GHz/2.6 GHz 载频配置：GSM/UMTS/CDMA/LTE 多模 天线：内置天线（不支持外置天线）
供电要求	内置 PoE 模块，支持 CAT5E/6 线缆，和 PB 之间距离可达 100 m
传输要求	支持 Ir Over CAT5 传输
安装方式	吸顶安装、挂墙安装、抱杆安装

表 10.12　R8108 F851821 关键参数

关键特征	指 标 描 述
产品形态	R8108 机型整机硬件的主要特点：吸顶圆盘
业务特性	天线：内置天线（不支持外置天线） 通道 1 和通道 2：2T2R 频段：2.1 GHz，TX：2110～2170 MHz，RX：1920～1980 MHz 载频配置：FDD MAX 1×20 MHz LTE
业务特性	通道 3 和通道 4：2T2R 频段：1.8 GHz，TX：1805～1880 MHz，RX：1710～1785 MHz 载频配置：FDD MAX 1×20 MHz LTE 通道 5：1T1R 频段：800MHz，TX：866～880 MHz，RX：821～835 MHz 载频配置：1X 或者 DO 载波×1 CDMA 通道 6：1T1R 频段：800MHz，TX：866～880 MHz，RX：821～835 MHz 载频配置：1X 或者 DO 载波×1 CDMA
供电要求	内置 PoE 模块，支持 CAT5E/6 线缆，和 PB 之间距离可达 100 m
传输要求	支持 CPRI Over CAT5E 传输
安装方式	吸顶安装和挂墙安装

2. ZXSDR PB1000

ZXSDR PB1000 设备外观如图 10.24 所示，它是 Pico RRU 进行室内覆盖时使用的传输转换设备，主要完成光口 CPRI 到以太网电口的转换和 IQ 数据交换。ZXSDR PB1000 提供 10G 光接口和 RJ45 接口，可以为 Pico RRU 提供以太网传输。使用 ZXSDR PB1000 降低了 LTE 室内覆盖的成本，并且使 Pico RRU 部署更加便捷。

图 10.24　ZXSDR PB1000 设备外观

ZXSDR PB1000 支持以下功能：

（1）支持 10G 的单纤双向和双纤双向光模块，光模块有短距离和长距离两种型号，传输最大距离为 10 km；

（2）通过光接口与 BBU 互联，支持 Ir 协议；

（3）通过光口与其他 PB(P-Bridge，PICO RRU 桥接设备)进行级联；

（4）以太网口支持 SyncE(Synchronous Ethernet，同步以太网)功能；

（5）提供 8 个千兆以太网口与 Pico RRU 互联，以太网口支持 PoE 供电管理，输出功率可达 50 W；

（6）PB 和 Pico RRU 之间的传输距离可达 100 m；

（7）100～220 V AC 供电，电压波动范围为 90～290 V，频率波动范围为 43～67 Hz；

（8）支持 10 ms 的瞬间断电保护；

（9）支持设备自检和本地维护；

（10）根据 BBU 位置以及所要覆盖建筑物的特点，可以有多种建设方案。

3. Pico RRU 组网

如图 10.25 所示，BBU 集中放置于某机房，通过光纤拉远方式连接 PB，PB 位于需要覆盖的室内站点。

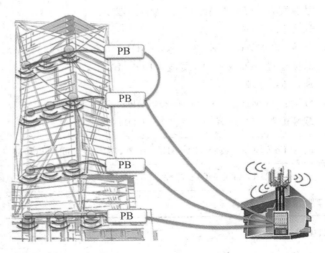

图 10.25　BBU 集中放置

此方案可以借用现有基站的资源，例如空余的安装位置、GPS、BBU 需要的－48 V 电源和传输资源。大部分站点应采用此方案。但当 BBU 直连 PB 比较多时，这种方案会需要比较多的纤芯资源。

10.4　硬 件 安 装

10.4.1　RRU 安装

1. eRRU/RRU 挂墙安装

eRRU/RRU 挂墙安装如图 10.26 所示。

图 10.26　RRU 挂墙安装

安装步骤如下：

（1）根据工程设计图纸，在墙上确定 eRRU/RRU 挂墙安装的具体安装位置，用打孔模板在墙上标记出孔位。

（2）用电动冲击钻在标记的位置钻孔，边钻边用吸尘器吸走产生的灰尘，随后安装膨胀螺栓。

（3）安装挂墙，安装整件。

（4）安装 eRRU/RRU。

2. eRRU/RRU 抱杆安装

eRRU/RRU 抱杆安装如图 10.27 所示。

图 10.27　RRU 抱杆安装

安装步骤如下：

（1）将 4 个绝缘垫圈安装到 eRRU/RRU 挂板的 4 个螺丝孔上。

（2）将两根长螺栓依次穿过弹垫、平垫、绝缘垫圈和标记有"FRONT"（前）的抱杆安装组件。

（3）将螺栓穿过标记有"BACK"（后）的抱杆安装组件上的螺丝孔并拧紧。同法，安装下部的抱杆安装组件。

（4）用螺栓依次穿过弹垫、平垫、绝缘垫圈，将防雷箱挂板固定在抱杆安装组件后面。

（5）将室外防雷箱用自带的 4 颗螺丝固定在防雷箱挂板上。

（6）在 RRU 挂板上挂装 RRU，完成 RRU 和防雷箱的背靠背安装。

（7）也可根据需要在抱杆安装组件的两边安装 RRU 挂架。

（8）挂装 2 个 eRRU/RRU。

10.4.2　BBU 安装

BBU 共有三种安装方式，下面分别介绍。

1. BBU 安装方式 1

BBU 与其他设备共 19 英寸机架安装，如图 10.28 所示。

图 10.28　BBU 与其他设备共 19 英寸机架安装

在站点，当现场存在其他 19 英寸机架设备（如电源、传输或其他制式 BTS 等）且机架中至少有 4 U（U 为电信设备高度单位，1 U＝4.45 cm）空间，eBBU 占 2 U，走线槽和 GPS 面板各占 1 U 可用时，可将 eBBU 与其他设备共机架安装。

2. BBU 安装方式 2

BBU HUB 柜安装，如图 10.29 所示。

安装步骤如下：

（1）根据工程设计图纸，在墙上确定 HUB 柜的具体安装位置，用打孔模板在墙上标记出孔位。

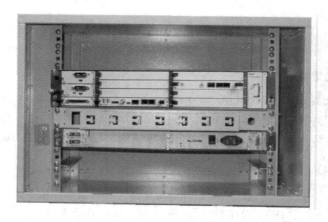

图 10.29　BBU HUB 柜安装

（2）用电动冲击钻在标记的位置钻孔，安装膨胀螺栓。

（3）将绝缘垫圈两片分开。

（4）将绝缘垫圈安装在 HUB 柜地角的螺丝孔上。注意，绝缘垫圈两片厚度不同，安装方向必须一致。

（5）将 4 个地角分别用 2 颗螺丝固定在 HUB 柜背面。

（6）用膨胀螺栓将 HUB 柜固定在墙上。

（7）将 BBU、GPS 面板、PM 依次固定在 HUB 柜对应位置上。

3. BBU 安装方式 3

简易挂墙安装，如图 10.30 所示。

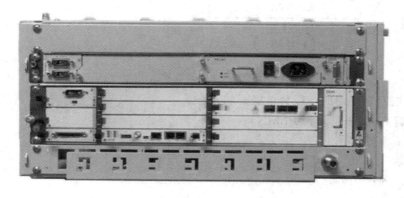

图 10.30　BBU 简易挂墙安装

安装步骤如下：

（1）根据工程设计图纸，在墙上确定 HUB 柜的具体安装位置，用打孔模板在墙上标记出孔位。

（2）用电动冲击钻在标记的位置钻孔，安装膨胀螺栓。

（3）将绝缘垫圈安装在简易挂墙架背面的 4 个螺丝孔上。

（4）用膨胀螺栓将简易挂墙架固定在墙面上。

（5）将 BBU、GPS 面板、PM 依次固定在简易挂墙架的对应位置上。

10.5　数据配置

1. eNB 数据配置概述

　　eNB 的数据配置在 OMMB(Operation and Maintenance Management of Base Station，基站操作维护管理)网管上进行，登录网管进入配置管理界面后，若不存在子网，则首先创建子网，然后创建网元，继而开始对该网元进行配置。配置流程如图 10.31 所示。

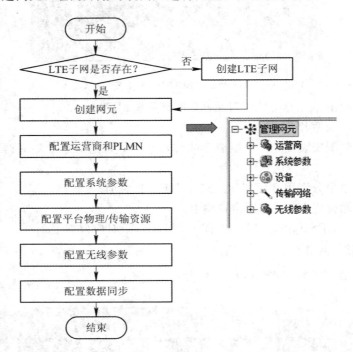

图 10.31　eNB 配置流程

　　配置是按网管呈现的 5 级菜单展开的：

　　(1) 运营商(其子菜单为 PLMN)；

　　(2) 系统参数；

　　(3) 设备；

　　(4) 传输网络；

　　(5) 无线参数。

　　配置完成后，需要将配置数据由网管下发至基站，该动作称之为数据同步。至此，配置流程结束。

　　eNB 初始配置采用 OMC 数据配置方式，一般只在新开局的情况下使用。初始配置数据文件以".XML"格式提供，所包含的数据必须完整、有效，并与物理设备保持一致。

2. 初始化配置

1) 启动网管客户端

选择开始→所有程序→NetNumen 统一网管系统→NetNumen 统一网管系统客户端菜

单，单击进入网管登录界面，如图 10.32 所示。

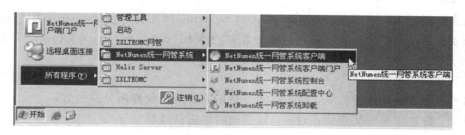

图 10.32　启动客户端程序

2）输入信息

输入正确的用户名、密码、服务器地址，如图 10.33 所示。

图 10.33　客户端登录界面

3）进入网管主界面

网管主界面如图 10.34 所示。

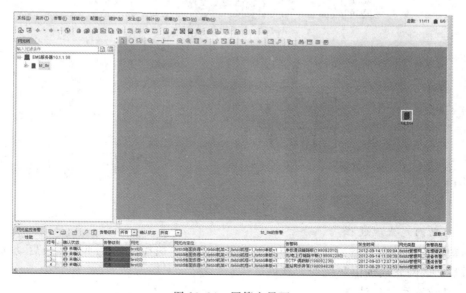

图 10.34　网管主界面

3. 创建网元代理

右击登录到 EMS(Element Management System，网元管理系统)，在屏幕左侧的树结构里依次选择 EMS 服务器→新建对象→基站→多模→MO(Managed Object，管理目标) SDR 网元代理，弹出如图 10.35 所示对话框。

配置相关参数：

名称：为该网元代理命名，最好是能直观地判断网元代理所处的位置；

时区：设置该网元代理所在时区，以当地时区进行选择；

供应商：该下级网管管理的设备的制造商，可不用修改，采用默认值即可；

网络地址：根据实际情况填写下级网管的 IP 地址；

管理状态：该网元代理当前的激活状态，由系统自动获取，用户不可修改。一般初始创建时为"未激活"，创建后，通过启动该网元代理，使其状态变为"激活"；

操作问题：该网元代理当前的使用状态情况，有三种，即"无"、"有问题"、"后台启动中"，由系统自动获取，用户不可修改。

一般初始创建时"操作问题"属性为"无"，创建后该属性将反映该网元代理当前的使用状态情况(例如，如果操作过程中界面上弹出针对该网元代理发生错误的提示信息，该属性将显示"有问题")。如图 10.35 所示，可通过查看"操作问题"属性来实时查看当前网元代理的使用状态情况和管理状态情况。

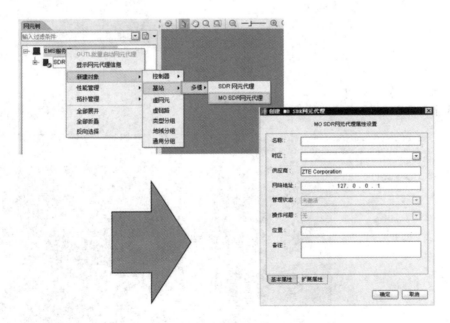

图 10.35　创建网元代理

1) 启动网元代理过程

右键单击刚才创建的网元代理节点，在弹出菜单中选择网元代理管理→启动命令。操作完成后，该网元代理由灰色变为彩色。

2) 启动网元管理过程

右键单击已启动的网元代理节点，在弹出菜单中选择网元管理→启动网元管理命令。

启动后，该网元代理右键快捷菜单将出现与网元管理相关的菜单项，如状态管理、配置管理、诊断测试、软件版本管理等，如图 10.36 所示。

3）启动配置管理过程

右键单击已启动的网元代理节点，在弹出菜单中选择网元管理→配置管理命令，进入配置管理界面，如图 10.36 所示。

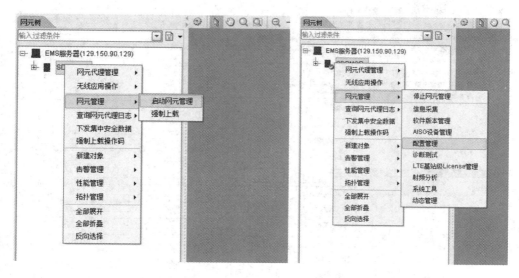

图 10.36　启动配置管理过程

4. 创建子网过程

在配置管理界面中，右键单击最上面的网管图标，在弹出菜单中选择创建子网命令，如图 10.37 所示。

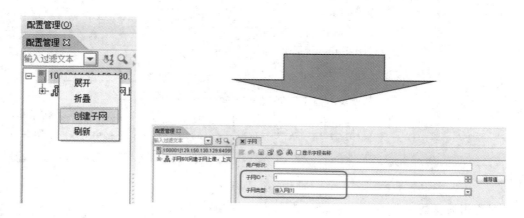

图 10.37　创建子网

配置相关参数：

用户标识：按规划设置；

子网 ID：一个 OMMB 下子网 ID 不能重复，如配置多个子网，应单击"推荐值"按钮；

子网类型：选择"接入网"（适用于无 RNC 的情况）选项。

5. 创建网元过程

右键单击 10.5.4 的 4. 所创建的子网, 在弹出菜单中选择创建网元命令, 如图 10.38 所示。

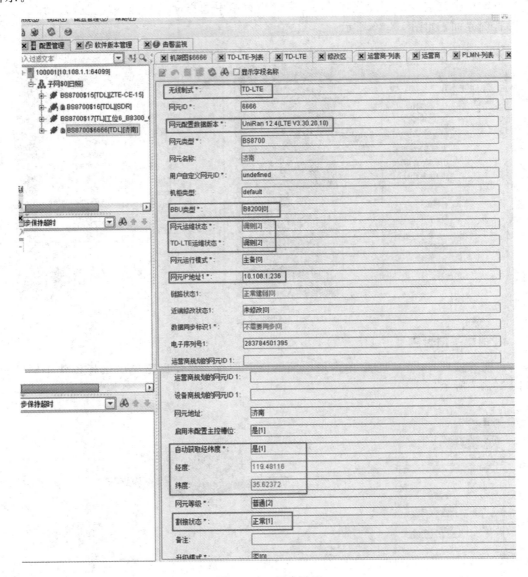

图 10.38 创建网元

配置相关参数:

无线制式: 参考值为 LTE FDD。该参数配置后, 在网管配置界面上无法修改, 如必须修改, 则应使用规划模板。修改时, 必须保证与网元配置数据版本匹配。

网元配置数据版本: 该参数与无线制式相关, 两者必须一起配置, 以保证匹配。应根据实际网元版本号进行选择。

网元类型: 参考值为 BS8700;

　　BBU 类型：参考值为 B8200。BBU 类型与网元类型紧密关联，选择网元类型后，BBU 类型下拉菜单中会出现相应支持的类型，应根据实际所用类型进行选择。

　　网元运维状态：网元的运维状态管理，主要用于在开站过程中控制数据。运维状态有以下 5 种：

　　（1）开通：网元正常状态，告警和性能数据可以正常上报到 EMS；

　　（2）调测：该模式相当于告警调测与性能调测组合；

　　（3）未开通：开站前主要的数据配置阶段，此时网元处于断链状态；

　　（4）告警调测：告警数据不会上报到 EMS；

　　（5）性能调测：性能数据不会上报到 EMS。

　　网元 IP 地址：指基站的 IP 地址。

　　经纬度：填写基站工勘提供的基站物理站址的经纬度信息。

　　割接状态：两种状态，一种是正常运营状态，一种是割接状态。

6. 配置运营商

　　配置运营商目录及 PLMN 目录，如图 10.39 所示。

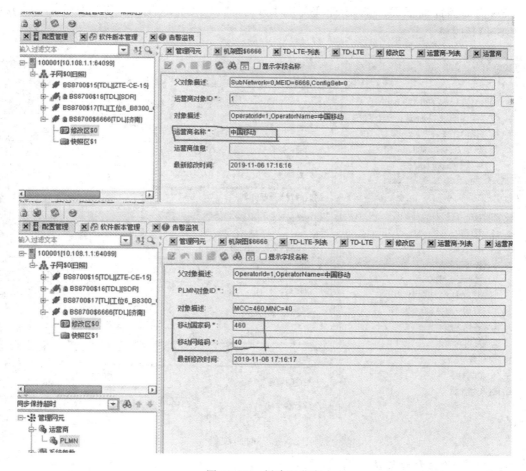

图 10.39　创建运营商

　　PLMN 是由政府或它所批准的经营者，为公众提供陆地移动通信业务目的而建立和经营的网络。该网络通常与 PSTN 互连，形成整个地区或国家规模的通信网。PLMN＝MCC(Mobile Country Code，移动国家码)＋MNC(Mobile Network Code，移动网络码)，MCC 的资源由 ITU 统一分配和管理，用于标识移动用户所属的国家，共 3 位，中国为 460；MNC，共 2 位，如中国移动为 00。

7. 配置系统参数

1) 时间配置

如图 10.40 所示，配置相关参数：

时间同步周期：每经过一个周期，基站与 NTP(Network Time Protocol，网络时间协议)服务器进行一次对时。

NTP 服务器 IP 地址：基站通过 NTP 从该服务器获取时间。如果没有配置独立的 SNTP(Simple Network Time Protocol，简单网络时间协议)时钟服务器，此处一般设置成 OMMB 服务器的 IP 地址。

SNTP 备用服务器 IP 地址：备份 SNTP 服务器地址，如不配置备份 SNTP，可不填。

SNTP 使能：配置是否启用 SNTP 对时功能。"否"表示不启用 SNTP 时钟，"是"表示启用 SNTP 时钟。

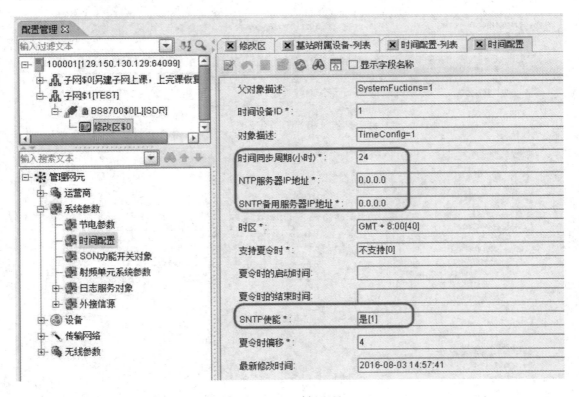

图 10.40　时间配置

2) SON 功能开关对象配置

SON 功能开关有 4 个，如图 10.41 所示。

配置相关参数：

硬件自发现开关配置：用于网管自动发现 RRU 和 BBU 单板，默认关闭。

自开站开关配置：GU(GSM 和 UMTS 双模)产品使用，默认关闭。

传输自建链开关配置：修改为"开启 FE 辅助建链"。

配置数据回滚开关配置：默认开启。割接时，用于传输通道配置回滚。

图 10.41　SON 功能开关对象配置

8. 配置平台资源

配置 BBU 单板首先应添加单板，需要添加的单板主要包括主控板(CCC 或者 CCE1，任选一种)、基带板 BPL1、电源板 PM 和告警板 SA。

1) 添加 CC 单板

目前商用大多配置的 CC 单板的型号为 CCC(即 CC16/CC16B)、CCE1，任选一种配置。这里以添加 CCE1 板为例：

在"物理视图"窗口中，根据 CCE1 单板槽位规划，在槽位空白处单击右键，选择"增加单板"，在弹出的"增加单板"对话框中，"单板类型"配置为"CCE1"，"单板制式"配置为"ALL"，"单板功能模式"配置为"通用"。单击"确定"按钮，即可完成 CCE1 单板的创建。

2) 添加其他单板

同样的步骤操作，可完成基带板 BPL1、电源板 PM 和告警板 SA 的创建。

至此，全部单板添加完成，如图 10.42 所示。

3) 配置 BBU 单板——配置 CC 单板时钟参数

创建时钟设备集过程：在如图 10.43 所示界面中，选择设备→B8200→CCC→时钟设备集选项。

配置时钟设备前，要先配置父节点"时钟设备集"，根据支持的制式和同步方式配置。

时钟同步模式：基站与时钟参考源同步的方式。LTE-FDD 时钟可采用频率同步或相位同步，而 LTE-TDD 仅支持相位同步；FDD/TDD 双模站点选择相位同步模式。

若无特殊需求，则 LTE-FDD 时钟通常选择频率同步模式；若 LTE-FDD 开通某些特殊功能，如 COMP 功能，则需要选择相位同步模式。在相位同步模式下，当时钟状态从"坏"跳变为"好"时，可能会出现业务闪断的情况，并伴随出现告警。

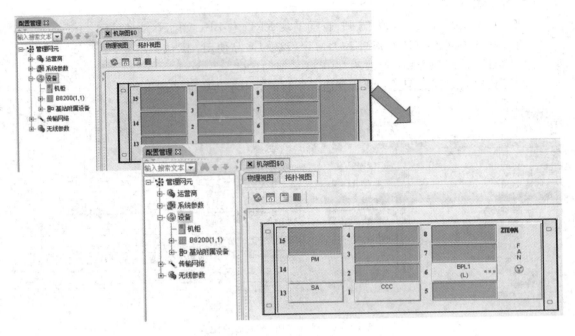

图 10.42　配置硬件框图

　　时钟源切换策略：主控板上配置多个时钟参考源，当某个时钟参考源发生故障时，时钟参考源之间的切换策略。

　　时钟级联输出方式：可以配置时钟输出方式为级联或者不级联，根据所接时钟连接方式确定，一般配置为按优先级切换。

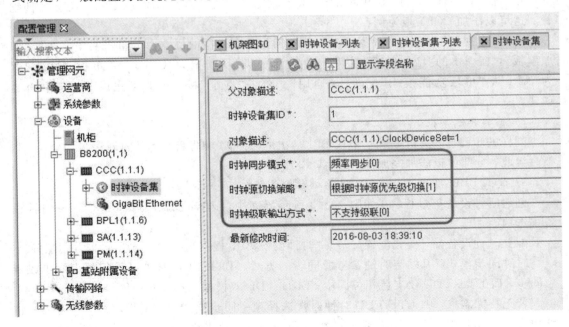

图 10.43　配置时钟(1)

时钟源优先级由用户通过"时钟设备"中"优先级"参数进行配置；时钟源状态是指在使用该时钟源的情况下单板的时钟锁定状态（参见图 10.44）。

如图 10.44 所示，时钟源优先级配置方法为：选择设备→CCC→时钟设备集→时钟设备。

时钟参考源类别：有 GNSS 时钟、线路时钟、1588 时钟、以太网时钟等多种类别可选，根据所接时钟类别确定。

时钟参考源类型：有内置 GNSS、外置面板 GNSS、外置背板 GNSS、1PPS＋TOD 等多种模式可选，根据所接时钟参考源确定。

优先级：时钟参考源的优先级，1 为最高优先级。

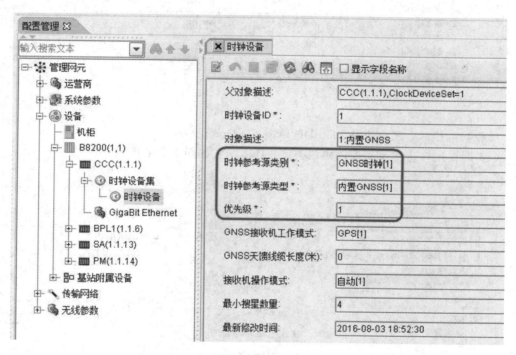

图 10.44　配置时钟(2)

4）配置 BBU 单板——配置 BP 板

配置单板制式及功能模式过程：如图 10.45 所示，依次选择设备→B8200→BPL1 选项，配置相关参数如下。

（1）BPL1 单板配置方法。

单板类型：配置为"BPL1"；

单板制式：配置为"LTE FDD"；

单板功能模式：配置为"LTE FDD 单模（IQ Compressed）"，其中 I 是 in-phase（同相），Q 是 quadrature（正交），IQ 调制，即"LTE FDD 单模 IQ 压缩模式"。

（2）BPN0 单板配置方法。

单板类型：配置为"BPN0"；

单板制式：配置为"LTE FDD"；

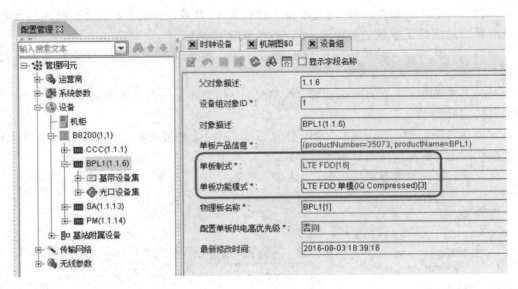

图 10.45　配置光口（1）

单板功能模式：配置为"LTE FDD 单模（IQ Compressed）"。

（3）配置光口速率及光模块协议类型，具体配置如图 10.46 所示。

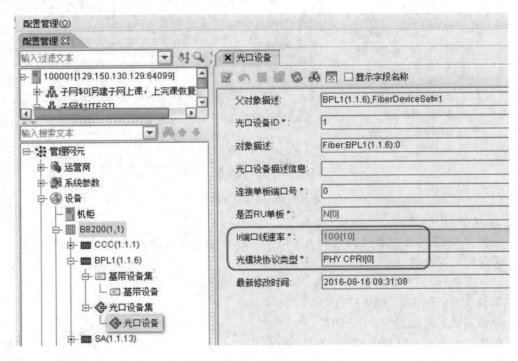

图 10.46　配置光口（2）

Ir 端口线速率：可选 10G、6G、3G 等速率，根据采用的光模块实际速率配置。

光模块协议类型：可选 PHY CPRI、PHY LTE IR、PHY OBSAI、PHY OBRI 等参数，这里选择"PHY CPRI"。

5）配置 PM 电源设备集

如图 10.47 所示，依次选择设备→B8200→PM→电源设备集选项。

配置关键参数：

电源工作模式：一块 PM 时，电源工作模式选择"主备模式"；两块 PM 时，需要修改每块 PM 的工作模式为"负荷分担模式"。其中：

主备模式：一个网元内具有相同功能的业务单板（一个网元通常由多个不同的功能模块组成，一个或多个功能模块通常具有多块业务单板），其中一块单板工作，其他单板处于备用状态。当工作单板发生故障时，备用的单板开始接替它的职能，开始工作。

负荷分担模式：一个网元内具有相同功能的业务单板（一个网元通常由多个不同的功能模块组成，一个或多个功能模块通常具有多块业务单板）彼此共同分担工作负荷。

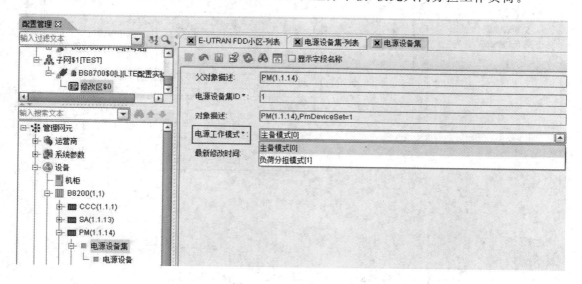

图 10.47　配置电源板

9. 配置 RRU——添加 RRU

1）添加 RRU

如图 10.48 所示，双击"设备"目录，配置相关参数：

机架编号：RRU 机架号，从 51 开始顺序增加。

- RRU/PB：51～201、2～50；
- RSU：2～50、51～201；
- pRRU：51～201、2～50、214～251。

RRU 类型：根据实际的 RRU 型号选择。

单板制式：单板所属的无线制式。

单板功能模式：单板工作时所使用的功能模式。

2）配置 RRU 制式及功能模式

具体配置如图 10.49 所示。

3）配置 RRU 上行连接方式

具体配置如图 10.50 所示。

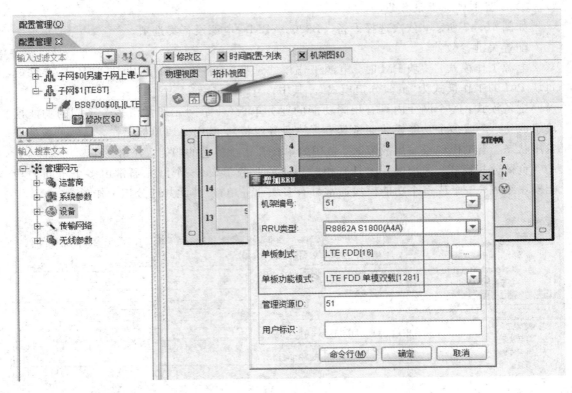

图 10.48　增加 RRU

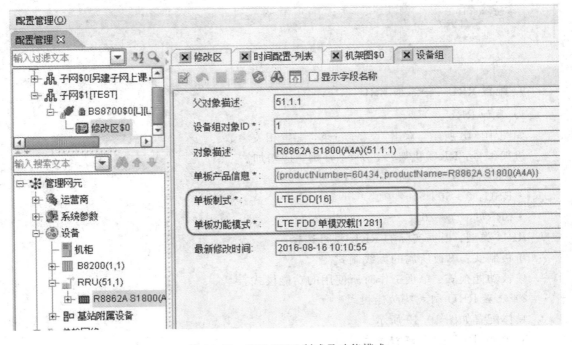

图 10.49　配置 RRU 制式及功能模式

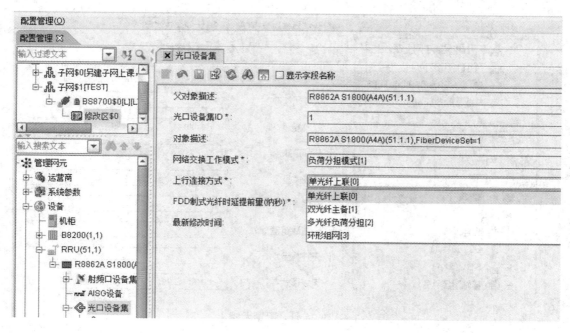

图 10.50　配置 RRU 上联口

10. 配置基站附属设备配置——天线服务功能

（1）打开天线属性对象设置窗口，如图 10.51 所示。

（2）天线物理实体对象配置过程如图 10.52 所示。依次选择设备→基站附属设备→天线服务功能→天线物理实体对象选项，在打开的对话框中配置天线物理实体对象（智能天线只配置一条即可）。这里要根据天线类型引用对应的天线属性对象。

配置相关参数：

天线实体 ID/天线实体编号：自动生成，也可以根据用户需要调整。推荐：天线实体 ID＝天线实体编号，并且取值小于 10 000。

使用的天线属性：可以从下拉框中选择天线属性。

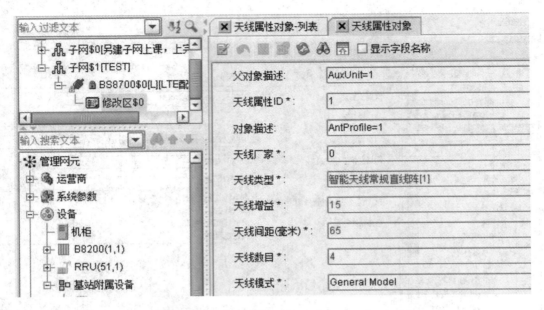

图 10.51　配置天线

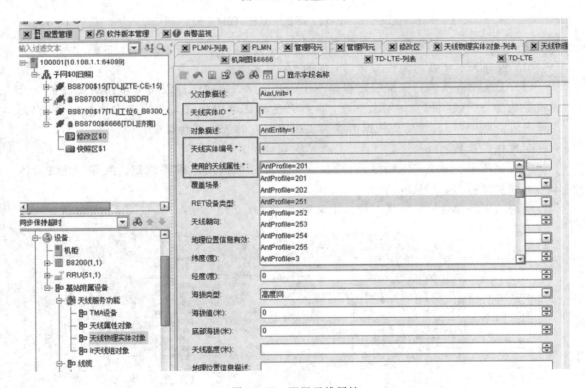

图 10.52　配置天线属性

（3）图 10.53 所示为配置基站附属设备——线缆。其中，射频线配置用来配置天线发射/接收端口与天线口的映射关系。

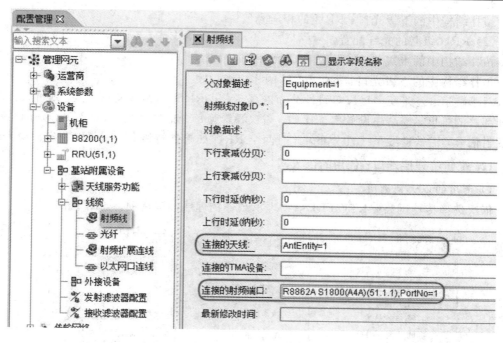

图 10.53　射频线配置

11. 配置光纤

光纤配置用于关联基带板/交换板和 RRU，或者是 RRU 级联。依次选择设备→基站附属设备→线缆→光纤选项，如图 10.54 所示。

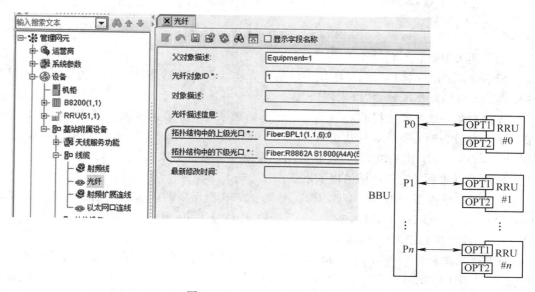

图 10.54　RRU 光纤连接配置

配置关键参数：

（1）关联基带板和 RRU 的光纤配置。

拓扑结构中的上级光口：基带板/交换板的相应光口。

拓扑结构中的下级光口：RRU 的相应光口。

（2）RRU 级联的光纤配置。

拓扑结构中的上级光口：上级 RRU 的相应光口。

拓扑结构中的下级光口：下级 RRU 的相应光口。

对于隧道、公路及多楼层等线性分布的场景，若 RRU 可支持级联功能，则可大大降低光纤部署的难度，提高建设效率。比如，高铁场景为每个抱杆挂两个 RRU，分别向两个方向发射信号，沿铁道线呈线性分布，此时两个 RRU 如果支持级联，则可以节省一根光纤。

12. 配置物理层端口：使用的以太网

1）使用的以太网配置

依次选择传输网络→LTE FDD→物理承载→物理层端口选项，如图 10.55 所示。

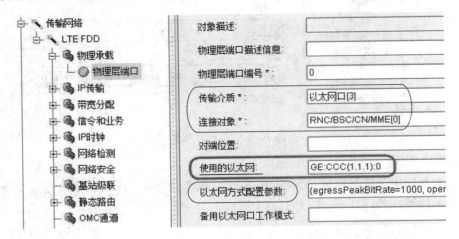

图 10.55　物理层配置：以太网

配置相关参数：

传输介质：配置物理层端口所使用的物理介质。不论基站是通过光纤还是网线连接至传输网络，该参数都配置为"以太网口"。

连接对象：该对象连接的对端网元。在基站级联时，上级该属性设置为"SDR"。当取值为第三方设备时，表示本基站在 ATM(Asynchronous Transfer Mode，异步传输模式)＋FE(Fast Ethernet，快速以太网)级联情况下为第三方设备提供数据传输通道。

使用的以太网：端口使用的以太网如图 10.55 所示，用于 IP 传输模式。其中：

• 若 CC 单板型号为 CC16/CC16B，如图 10.56 所示，则该参数应选择为"GE：CCC(1.1.1)：0"。"GE：CCC(1.1.1)：0"对应电口 ETH0 或光口 TX/RX，"GE：CCC(1.1.1)：1"对应 DEBUG(调测)口。

• 若 CC 单板型号为 CCE1，如图 10.57 所示，则该参数应根据前台实际使用的端口进行选择，"GE：CCE(1.1.1)：0/1"对应电口 ETH0/1，"GE：CCE(1.1.1)：2/3"对应光口"ETH2/3"，"GE：CCE(1.1.1)：32"对应 DEBUG 口。例如，基站使用网线通过 CCE1 的 EHT0 接入传输网，则该参数应选择为"GE：CCE(1.1.1)：0"；基站使用光纤通过 CCE1 的"ETH2"接入传输网，则该参数应选择为"GE：CCE(1.1.1)：2"。

以太网方式配置参数：物理层端口使用的是以太网的 IP 传输模式，需要配置工作模式、发送带宽。

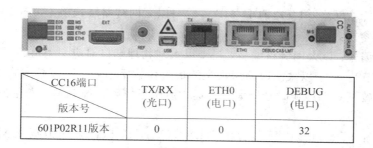

CC16端口　版本号	TX/RX（光口）	ETH0（电口）	DEBUG（电口）
601P02R11版本	0	0	32

图 10.56　CC16B 面板

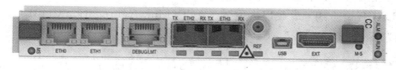

CCE1端口　版本号	ETH0（电口）	ETH1（电口）	ETH2（光口）	ETH3（光口）	DEBUG（电口）
601P02版本	0	1	2	3	32

图 10.57　CCE 面板

2）配置物理层端口——以太网方式配置参数

以太网参数配置如图 10.58 所示。

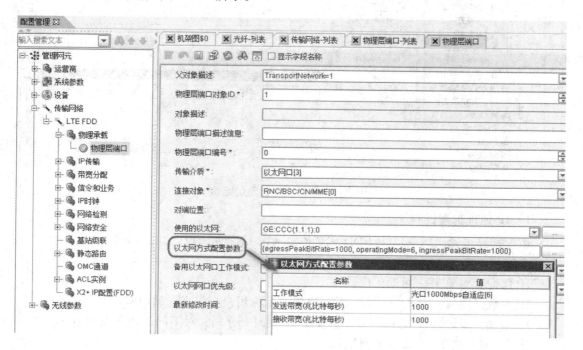

图 10.58　以太网参数配置

13. 配置以太网链路层

依次选择传输网络→LTE FDD→IP 传输→以太网链路层选项，如图 10.59 所示。

配置相关参数：

以太链路编号：以太网链路编号，一个以太网物理端口对应一条链路。

MTU(字节)：每个以太网链路层报文的最大传输字节数，数值越大带宽利用率越高，但有可能会导致端对端传输时延增大。现场中应根据实际情况调整，避免数据包在网络传输时被分片。

VLAN ID：以太网帧中所包含的 VLAN(Virtual LAN，虚拟局域网)编号，如图 10.59 所示，可以不填，最多可填 30 个。

使用的物理层端口：承载以太网的物理层端口。

使用的 LACP 聚合组：承载以太网的 LACP(Link Aggregation Control Protocol，链路汇聚控制协议)聚合口。若无 LACP 口，可不填。

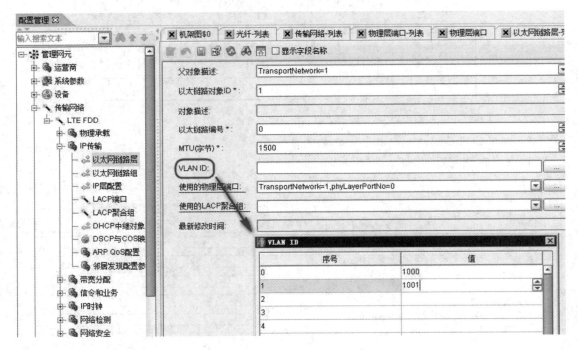

图 10.59　以太网链路层配置

14. IP 地址配置过程

依次选择传输网络→LTE FDD→IP 传输→IP 层配置选项，如图 10.60 所示。

配置相关参数：

IP 层配置对象 ID：自动生成。

IP 参数链路号：IP 配置的标识号，取值范围内用户自定义。站内唯一。

IP 地址：基站侧 IP 地址。可配置多个 IP 地址，分别针对不同的业务流通道。

掩码：基站侧 IP 地址的子网掩码。

网关 IP：网关 IP 地址。

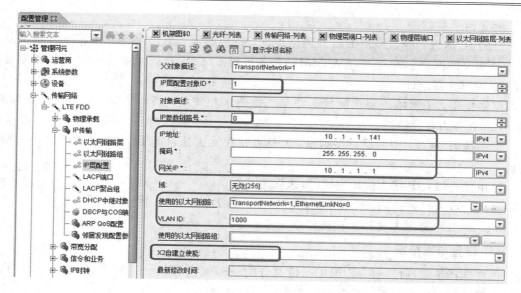

图 10.60　IP 层配置

使用的以太网链路：关联承载 IP 的以太网链路，表明该 IP 是承载在哪一条以太网链路上。

VLAN ID：必须与在以太网链路中配置的 VLAN 号相关联。

X2 自建立使能：用于 LTE 的 X2 自建立，一般不配置。

15. 静态路由配置

当"IP 层配置"中所配置的默认网关无法到达目的网络时，需要配置静态路由信息以确定 IP 包的发送方向。静态路由条目需要配置目的网络地址和下一跳网关地址。依次选择传输网络→LTE FDD→IP 传输→静态路由配置选项可进行配置，如图 10.61 所示。

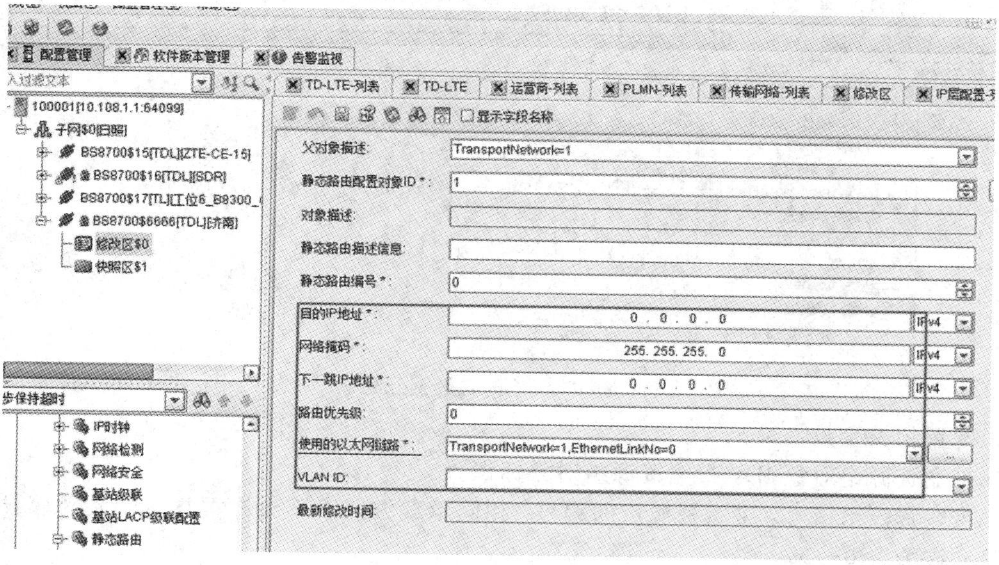

图 10.61　静态路由配置

配置相关参数：

目的 IP 地址：静态路由的目的网络地址，指控制面、用户面、OMC、1588 报文目地 IP 地址所在的网络。这里可填入 MME 业务地址、SGW 业务地址、网管服务器地址或 1588 时钟服务器地址。

网络掩码：子网掩码要求配置必须是二进制 1 相邻的，例如 255.1.0.0 为无效掩码，255.128.0.0 为有效掩码。

下一跳 IP 地址：下一跳网关地址，基站发送报文到达目的 IP 前所经过的第一个网关地址。

路由优先级：IP 路由的优先级，0 表示最优先。

使用的以太网络链路：配置以太网链路生成的 EthernetLink 号。

VLAN ID：必须与在以太网链路中配置的 VLAN 号匹配。

16. 配置带宽分配

依次选择传输网络→LTE FDD→带宽分配→带宽资源组→带宽资源选项，可进行带宽资源组及带宽资源配置，如图 10.62 所示。

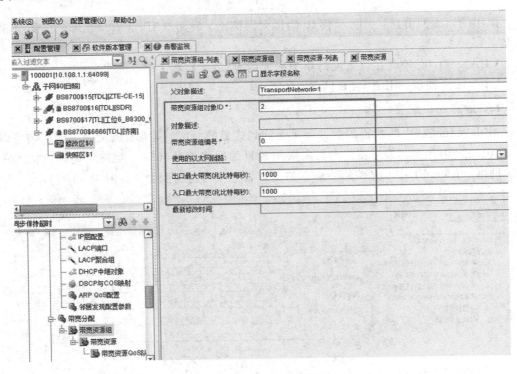

图 10.62　配置带宽分配

配置相关参数：

带宽资源组对象 ID：带宽资源组对象标识。

带宽资源组编号：带宽资源组的编号，相同承载方式下不允许重复。以太网承载方式下只允许配置 0~7。

使用的以太网链路：表示该带宽划分规则应用的以太网链路，配置以太网链路生成的以太网链路号。

出口最大带宽：100 Mb/s 以太网传输带宽配置为 100(Mb/s)；1000 Mb/s 以太网传输带宽配置为 1000(Mb/s)；与"物理层端口"配置保持一致。

入口最大带宽：100 Mb/s 以太网传输带宽配置为 100(Mb/s)；1000 Mb/s 以太网传输带宽配置为 1000(Mb/s)；与"物理层端口"配置保持一致。

带宽资源编号：带宽资源的编号，用户自定义。

发送带宽权重：用于配置发送带宽权重。带宽资源组出口最大带宽乘以发送带宽权重是该带宽资源的最小保证带宽。

17. 配置 S1 SCTP 偶联

S1 接口控制面(S1AP)采用 SCTP。SCTP 偶联由两个 SCTP 端点的传送地址来定义，当 SCTP 在 IP 上运行时，传送地址就是由 IP 地址与 SCTP 端口号的组合来定义的，因此通过定义本地 IP 地址、本地 SCTP 端口号、对端 IP 地址、对端 SCTP 端口号 4 个参数，就可以唯一标识一个 SCTP 偶联。如图 10.63 所示，依次选择传输网络→LTE FDD→信令和业务→SCTP 选项，可进行 SCTP 偶联配置。

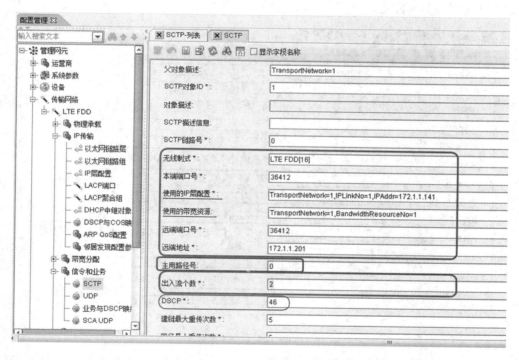

图 10.63　S1 SCTP 偶联配置

SCTP 提供全 IP 传输功能，通过 IP 网络来承载无线网络层控制面的 NBAP 信令。SCTP 参数最多只能配置 36 条记录，本端 IP 地址和远端 IP 地址必须是一一对应的。

配置相关参数：

无线制式：表示 SCTP 偶联用于哪些制式。

本端端口号：SCTP 偶联的本端端口号，是对接参数。S1 本端端口号在允许的取值范围 0～65 535 之间可以任意规划，外场推荐为 36412(参考 3GPP TS 36.412)；如果局方有自己的规划原则,以局方的规划原则为准。3GPP 对于 X2-Control 的 SCTP 本端端口号做了明确规定,固定为 36422(参考 3GPP TS 36.422)。根据 SCTP 链路类型推荐使用对应端口。

该端口号影响范围:eNB。

使用的 IP 层配置:偶联使用的本端 IP 地址。

使用的带宽资源:配置用于 SCTP 方式的带宽资源,调用已配置的带宽资源编号。

远端端口号:SCTP 偶联的远端端口号,是对接参数。3GPP 对于 S1-Control/X2-Control 的 SCTP 对端端口做了明确规定,分别固定为 36412/36422。根据 SCTP 链路类型推荐使用对应端口。该端口影响范围:eNB。

远端地址:SCTP 偶联的远端 IP 地址,是对接参数,可对应最多 4 个对端 IP 地址。

主用路径号:与偶联中的 4 个 IP 地址对相对应,标识着选择这 4 对 IP 地址中的某对作为首选路径。当远端地址配置为多个 IP 时,可按规划设置首选通道。

出入流个数:SCTP 偶联的出入流数量,最多可以配置 6 条出入流。

DSCP:IP 服务模型的配置。根据场景选择不同的模型。

如图 10.64 所示,依次选择传输网络→LTE FDD→信令和业务→SCTP 选项,还可进行 SCTP 偶联多归属配置。

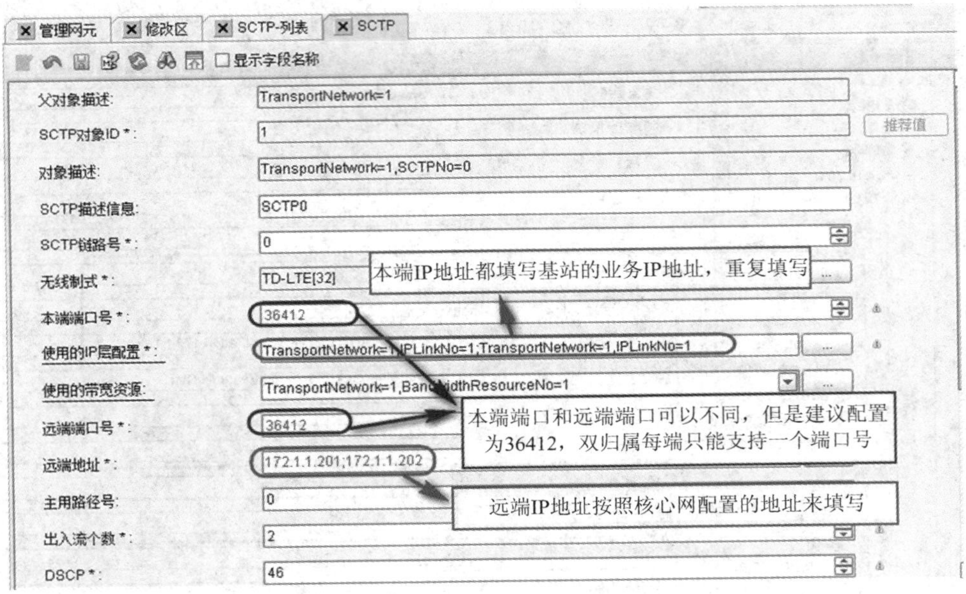

图 10.64　SCTP 偶联配置

针对一套 MME,只需要配置一条偶联,然后配置双归属或多归属;针对 MME POOL,需要对不同的 MME 配置不同的偶联,也要配置多归属。

配置原则是:基站使用一个 IP(LTE 业务 IP1),核心网使用两个 IP(IP2、IP3);基站侧配置 SCTP 偶联时,本端 IP 选择两次(IP1、IP1),远端 IP 选择两次(IP2、IP3),其他参数按照原来的配置执行即可。

18. 配置 X2 SCTP 偶联

依次选择传输网络→LTE FDD→信令和业务→SCTP 选项,如图 10.65 所示。

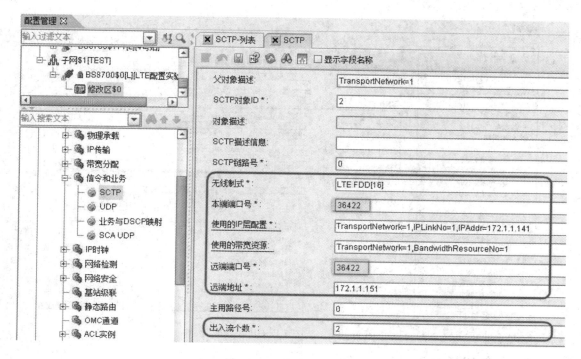

图 10.65   X2 SCTP 配置

对于 X2 偶联的远端 IP 地址，应根据实际的传输组网规划进行填写。例如，若对端 eNB 仅有一个 IP 地址（即所有业务流均通过该 IP 地址进行通信），则 X2 偶联的远端 IP 地址通常填写为对端 eNodeB 的网元 IP 地址；若对端 eNB 为 X2 业务流单独划分了 IP 和 VLAN，则 X2 偶联的远端 IP 地址需要填写为对端 eNodeB 的 X2 业务流的 IP 地址。

DSCP 是为了保证通信的 QoS，其在数据包 IP 头部的 8 个标识字节进行编码，用来划分服务类别，区分服务的优先级。

19. 业务与 DSCP 映射配置

依次选择传输网络→LTE FDD→信令和业务→业务与 DSCP 映射选项，可进行业务与 DSCP 映射配置，如图 10.66 所示。

配置相关参数：

使用的 IP 层配置：用于配置承载业务的 IP 参数，即选择用于用户面 S1-U 的所对应的 IP Link。

使用的带宽资源：用于配置承载业务的带宽资源。配置带宽资源后，必须配置该属性值。

LTE FDD 业务与 DSCP 映射：LTE FDD 业务类型和 DSCP 之间的映射规则，用于表示 IP 层以何种服务质量优先级来承载对应的业务类型。当 DSCP 值为 255 时，代表对应的业务不在此 IP 层上承载。

运营商：关联运营商配置，表示为哪个运营商划分的带宽规则。属性为空时，代表不在运营商之间进行带宽控制。

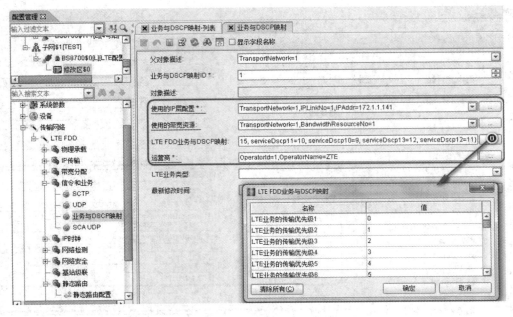

图 10.66　业务与 DSCP 映射配置

20. 配置 OMC 通道

依次选择传输网络→LTE FDD→OMC 通道选项，可进行 OMC 通道配置，如图 10.67 所示。

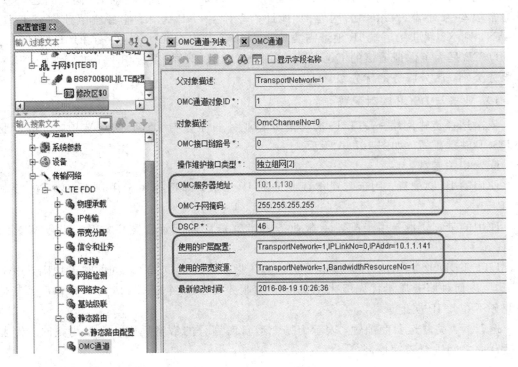

图 10.67　OMC 通道配置

OMC 通道用于 eNB 和 OMM 建链，配置相关参数如下：

OMC 服务器地址：独立组网方式下的 OMC 服务器 IP 地址，一般填写为 OMMB 服务器的 IP 地址。

OMC 子网掩码：独立组网方式下的 OMC 服务器子网掩码。

DSCP：操作维护报文的传输质量优先级，用户自定义，建议配置为 46，含义为 EF 业务、加速转发、最小时延、最大流量。

使用的 IP 层配置：调用已配置的 IP 参数链路。

使用的带宽资源：关联带宽资源配置，调用已配置的带宽资源编号。

21. 创建 LTE FDD 网络

依次选择无线参数→LTE FDD 选项，可创建 LTE 网络，如图 10.68 所示。

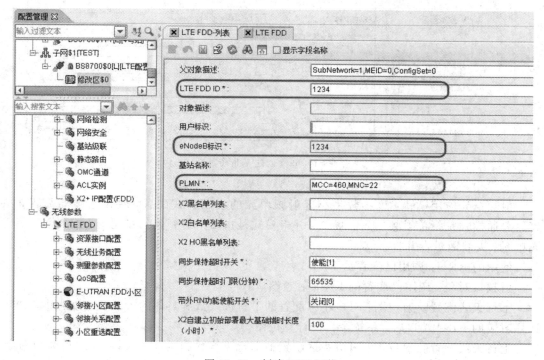

图 10.68   创建 LTE 网络

配置相关参数：

LTE FDD ID：节点 ID，建议配置为与 MEID(Mobile Equipment Identifier，移动设备识别码)一致；

eNodeB 标识：全网唯一，建议配置为与 MEID 一致；

PLMN：调用已配置的 PLMN。注意：PLMN 编码方式要与核心网配置一致，若不一致，则会导致 S1 口建立失败。

22. 创建基带资源

依次选择无线参数→LTE FDD→资源接口配置→基带资源选项，可创建基带资源，如图 10.69 所示。

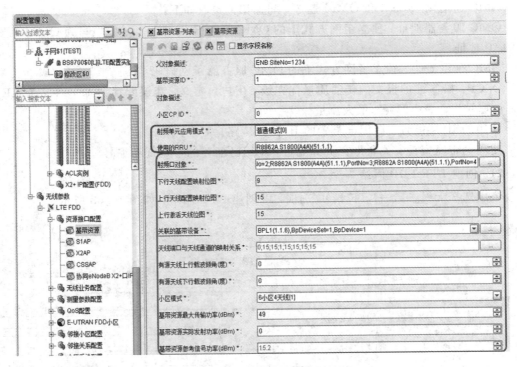

图 10.69　创建基带资元

配置相关参数：

射频单元应用模式：该参数是小区射频单元的应用模式配置，在配置基带资源时配置。普通模式是指单射频单元的场景，并柜模式是指多个射频单元在逻辑上合并为一个射频单元，天线数量合并。

使用的 RRU：调用已配置的 RRU。

射频口对象：调用已配置的 RRU 射频端口。

下行天线配置映射位图：对应小区配置的下行天线数和具体的天线。在"射频口对象"选择对应的 RRU 端口后，系统会自动计算位图。

上行天线配置映射位图：对应小区配置的上行天线数和具体的天线。在"射频口对象"选择对应的 RRU 端口后，系统会自动计算位图。

上行激活天线位图：在"射频口对象"选择对应的 RRU 端口后，系统会自动计算位图。

关联的基带设备：引用已创建的 BP 板信息。

天线端口与天线通道的映射关系：天线端口与天线通道的映射关系。

有源天线上行载波倾角：控制有源天线上行载波倾角，调节小区载波的覆盖范围。

有源天线下行载波倾角：控制有源天线下行载波倾角，调节小区载波的覆盖范围。

基带资源最大传输功率：该参数指示小区的 CP 可使用的最大发射功率，其值应小于等于 10lg(RRU 额定功率×天线数目)。

基带资源实际发射功率：该参数指示小区的 CP 实际使用的发射功率。

基带资源参考信号功率：该参数指示每个资源元素上小区的 CP 参考信号的功率（绝对值）。

23. 配置 S1AP

S1AP 作为接入网和核心网 S1-MME 的一个应用层协议,控制着接入网和核心网之间的信令和数据的传输,它实现了基站与核心网之间通信通道的建立。

依次选择无线参数→LTE FDD→资源接口配置→S1AP 选项,可进行 S1AP 配置,如图 10.70 所示。

图 10.70　配置 S1AP

注意:

· 创建 S1 SCTP(本端端口号配置为 36412)成功后,系统将自动创建 S1AP,这时不需要再配置 S1AP。

· 创建 S1 SCTP(本端端口号配置为 36412 以外的其他端口号)成功后,系统不会自动创建 S1AP,这时需要手工创建 S1AP。

· S1AP 的配置必须在 LTE FDD 节点创建完成后才能进行。

24. 配置 X2AP

X2AP(X2 Application Protocol,X2 应用协议)允许 eNB 将对特定 UE 的承载转移到另一个 eNB 上,它实现了基站与基站之间通信通道的建立。依次选择无线参数→LTE FDD→资源接口配置→X2AP 选项,可进行 X2AP 配置,如图 10.71 所示。

注意:

· 创建 X2 SCTP(本端端口号配置为 36422)成功后,系统将自动创建 X2AP,这时不需要再配置 X2AP。

· 创建 X2 SCTP(本端端口号配置为 36422 以外的其他端口号)成功后,系统不会自动创建 X2AP,这时需要手工创建 X2AP。

· X2AP 的配置必须在 LTE FDD 节点创建完成后才能进行。

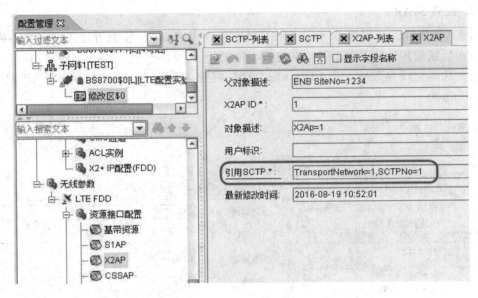

图 10.71　X2AP 配置

25. 配置 E-UTRAN FDD 小区

由于参数较多，配置 E-UTRAN FDD 小区共分为 5 部分，现介绍如下。

（1）第一部分如图 10.72 所示。

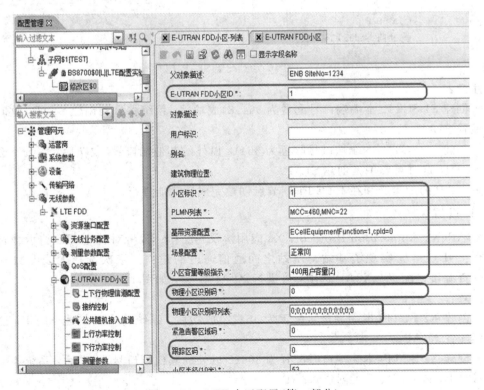

图 10.72　LTE 小区配置（第一部分）

依次选择无线参数→LTE FDD→E-UTRAN FDD 小区选项，可进行第一部分的配置。

配置相关参数：

E-UTRAN FDD 小区 ID：该参数是 MO(Managed Object，管理对象)实例标识，用来唯一标记同一个父节点下本 MO 的一条记录，不能与同一个父节点下的其他记录重复。

小区标识：该参数用于表示小区 ID，网元内唯一。

PLMN 列表：引用已配置的 PLMN。

基带资源配置：引用已配置的基带资源。

场景配置：高铁航线开关。

物理小区识别码：标识小区的物理层小区标识号。一个系统共有 504 个物理层小区标识号，分成 168 组，每组 3 个；一个物理层小区标识号只能归属于一个小区组；配置时有网规保证不同小区的物理层小区标识号是空间复用的。

物理小区识别码列表：eNB 能够分配给 PCI 属性的物理小区识别码的列表，PCI 列表长度为 1～504，具体分配的算法并未规定。当且仅当 eNB 支持分布式物理小区识别码分配方法时，该属性才有效。

跟踪区码：该参数是 PLMN 内跟踪区域的标识，用于 UE 的位置管理。

注意：小区记录数最大为 36；一条小区记录可以对应多条基带资源记录和多条系统信息调度记录(当前配置为一条小区记录对应一条基带资源记录)；删除一条小区记录，将会删除该小区相关的所有配置参数；小区参数中的物理层小区标识号必须唯一。

(2) 第二部分配置如图 10.73 所示。

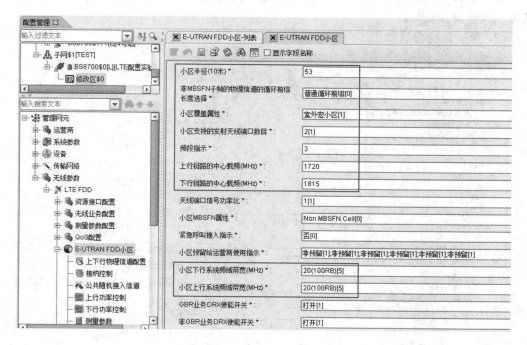

图 10.73　LTE 小区配置(第二部分)

配置相关参数：

小区半径：该参数指示了小区半径的大小。

非 MBSFN 子帧的物理信道的循环前缀长度选择：（上下行共用一个参数）该参数指示对于非 MBMSFN 的子帧，一个小区中除了 PRACH 之外的所有下行物理信道所使用的 CP 长度。如果采用 CP，则一个时隙中可传 7 个 OFDMA，否则传 6 个 OFDM 符号。

小区覆盖属性：该参数指示小区覆盖属性，用于确定小区的一些物理信道参数，如 CP 长度指示等。

小区支持的发射天线端口数目：该参数指示小区当前支持的最大天线端口数，发射分集和空间复用只有在多天线端口配置下才有意义。

频段指示：上下行载频所在的频段指示，一个小区的上下行载频必须归属于同一个频段。

上行链路的中心载频：小区所使用的上行链路的绝对无线载频信道数，中间载频计算公式为 $F\_UL = F\_UL\_low + 0.1 \times (N\_UL - N\_Offs\text{-}UL)$。其中，$F\_UL$ 是中间载频，F_UL_low 为频段指示对应的上行下载频边界，N_UL 为 ulEARFCN（上行频点号），$N\_Offs\text{-}UL$ 为频段指示对应的偏移值。

下行链路的中心载频：小区所使用的下行链路的绝对无线载频信道数，中间载频计算公式为 $F\_DL = F\_DL\_low + 0.1 \times (N\_DL - N\_Offs\text{-}DL)$。其中，$F\_DL$ 是中间载频，F_DL_low 为频段指示对应的下行下载频边界，N_DL 为 dlEARFCN（下行频点号），$N\_Offs\text{-}DL$ 为频段指示对应的偏移值。

小区下行系统频域带宽：该参数指示小区下行系统带宽，用于确定下行物理信道的频域位置和资源分配等。

小区上行系统频域带宽：该参数指示小区上行系统带宽，用于确定上行物理信道的频域位置和资源分配等。

（3）第三部分配置如图 10.74 所示。

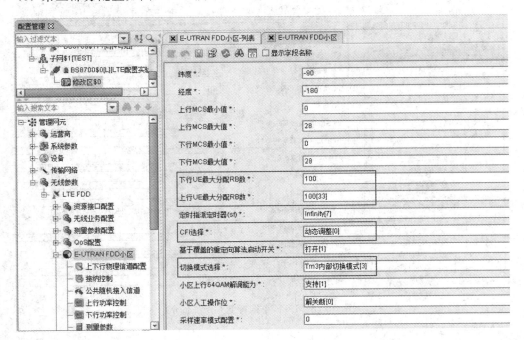

图 10.74　LTE 小区配置（第三部分）

配置相关参数：

CFI 选择：固定 CFI(1、2、3)，取值与用户容量相关。CFI 值配置越大，每个 TTI 调度的 UE 个数越多。上下行 CCE 聚合度为 2，对于 5 MHz 带宽，每个 TTI 调度的 UE 数为 4~5 个；对于 10 MHz 带宽，每个 TTI 调度的 UE 数为 4~8 个；15 MHz 带宽时，每个 TTI 可以支持约 10 个 UE。

CFI=2 时，5、10、15 MHz 下的 CCE 总数分别为 13、26、40 左右，按照上下行的聚合度 2 计算，单个 TTI 可以调度的用户数最大为 3、6、10 个左右。如果该 TTI 存在公共信道的话，则至少又要减掉 4 个 CCE，调度的用户数就更少了。对于 5 MHz 系统，至多调度 2 个 UE；对于 10 MHz 系统，最多调度 5 个 UE，并且 CCE 的冲突概率会增加，造成调度的 UE 数更少，所以建议 5、10 MHz 系统下的 CFI 配到最大值 3。

切换模式选择：对于单通道小区，选择"强制使用 1"；对于双通道小区，选择默认设置"Tm3 内部切换模式"。

下行 UE 最大分配 RB 数：该参数指示了高层为小区下行链路配置的 UE 最大分配 RB 数，与小区下行系统带宽相关联。

上行 UE 最大分配 RB 数：该参数指示了高层为小区上行链路配置的 UE 最大分配 RB 数，与小区上行系统带宽相关联。

（4）第四部分配置如图 10.75 所示。

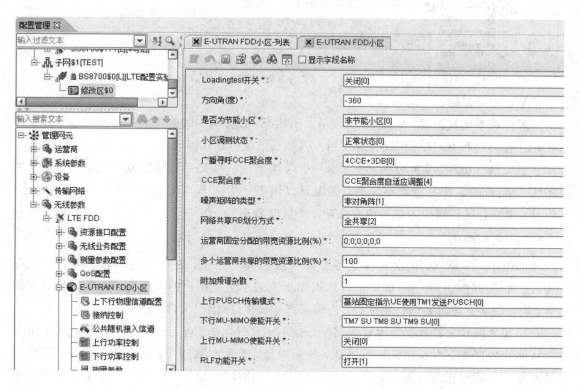

图 10.75 LTE 小区配置（第四部分）

配置相关参数:

4×4 MIMO 开关:用于开启 4×4 MIMO 模式,配置 4×4 MIMO 时打开。

(5) 第五部分配置如图 10.76 所示。

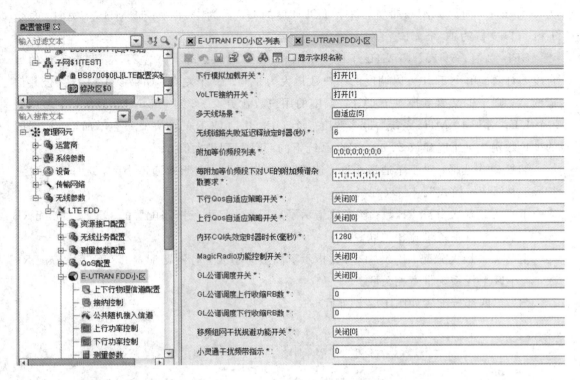

图 10.76   LTE 小区配置(第五部分)

配置相关参数:

采样速率模式配置:默认为 0,表示关闭状态;设置为 1 时为降采样打开状态。降采样打开状态必须和 IQ 压缩模式一起使用。其他参数保持默认即可。

最大输出功率、实际发射功率、参考信号功率这三项关系到灌包流量,要根据具体的 RRU 进行配置。配置完该小区后,还需要以该小区为父节点配置 E-UTRAN 小区重选、测量参数,且这三项中的部分内容在建立小区时要用到。

26. 数据同步

如图 10.77 所示,依次选择配置管理→数据同步选项,在弹出的对话框中,依照图 10.78 所示步骤进行操作,即可进行数据同步。为了防止用户的误操作,在参数检查完成后、同步之前,还需要输入验证码,以确认同步操作,如图 10.79 所示。

当前台网元配置数据与网管数据库数据不一致时,需要进行同步操作。同步操作把数据从网管数据库下发至网元进行更新,分为增量同步和整表同步:增量同步只将需要修改的数据下发到网元进行更新,网元设备不重启;整表同步则把网元的所有配置数据下发至网元进行更新,网元设备需重启。

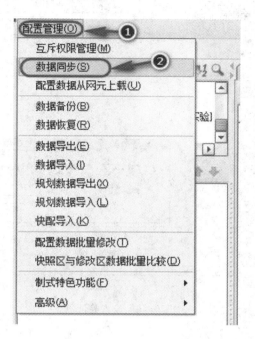

图 10.77　数据同步菜单

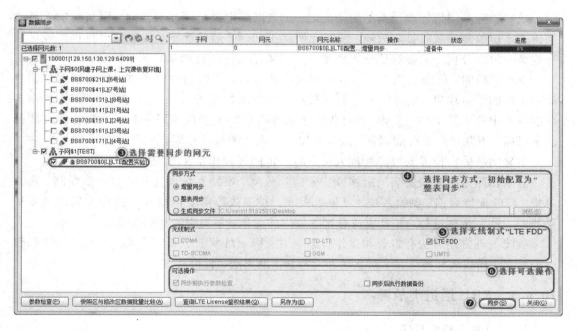

图 10.78　数据同步过程

图 10.79　输入验证码

10.6　故障处理

　　故障管理是网络管理最基本的功能之一，当网络中某个网元失效时，网络维护人员必须迅速定位故障并及时排除故障，使网元恢复正常。一般情况下，故障处理过程需经历信息收集→故障分析→故障定位→故障排除→故障记录→经验共享共 6 个阶段。

　　发生故障时，故障处理人员可以根据故障的现象，定位到故障类型，然后根据相应故障类型里的故障现象、故障原因分析和描述，分析所发生的故障。故障定位就是"从众多可能原因中找出某个单一原因"的过程，它通过一定的方法或手段分析，比较各种可能的故障成因，不断排除非可能因素，最终确定故障发生的具体原因。

　　准确的故障定位需要故障处理人员具有一定的经验积累和知识储备。

　　故障排除是指采取适当的措施或步骤清除故障、恢复系统的过程，如检修线路、更换单板、修改配置数据、倒换系统、复位单板等。排除故障需要严格按照操作手册或者维护手册的方法和步骤进行，并且应注意排除故障的时候，不要引入新的故障。

　　故障处理常用方法有告警和操作日志查看、指示灯状态分析、性能分析法、仪器和仪表分析法、插拔法和按压法、对比法和互换法、隔离法、自检法等。

10.6.1　RRU 通道类故障

1. RRU 功率检测异常

　　检查思路如图 10.80 所示。

　　问题表现：RRU 功率异常会直接影响小区的覆盖，造成业务异常。关于 RRU 功率检测异常整机思路如下：

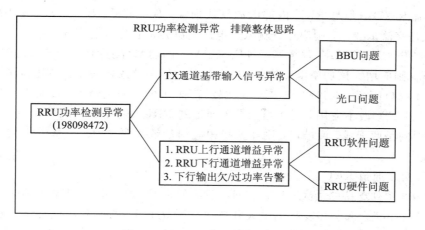

图 10.80　RRU 功率问题排查思路

通常 RRU 功率检测异常包含 4 种类型的告警：TX 通道基带输入信号异常、RRU 上行通道增益异常、RRU 下行通道增益异常、下行输出欠/过功率告警。因此，排障思路可分两种情况进行区分：

（1）TX 通道基带输入信号异常。这种类型的告警主要检查 RRU 上端，即 BBU 部分与光口部分告警。

（2）RRU 上行通道增益异常、RRU 下行通道增益异常、下行输出欠/过功率告警。这三种告警主要检查 RRU 硬件和软件相关的一些问题。

处理方法：

1）工程检查

（1）检查光纤、光模块连接是否正常：如果存在光口、驻波比等工程伴随告警（告警需要结合当前和历史告警一起查看），优先消除这些相关工程告警。

· 查看是否存在光口鸳鸯线：光纤鸳鸯线是连接光纤没有按照规范规定的顺序，出现交叉连接的情况。如果光纤接反形成光纤鸳鸯线，会导致 RRU 工作不正常，其所服务小区出现退服现象，影响基站的正常工作。

· 查看是否存在跳线鸳鸯线：这里的跳线鸳鸯线是指 RRU 的馈线与校正线插反，如果出现这个问题，会导致其他 7 个通道校正异常，也会触发功率检测异常告警。

· 对于现网 BBU 和 RRU 间分光纤连接场景，如果光纤连接反的话，也会触发该告警。

（2）检查光模块配置是否正常，光口容量是否满足配置要求。

R8928FA、R8968 系列的 RRU，一般在基带板侧配置两对光纤（6G 非压缩模式）或者一对光纤（10G 压缩模式）即可满足要求。

2）网管相关参数检查

（1）针对单双通道 RRU 进行检查。

· 检查配置中的"自动调整帧头"是否合适，D 频段 RRU 要配置为 N，F 和 E 频段 RRU 配置为 Y。通常此配置不正确也会导致功率告警，或者虽然没有功率告警但也无法接入。

· 检查当前告警信息中，有无 RRU 上报"电源故障告警"或者"远端供电输出异常"。

如果是直流 R8972，则是 RRU 内部电源模块损坏，应更换该 RRU；如果有"电源故障告警"，并且是交流 R8972，则应检查输入供电。电源异常会导致功率异常。

• 检查 PCCPCH 功率（双模场景 TD-SCDMA 的功率）配置是否小于 16 dBm，如果小于 16 dBm，则应增大该功率值。通常，功率配置太低会导致功率和驻波比检测不准确。

• 天线端口配置。R8972 M192023 比较特殊，FA 是一个通道，E 是一个通道，如果该款 RRU 的 E 频段不使用，则相当于是单通道的 RRU，需要配置成单天线、单端口；如果之前配置的是两天线、两端口，则需要将相应的基带资源、RRU、基带板数据删除后再重新添加。

（2）针对多通道 RRU 进行检查。

• R8968 系列支持的最大 TD-SCDMA 载波数是 F6C＋A6C 或 F3C＋A9C，即 F 频段的载波数大于 3 时，A 频段支持的最大载波数小于等于 6；如果 F 频段支持的载波数小于等于 3 时，A 频段支持的最大载波数可以达到 9。注意，不支持 F5C＋A7C 或 F4C＋A8C，如果配置成 F5C＋A7C 或 F4C＋A8C 后，TD-SCDMA 对应的小区将无法建立，并且 LTE 会上报功率检测异常告警。

• R8968i M1920、R8968 M1920 两款 RRU 目前版本支持的频率带宽是连续的 30 MHz，如果 TD-SCDMA 载波配置超出范围，则会上报故障。一般的现场配置是：LTE 小区为 1880～1900 MHz，TD-SCDMA 使用 1900～1910 MHz。如果 TD-SCDMA 载波配置超出 1910 MHz，就会触发功率异常告警。

2. 天馈驻波比告警

问题表现：当 RRU 检测到天线驻波比值大于一级门限（默认值 4.0）时上报该告警，且自动关闭功放，该通道无输出，承载的业务中断。

处理方法：

对于此类告警，由以下几点引起：

• RRU 与天线之间的接口、线缆因接触不良、连接中断或是防水作业不到位致使 RRU 侧通道口进水等工程故障，导致天线驻波比值过高；

• RRU 内部线缆连接故障；

• RRU 硬件故障。

故障排查步骤：

（1）检查网管当前驻波比配置（默认一级门限配置为 4.0，二级门限为 2.6，告警使用一级门限）。若配置不合理，先修改配置，并删建小区；若告警未消除，则进行第（2）步。

（2）如果 VSWR（Voltage Standing Wave Ratio，电压驻波比，简称驻波比）超过门限，则需上站检查 RRU 与天线直连的工程连接情况，确认 RRU 已经正确连接天线，天馈各接头已拧紧，天馈口是否进水，通道 N 型头是否损坏，如有工程质量问题则先解决工程质量问题。

（3）若工程质量没问题，则对调故障通道跳线和完好通道跳线，删建小区或断电重启 RRU 设备。若原先的故障通道告警依然存在，则可能是天线线缆故障，需要排查或更换天线。

（4）若对调跳线后告警转移到原来完好的通道，则更换跳线。

（5）若跳线、天线线缆均排查无误，且重启 RRU 后告警依旧，则可能是 RRU 内部硬件损坏。

3. 智能天线校准异常

问题表现：校正通道或校正线缆异常导致 RRU 所有天线通道校正失败。

处理方法：RRU 校正通道故障或 RRU 校正线缆断开或者没连接好。

处理步骤：

- 确认馈线长度是否超过限制(12 m)；
- 检查校正线缆连接是否完好、正常，天馈口是否进水，若线缆损坏则更换线缆；
- 检查天线馈线连接是否正确，如校正通道线缆是否没接到相应的校正口上；
- 若以上操作排查完后仍不能恢复，则说明校正通道有损坏，应更换 RRU。

10.6.2　光口类故障

1. 光/电口上行帧失锁

问题表现：光/电口上行帧失锁时上报该告警。

单板或 RRU 工作正常，但无法解析帧数据，系统业务中断。

处理方法：

1) 配置检查

- 当 BBU 与 RRU 的光口协议类型配置不一致时，会上报该报警，多见于 R8928FA 分光纤场景。
- 应保证 UBPM 上配置的"单板功能模式"和光口设备中的"光模块协议类型"必须与 RRU 侧配置一致。如果不一致，则需要进行 Ir 接口的切换。
- 应保证 BBU 与 RRU 使用的光模块速率一致，必须匹配。

2) 工程检查

- 检查对端设备是否有告警，如有除探测不到之外的告警，先处理这些告警；
- 强制复位对端设备；
- 检查本端与对端的光纤/电缆是否插好，光纤/电缆插头是否干净；
- 拔插相应光/电模块；
- 更换相应光/电模块；
- 检查光纤，用光功率计检测接收光功率是否大于 -18 dBm，如果小于 -18 dBm，则检查光纤传输链路或 RRU 是否上电；
- 检查数据配置，主要检查接口板 BPL 或 UBPM 板接口协议类型、光口速率、接口板和 RRU 侧协议类型和光口速率保持一致、后台配置的光口速率和前台保持一致。

2. 光口未接收到光信号

问题表现：光口未收到对方的发光，BBU-RRU 间的 Ir 接口会断链，影响业务。

处理方法：

- BBU 侧交叉正常小区和故障小区的光纤，如果故障跟着光纤走说明 BBU 侧正常，故障在光纤侧或者 RRU 侧；
- 强制复位 RRU；
- 检查本端与对端的光纤是否插好，光纤插头是否干净；
- 拔插单板相应光模块；

· 更换单板相应的光模块；

· 检查光纤。用光功率计检测接收光功率是否大于-18 dBm，如果小于-18 dBm，则检查光纤传输链路。

特例：对于 8 通道分光纤场景，RRU 出 2 个光口，其中一个为主光口，除有业务外，该主光口还用于 BBU-RRU 建链。如果 BBU-RRU 光线链路质量很差，RRU 会关闭自己的光口。对前台来说，就是用光功率计在 RRU 端测不到光信号，可能会引起现场对 RRU 的误更换。

光口关闭的机制：当前建链光口出现下行丢失指针告警，RRU 关闭相应光口的上行发光使能，导致 BBU 侧收到当前光口的无光信号，触发 BBU 下发光口切换控制字，引发光口倒换；光口倒换成功后，即收到 BBU 下发切换控制字触发的倒换成功后，打开上行发光使能，正常的流程到这里就结束了。

异常情况：

如果下行出现了丢失指针告警，但是 RRU 没有收到 BBU 下发的切换控制字（16 次，这个控制字是通过无故障光口传输的），将不会打开上行关断使能。

RRU 侧查询光口质量的方法如图 10.81 所示。

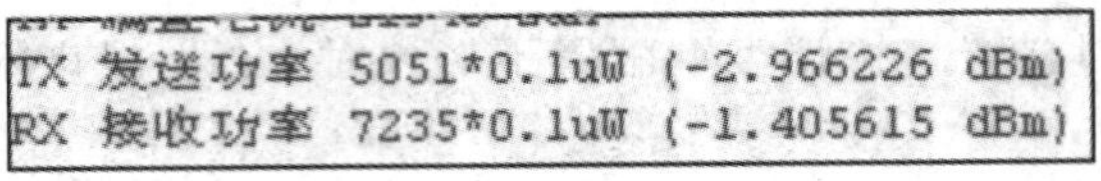

```
TX 发送功率 5051*0.1uW (-2.966226 dBm)
RX 接收功率 7235*0.1uW (-1.405615 dBm)
```

图 10.81　光口质量

查看光功率，原则上要求 TX/RX 功率大于-15 dBm。以 R8928FA 和 R8968 系列为例，查询命令如下：

R8928FA：OptMoudleInfo 0/1，0/1 指的是物理光口号；

R8968 系列：SHOWOPTINFO 0/1，0/1 指的是物理光口号。

查看多通道 RRU 是否有下行丢失指针告警，即光链路故障的命令：

R8928：df 0x0803a092；

R8968 系列：df 0x0f00a092。

这些命令的含义如下：

十六进制数值表示物理光口的链路告警信息，供 CPU 读取。每一位的具体含义如下：

· b13：物理光口 1 的光模块关断状态，1 表示关断，0 表示正常；

· b12：物理光口 0 的光模块关断状态，1 表示关断，0 表示正常；

· b10、b9、b8：物理从 2 光口的 LOP、LOF、LOS 指示，1 表示告警，0 表示正常，lop 表示无光 lof(Loss of Frame，帧丢失)超帧周期不正确，los 表示链路误码；

· b6、b5、b4：物理从 1 光口的 LOP、LOF、LOS 指示，1 表示告警，0 表示正常；

· b2、b1、b0：物理主 0 光口的 LOP、LOF、LOS 指示，1 表示告警，0 表示正常。

10.6.3　传输类故障

1. SCTP 偶联断告警

问题表现：当出现以下任意一种情况时，上报告警：

· SCTP 偶联建立不成功；

· 收到对端关闭通知；

· 连续数次向对端发送数据未得到回应。

处理方法：

1）eNB 本端配置检查

· 检查传输配置"以太网链路层"中的 VLAN 配置，需要与规划保持一致，VLAN 必须与 PTN 配置对接，如果对接失败将无法 ping 通网关。

· 检查传输配置"IP 层配置"中，LTE 业务地址的配置和 VLAN，该地址将用做 eNB 的业务接口地址和 SCTP 本端地址。

· 检查传输网络→LTE FDD→信令和业务→"SCTP"中的数据配置。需要重点关注"本\远端端口"、"本\远端地址"。

注意：

① 本\远端端口号必须与 EPC 侧对接，一般为 36412，否侧偶联不能建立；

② 远端地址要配置为 EPC 的 SCTP 业务地址，不是接口地址，否则偶联不能建立；

③ 本端地址必须引用为 eNB 的 LTE 业务地址，否则偶联不能建立；

在使用 SCTP 多归属的局点时，要保证本端地址数量与对端地址数量一致。数量不对不一定会引起偶联断链，但是不安全。SCTP 在使用多归属建立时，首先由 eNB（SCTP 客户端）发起 SCTP 的建立。使用源地址为本端 SCTP 地址 1，目的地址为对端 SCTP 地址 1。如果偶联建立成功，那么本端和对端地址 2 将不会建立偶联，仅作为备份。但如果地址 1 的建立失败了，那么 SCTP 会尝试在本端 SCTP 地址 2 和对端 SCTP 地址 2 之间建立偶联链路，如果数量配置不一致或第二个 SCTP 偶联地址配置错误，将导致 SCTP 偶联建立失败，这时就失去了配置 SCTP 多归属的意义。

无线制式要选择正确，否则虽不影响 SCTP 偶联的建立，但是会影响 S1 链路的建立。

2）核查控制面静态路由配置

· 填写正确的"目的 IP 地址"和"网络掩码"。目的 IP 地址可以是一个地址也可以是网段，但是作网段路由时，必须填写该网管的子网地址，并且要合理地设置掩码，保证该网段包含的地址要尽量得少，但要包含全部对端 SCTP 地址。

· 配置正确的下一跳，该地址一般为 eNB 的 LTE 业务网关。

· 配置正确的 VLAN，该 VLAN 应为 eNB 的 LTE 业务 VLAN。

3）传输检查和 EPC 检查

· 在保证基站侧数据配置正确的前提下，使用网管或 LMT 中自带的 ping 功能进行 ping 包测试。

· 如果 ping 不通 eNB 的 LTE 业务地址网关：检查基站的 LTE 业务地址和 VLAN 配置，协调传输排查 2 层 PTN 的数据配置是否正确，以及 MAC 地址是否正确学习到。

· 可以 ping 通 eNB 的 LTE 业务网关，但 ping 不通 EPC 的 SCTP 偶联地址：检查传输中的静态路由配置，协调传输排查 3 层 PTN 或 CE，检查路由是否配置正确，协调 EPC 检查自己的 SCTP 地址和路由配置，要保证两端配置一致，且 EPC 开启了静态路由或动态路由并正确配置。在这种情况下，SCTP 应该可以正常建立了。

X2 偶联断链排查与 S1 偶联排查基本一致，这里不再重复，主要保证 2 个 eNB 间

SCTP 配置数据正确对接，特别是端口号，必须为 36422，同时保证 PTN 可以正确剥离 VLAN。

2. 用户面断链

问题表现：小区建立正常，但 UE 不能做业务。如图 10.82 所示，从信令跟踪来看，一般上报的原因值有"t＝2"

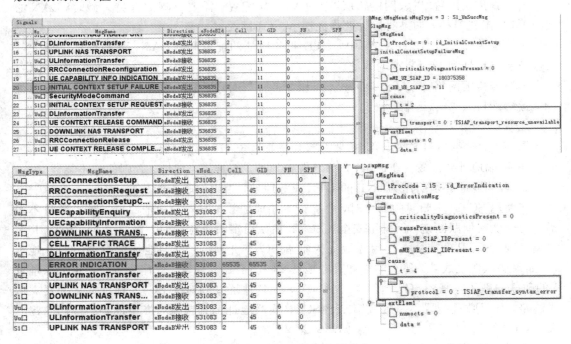

图 10.82　业务失败跟踪的信令

处理方法：

1) eNB 本端配置检查

· 检查传输网络→LTE FDD→信令和业务→业务与 DSCP 映射中的数据，要保证引用正确的 IP 地址、正确的带宽资源、正确的运营商配置，LTE-TDD 业务与 DSCP 的映射按照默认值添加即可。

· 检查传输网络→LTE FDD→IP 传输→静态路由配置中的数据，检查原则与上文 SCTP 的路由配置检查原则一致。

· 检查 LTE 小区配置中的 TAC（跟踪区码）配置是否正确，需要 EPC 添加相应的数据。

2) 传输检查和 EPC 检查

· 在保证基站侧数据配置正确的前提下，使用网管或 LMT 中自带的 ping 功能进行 ping 包测试。

· 如果 ping 不通 eNB 的 LTE 业务地址网关：检查基站的 LTE 业务地址和 VLAN 配置，协调传输排查 2 层 PTN 的数据配置是否正确，以及 MAC 地址是否正确学习到。

· 可以 ping 通 eNB 的 LTE 业务网关，但 ping 不通 EPC 的 SCTP 偶联地址：检查传输中的静态路由配置，协调传输排查 3 层 PTN 或 CE，检查路由是否配置正确，协调 EPC

检查自己的 SCTP 地址和路由配置，要保证两端配置一致，且 EPC 开启了静态路由或动态路由并正确配置。

10.6.4　小区不能建立

问题表现：小区不能建立，不能提供相应的业务。引起故障的原因主要有：

· 基站退服：该站点所有小区都不能建立时，上报该告警；

· 小区退服：该站点下某一个小区不能建立；

· 超级小区 CP 退服：超级小区中某一个 RRU 故障引起的退服。

处理方法：

1）有其他相关告警的检查

· 基站是否存在 SCTP/S1 口链路断告警；

· 基站是否存在时钟源告警；

· 基站是否存在基带资源不可用、通信链路断等相关告警；

· 基站是否存在射频资源（RRU）不可用、通信链路断等相关告警；

· 基站是否存在 BBU-RRU 光口链路相关告警；

· 基站是否存在版本软件运行异常告警。

2）资源检查

检测小区建立资源是否异常，如有问题优先排查解决：

· S1 口链路状态是否正常，可通过动态查询 SCTP 状态及从基站 ping 核心网 MME 业务地址判断；

· 基站时钟源状态是否正常，可通过动态查询时钟源状态判断；

· 基站基带板资源状态是否正常，可通过动态查询基带板状态判断；

· 基站 RRU 射频资源状态是否正常，可通过动态查询 RRU 状态判断。

3）光口速率检查

检查 BBU 与 RRU 侧配置的光口速率是否正确，对于 LTE 小区所使用的光口应配置为 6G 压缩或 10G 非压缩。

4）无线制式检查

室外宏站分光口连接 UBPM 和 BPL 的场景下，需要注意基带板光口的无线制式配置，UBPM 光口的无线制式配置为 TD-SCDMA，BPL 光口的无线制式配置为 LTE-TDD。如果还是用默认的 ALL，则有可能会导致 LTE 小区无法建立，原因是如果 TD-SCDMA 小区先建立且建在 BPL 的光口上，BPL 上的光口资源就不足以支持另外的 LTE 小区，这个故障由于 TD-SCDMA 小区也可能建立在 UBPM 上，所以不是必须的，对现场故障的排查也有很大的迷惑性。

5）上行连接方式检查

多通道 RRU 使用双光口时，需要注意 RRU 的上行连接方式配置为"多光纤负荷分担"，如果此处配置错误会导致 RRU 出现光口告警、小区建立异常等问题。

6）光纤连接检查

现场可能会把光纤接错，导致后台配置的连接关系和现场的不一致。例如，图 10.83 中连接 BPL1 的光纤顺序交叉了（第 1、2、3 号 RRU 连接到 BPL1 光口顺序为 3、1、2），导致 LTE 小区无法建立。

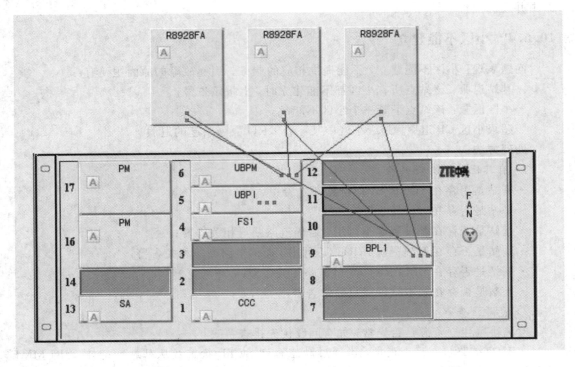

图 10.83　RRU 连接图

7）F 频段 RRU 检查

F 频段 RRU，如 F 频段既用 TD-SCDMA 也用 TD-LTE，需要注意 TD-LTE 使用的频段不能和 TD-SCDMA 的频段重叠，如果配置重叠会导致 TD-SCDMA 或 TD-LTE 小区无法建立。

习　　题

10-1　分布式基站包括哪两个组成部分，每部分的主要功能是什么？

10-2　简述 eNB 的配置流程。

10-3　PLMN 的定义是什么？它包括哪几个部分？460 代表那个国家？中国移动、中国联通、中国电信的常用的移动网络号是什么？

10-4　分布式基站的基带和射频组网有哪两种连接方式？

10-5　简述 BBU 的 CC 板和 BPL 单板的主要功能。

10-6　RRU 的接口有哪些？每个接口连接什么？有哪些功能？

10-7　在基站配置中，和核心网对接时需要配置哪些数据？每个参数的作用是什么？

10-8　在基站配置中，配置 OMC 通道需要配置哪些数据？

10-9　在基站配置中，配置 LTE 系统带宽需要配置哪些数据？

10-10　在基站配置中，如何配置 RRU 使用的中心频点？

附录　LTE 专业术语中英文对照

英文缩写 （Abbreviations） 数字	英文全称（English）	中文含义（Chinese）
16QAM	16 Quadrature Amplitude Modulation	16 正交幅度调制
1G	The First-Generation	第一代（移动通信系统）
2G	The Second-Generation	第二代（移动通信系统）
3G	The Third-Generation	第三代（移动通信系统）
3GPP	3rd Generation Partnership Project	第三代移动通信标准化伙伴项目
3GPP2	3rd Generation Partnership Project 2	第三代移动通信标准化伙伴项目二
3M RRU	Multi-band，MIMO，Multi-Standard-Radio Remote Radio Unit	多频段、MIMO、多模 远程射频单元
4G	The Fourth-Generation	第四代（移动通信系统）
5G	The Fifth-Generation	第五代（移动通信系统）
64QAM	64 Quadrature Amplitude Modulation	64 正交幅度调制
	A	
AAA	Authentication Authorization and Accounting	认证、鉴权和计费
ACA	Accounting Analysis	计费分析
ACK	Acknowledgement	确认
ACK/NACK	Acknowledgement/Not-acknowledgement	应答/非应答
ACL	Access Control List	访问控制表
AF	Application Function	应用实体
AID	Access Description Data	接入表述数据
AIEE	American Institute of Electrical Engineers	美国电气工程师协会
AM	Acknowledged Mode	确认模式
AMBR	Aggregate Maximum Bit Rate	合计最大比特率
AMC	Adaptive Modulation and Coding	自适应调制编码
AMPS	Advanced Mobile Telephone System	先进移动电话系统
AMS	Adaptive MIMO Switching	自适应 MIMO 切换
AN	Access Network	接入网
ANR	Automatic Neighbor Relation	自动邻区关系
API	Application Programming Interface	应用程序接口

APN	Access Point Name	接入点名称
ARP	Allocation and Retention Priority	接入保持优先级
ARPU	Average Revenue Per User	用户月均消费
ARQ	Automatic Repeat Request	自动重传请求
AS	Access Stratum	接入层
ASU	Application Server Unit	应用服务器单元
ATM	Asynchronous Transfer Mode	异步传输模式
AWGN	Additive White Gaussian Noise	加性白高斯噪声
AWS	Advanced Wireless Services	高级无线服务,北美地区分配的 FDD 频段
B		
BAC	Border Access Controller	边缘接入控制设备
B3G	Beyond 3G	后 3G
BBU	BaseBand Unit	基带处理单元
BC	Broadcast Channel	广播信道
BCCH	Broadcast Control Channel	广播控制信道
BDT	Telecommunication Development Bureau	电信发展局
BGCF	Breakout Gateway Control Function	出口网关控制功能
BLAST	Bell Labs Layered Space Time	BLAST 算法
BLER	Block Error Rate	误块率
BOSS	Business and Operation Support System	运营支撑系统
BPSK	Binary Phase Shift Keying	双相相移键控
C		
CATT	China Academy of Telecommunications Technology	中国电信技术研究院
CC	Chase Combining	Chase 合并
CCCH	Common Control Channel	公共控制信道
CCE	Control Channel Element	控制信元
CDD	Cyclic Delay Diversity	循环时延分集
CDG	CDMA Development Group	CDMA 发展组织
CDMA	Code Division Multiple Access	码分多址
CDT	Telecommunication Development Center	电信发展中心

CEPT	Council of European Posts and Telecommunication	欧洲邮电委员会
CINR	Carrier-to-Interference and Noise Ratio	载干噪比
CN	Core Network	核心网
COMP	Coordinated Multiple Points	协同多点传输
CP	Cyclic Prefix	循环前缀
CPC	Continuous Packet Connectivity	连续性分组连接
CPE	Customer-Premises Equipment	客户端设备
CQI	Channel Quality Indication	信道质量指示
CRC	Cyclic Redundancy Check	循环冗余校验
C-RNTI	Cell - Radio Network Temporary Identifier	小区无线网络临时标识
CS	Circuit Switched	电路交换
CS	Cyclic Shift	循环移位
CSFB	Circuit-switched Fallback	CS 业务回落
CSG	Closed Subscriber Group	闭合用户组
CSTI	Channel State Information at Transmitter	发端信道状态信息
CWTS	China Wireless Telecommunication Standard group	中国无线通信标准研究小组
D		
DAI	Downlink Assignment Index	下行分配索引
D-AMPS	Digital-Advanced Mobile Phone System	数字先进移动电话系统
DBCH	Dynamic Broadcast Channel	动态广播信道
DC	Direct Current	直流
DCCH	Dedicated Control Channel	专用控制信道
DC-HSDPA	Dual Cell-HSDPA	双小区 HSDPA
DCI	Downlink Control Information	下行控制信息
DCS	Digital Cellular Service	数字蜂窝业务
DFT	Discrete Fourier Transform	离散傅立叶变换
DIF	Digital Intermediate Frequency	数字中频
DL	Downlink	下行
DLST	Diagonal Layered Space Time code	对角分层空时码
DL-SCH	Downlink-Shared Channel	下行共享信道

DMRS	Demodulation Reference Signal	解调参考信号
DPD	Digital Pre-Distortion	数字预失真
DRB	Dedicated Radio Bearer	专用无线承载
DRS	Demodulation Reference Signal	解调参考信号
DRX	Discontinuous Reception	非连续性接收
DSCP	Differentiated Service Code Point	差异化服务编码点
DSSS	Direct Sequence Spread Spectrum	直接序列扩频
DT	Direct Tunnel	直连通道
DTCH	Dedicated Traffic Channel	专用业务信道
DTX	Discontinuous Transmission	非连续性发射
DwPTS	Downlink Pilot Timeslot	下行导频时隙
E		
E3G	Evolved 3G	演进型 3G
EARFCN	E-UTRA Absolute Radio Frequency Channel Number	E-UTRA 绝对无线频率信道号
E-CSCF	Emergence-CSCF	紧急 CSCF
EDGE	Enhanced Data Rates for GSM Evolution	GSM 演进增强型数据业务
E-GSM	Extended GSM	扩展 GSM
EIRP	Equivalent Isotropic Radiated Power	等效全向辐射功率
EMM	EPS Mobility Management	EPS 移动管理
eNodeB	E-URTA Node B	演进型网络基站
EPC	Evolved Packet Core	演进型分组核心网
EPLMN	Equivalent HPLMN	等价 HPLMN
EPRE	Energy Per Resource Element	每 RE 能量
EPS	Evolved Packet System	演进型分组系统
ERAB	Evolved Radio Access Bearer	演进的无线接入承载
E-RAB	EPS Radio Access Bearer	EPS 无线接入承载
ESM	EPS Session Management	EPS 会话管理
ESPRIT	Estimating Signal Parameter via Rotational Invariance Techniques	基于旋转不变技术的信号参数估计
ETACS	Extended Total Access Communication System	扩展全接入通信系统

ETSI	European Telecommunications Standards Institute	欧洲电信标准协会
ETWS	Earthquake and Tsunami Warning System	地震海啸预警系统
E-UTRA	Evolved-Universal Terrestrial Radio Access	演进型通用陆地无线接入
E-UTRAN	Evolved UMTS Terrestrial Radio Access Network	演进 UMTS 陆地无线接入网
EVD	Eigen Value Decomposition	特征值分解
EV-DO	Evolution-Data Optimized	演进数据优化
F		
FCC	Federal Communications Commission	美国联邦通信委员会
FDD	Frequency Division Duplex	频分双工
FDMA	Frequency Division Multiple Access	频分多址
FEC	Forward Error Correction	前向纠错
FFR	Fractional Frequency Reuse	部分频率复用
FFT	Fast Fourier Transform	快速傅立叶变换
FHSS	Frequency Hopping Spread Spectrum	跳频扩频
FM	Frequency Modulation	调频
FSK	Frequency Shift Keying	频移键控
FSTD	Frequency Switched Transmit Diversity	频率切换发射分集
FSTD	Frequency Shift Time Diversity	频移时间分集
FTP	File Transport Protocol	文件传输协议
G		
GBR	Guaranteed Bit Rate	保证比特率
GERAN	GSM/EDGE Radio Access Network	GSM/EDGE 无线接入网
GGSN	Gateway GPRS Support Node	GPRS 网关支持节点
GIS	Geographical Information System	地理信息系统
GP	Guard Period	保护间隔
GPRS	General Packet Radio System	通用分组无线系统
GSM	Global System for Mobile communication	全球移动通信系统
GSMA	GSM Association	GSM 协会
GTP-C	Control plane part of GPRS Tunneling Protocol	GPRS 隧道协议控制面部分
GTP-U	User plane part of GPRS Tunneling Protocol	GPRS 隧道协议用户面部分

GUTI	Globally Unique Temporary Identifier	全球唯一临时标识
H		
HARQ	Hybrid Automatic Repeat Request	混合自动重传请求
HI	HARQ Indicator	HARQ 指示
HLST	Horizontal Layered Space Time Code	水平分层空时码
HPLMN	Home PLMN	归属 PLMN
HSDPA	High Speed Downlink Packet Access	高速下行分组接入
HSPA	High Speed Packet Access	高速分组接入
HSS	Home Subscriber Server	归属用户服务器
HS-SCCH	High Speed-Shared Control Channel	高速共享控制信道
HSUPA	High Speed Uplink Packet Data	高速上行分组接入
HTTP	Hyper Text Transport Protocol	超文本传输协议
I		
ICI	Inter Carriers Interference	载波间干扰
IDEA	Integrated Data Environment of Applications	综合营销平台
IDFT	Inverse Discrete Fourier Transform	离散傅里叶逆变换
ICT	Internet and Communication Technology	网络和通信技术
IEEE	Institute of Electrical and Electronics Engineers	电气和电子工程师学会
IFFT	Inverse Fast Fourier Transform	快速傅立叶反变换
IMEI	International Mobile Equipment Identity	国际移动台设备标识
IMS	IP Multimedia Subsystem	IP 多媒体子系统
IMSI	International Mobile Subscriber Identity	国际移动用户识别码
IMT Advanced	International Mobile Telecommunications Advanced	国际移动通信 Advanced
IMT2000	International Mobile Telecommunications-2000	国际移动通信 2000
IM-SSF	IP Multimedia Service Switching Function	IMS 媒体网关
IM-MGW	IMS Media Gateway	IP 多媒体业务交换功能
IP	Internet Protocol	因特网协议
IR	Incremental Redundancy	增量冗余
IRC	Interference Rejection Combining	干扰消除
IRE	Institute of Radio Engineers	无线电工程师协会

IS-136	Interim Standard 136	过渡性标准 136
ISI	Inter Symbol Interference	符号间干扰
ISIM	IP Multimedia Service Identity Module	IP 多媒体业务身份模块
ITU	International Telecommunication Union	国际电信联盟
I-CSCF	Interrogating-CSCF	查询 CSCF
L		
LCID	Logical Channel Identifier	逻辑信道标识
LCR	Low Chip Rate	低码片速率
LDPC	Low-Density Parity-Check code	一种信道编码
LI	Lawful Interception	合法截听
LMF	Location Management Function	位置管理功能
LNA	Low Noise Amplifier	低噪声放大器
LS	Least Squares	最小二乘法
LST	Layered Space Time Code	分层空时码
LSTI	LTE SAE Trial Initiative	LTE SAE 测试联盟
LTE	Long Term Evolution	长期演进
M		
MAC	Medium Access Control	媒质接入控制
MAI	Multiple Access Interference	多址干扰
MAPL	Maximum Allowed Path Loss	最大允许路径损耗
MBMS	Multimedia Broadcast Multicast Service	多媒体广播多播业务
MBSFN	Multicast/Broadcast Singal Frequency Network	多播/广播单频网
MBSFN	MBMS over Single Frequency Network	多播广播单频网
MCH	Multicast Channel	多播信道
MCS	Modulation and Coding Scheme	调制编码方式
MCW	Multiple Code Word	多码字
MDSP	Mobile Data Service Center	移动数据业务中心
MG	Media Gateway	媒体网关
MGCF	Media Gateway Control Function	媒体网关控制功能
MGW	Media Gateway	多媒体网关
MIB	Master Information Block	主信息块

MIMO	Multiple Input Multiple Output	多入多出
MISO	Multiple Input Single Output	多输入单输出
ML	Maximum Likelihood	极大似然估计
MM	Multimedia Message	多媒体消息
MME	Mobility Management Entity	移动性管理实体
MMSE	Minimum Mean Square Error	最小均方误差
MP	Modification Period	修改周期
MPSK	Multiple Phase Shift Keying	多进制数字相位调制
MRC	Maximum Ratio Combining	最大比合并
MRFC	Multimedia Resource Function Controller	媒体资源功能控制
MRFP	Multimedia Resource Function Proccessor	媒体资源功能处理
MRP	Market Representation Partner	市场伙伴
MS	Mobile Station	移动台
MSC	Mobile Switching Center	移动交换中心
MSR	Multi Standard Radio	多制式无线电
MT-SMS	Mobile Terminated-SMS	手机接收短消息服务
MUD	Multiple User Detection	多用户检测
MU-MIMO	Multi User-MIMO	多用户 MIMO
N		
NACK	Negative Acknowledgement	非确认
NAS	Non Access Stratum	非接入层
NAT	Network Address Translation	网络地址转换
NDI	New Data Indicator	新数据指示
NGC	Next Generation Core	下一代核心网
NGMN	Next Generation Mobile Network	下一代移动网组织
NG-RAN	Next Generation-RAN	下一代 RAN
NMSI	National Mobile Station Identity	国内移动台标识
NSSAI	Network Slice Selection Assistance Information	网络切片选择信息
Nudr	Service-based interface exhibited by UDR	UDR 提供的基于业务的接口
O		
OFDM	Orthogonal Frequency Division Multiplexing	正交频分复用
OFDMA	Orthogonal Frequency Division Multiple Access	正交频分多址

OOK	On-Off Keying	开关键控
OP	Organizational partners	组织伙伴
OPEX	Operating Expenditure	运营费用
OSS	Operation Support System	运营支撑系统
OSA-SCS	Open Service Access – Service Capability Server	开放业务接入-业务能力服务器
O&M	Operation and Maintenance	操作与维护
P		
PAPR	Peak to Average Power Ratio	峰均比
PAS	Power Azimuth Spectrum	功率方位谱
PBCH	Physical Broadcast Channel	物理广播信道
PCC	Policy and Charging Control	策略与计费控制
PCCH	Paging Control Channel	寻呼控制信道
PCFICH	Physical Control Format Indication Channel	物理控制格式指示信道
PCG	Project Coordination Group	项目协调组
PCH	Paging Channel	寻呼信道
PCI	Physical Cell Identifier	物理小区标识
PCM	Pulse Code Modulation	脉冲编码调制
PCRF	Policy Control and Charging Rules Function	策略控制和计费规则功能单元
PCS	Personal Communications Service	个人通信业务
PDCCH	Physical Downlink Control Channel	物理下行控制信道
PDCP	Packet Data Convergence Protocol	分组数据汇聚协议
PDF	Policy Decision Function	策略决策功能
PDN	Packet Data Network	分组数据网
PDN-GW	Packet Data Network-Gateway	PDN网关
PDSCH	Physical Downlink Shared Channel	物理下行共享信道
PF	Paging Frame	寻呼帧
PGW	Packet Data Network GateWay	分组数据网网关
P-GSM	Primary GSM	主GSM
PH	Power Headroom	功率余量
PHICH	Physical Hybrid ARQ Indicator Channel	物理HARQ指示信道
PHR	Power Headroom Report	功率余量报告
PHY	Physical Layer	物理层

PIM	Personal Information Management	个人信息管理
PLMN	Public Land Mobile Network	公共陆地移动网
PMCH	Physical Multicast Channel	物理多播信道
PMI	Precoding Matrix Indication	预编码矩阵指示
PMIP	Proxy Mobile IP	移动 IP 代理
PN	Pseudorandom Noise	伪随机
PO	Paging Occasion	寻呼时刻
PON	Passive Optical Network	无源光网络
PRACH	Physical Random Access Channel	物理随机接入信道
PRB	Physical Resource Block	物理资源块
PRS	Pseudo-Random Sequence	伪随机序列
PS	Packet Switched	分组交换
P-CSCF	Proxy-CSCF	代理 CSCF
P-S	Parallel to Serial	并串转换
PSI	Public Service Identity	公共服务标识
PSK	Phase Shift Keying	相移键控
PSS	Primary Synchronization Signal	主同步信号
PTM	Point-To-Multipoint	点到多点
PTP	Point-To-Point	点到点
PUCCH	Physical Uplink Control Channel	物理上行控制信道
PUSCH	Physical Uplink Shared Channel	物理上行共享信道
PVI	Private User Identity	私有用户标识
PUI	Public User Identity	公共用户标识
Q		
QAM	Quadrature Amplitude Modulation	正交幅度调制
QCI	QoS Class Identifier	QoS 等级标识
QoS	Quality of Service	服务质量
QoE	Quality of Experience	体验质量
QPSK	Quadrature Phase Shift Keying	四相相移键控
R		
RA	Random Access	随机接入
RACH	Random Access Channel	随机接入信道

RAN	Radio Access Network	无线接入网络
RAPID	Random Access Preamble Identifier	随机接入前导指示
RA-RNTI	Random Access-RNTI	随机接入 RNTI
RB	Resource Block	资源块
RB	Radio Bearer	无线承载
RBG	Resource Block Group	资源块组
RE	Resource Element	资源粒子
REG	Resource Element Group	资源粒子组
RFU	Radio Frequency Unit	射频单元
R-GSM	Railways GSM	铁路 GSM
RI	Rank Indication	秩指示
RIV	Resource Indication Value	资源指示值
RLC	Radio Link Control	无线链路控制
RMS	Root Mean Square	均方根值
RNC	Radio Network Controller	无线网络控制器
RNTI	Radio Network Temporary Identity	无线网络临时识别符
RRC	Radio Resource Control	无线资源控制
RRU	Remote Radio Unit	远端射频单元
RS	Reference Signal	参考信号
RSRP	Reference Signal Received Power	参考信号接收功率
RSRQ	Reference Signal Received Quality	参考信号接收质量
RSSI	Received Signal Strength Indicator	接收信号强度指示
RTP	Real-time Transport Protocol	实时传送协议
RTT	Round Trip Time	环回时间
RV	Redundancy Version	冗余版本
S		
S1	S1	LTE 网络中 eNodeB 和核心网间的接口
SAE	System Architecture Evolution	系统结构演进
SAW	Stop And Wait	停止等待
SAP	Service Access Point	服务接入点
SC-FDMA	Single Carrier-Frequency Division Multiple Access	单载波频分多址

SC	Steering Committee	指导委员会
SCH	Synchronization Signal	同步信号
SCTP	Stream Control Transmission Protocol	流控制传输协议
SDMA	Space Division Multiple Access	空分多址
SDP	Service Discovery Protocol	服务发现协议
SEAF	SEcurity Anchor Function	安全锚功能
SFBC	Space Frequency Block Coding	空频块编码
SFM	Shadow Fading Margin	阴影衰落余量
SFM	Slow Fading Margin	慢衰落余量
SFN	System Frame Number	系统帧号
SFR	Soft Frequency Reuse	软频率复用
SFTP	Secret File Transfer Protocol	安全文本传输协议
SGIP	Short Message Gateway Interface Protocol	短消息网关接口协议
SGW	Serving Gateway	服务网关
SI	System Information	系统信息
SIB	System Information Block	系统消息块
SIMO	Single Input Multiple Output	单输入多输出
SINR	Signal-to-Interference and Noise Ratio	信干噪比
SIP AS	SIP Application Server	SIP 应用服务器
SI-RNTI	System Information-Radio Network Temporary Identifier	系统消息无线网络临时标识
SISO	Single Input Single Output	单输入单输出
SLA	Service Level Agreement	服务等级协议
SM	Spatial Multiplexing	空间复用
SM	Short Message	短消息
SMF	Session Management Function	会话管理功能
SMS	Short Message Service	短消息业务
SMSC	Short Message Service Center	短消息业务中心
SMSF	Short Message Service Function	短消息服务功能
SNR	Signal to Noise Ratio	信噪比
S-NSSAI	Single NSSAI	单一 NSSAI
SON	Self Organization Network	自组织网络

SP	service provider	业务提供商
S-P	Serial to Parallel	串并转换
SR	Scheduling Request	调度请求
SRB	Signaling Radio Bearer	信令无线承载
SRI	Scheduling Request Indication	调度请求指示
SRS	Sounding Reference Signal	探测参考信号
SRVCC	Single Radio Voice Call Continuity	单射频连续语音呼叫
SSC	Service and Session continuity	业务和会话连续性
SSS	Secondary Synchronization Signal	辅同步信号
ST	Special Task groups	特设任务组
STBC	Space Time Block Code	空时块编码
STC	Space Time Coding	空时编码
STTC	Space Time Trellis Code	空时格码
SUCI	Subscription Concealed Identifier	用户隐藏身份标识
SUPI	Subscription Permanent Identifier	用户永久身份标识
SU-MIMO	Single User-MIMO	单用户 MIMO
SVD	Singular Value Decomposition	奇异值分解
S-CSCF	Serving-CSCF	服务 CSCF
T		
TA	Tracking Area	跟踪区
TA	Timing Alignment	定时校准
TAC	Tracking Area Code	跟踪区码
TACS	Total Access Communications System	全接入通信系统
TAI	Tracking Area Identity	跟踪区标识
TB	Transport Block	传输块
TBCC	Tail Biting CC	咬尾卷积码
TBS	Transport Block Set	传输块集合
TBS	Transport Block Size	传输块大小
TC	Technical Committee	技术委员会
TC-RNTI	Temporary Cell Radio Network Tempory Identity	临时小区无线网络临时标识
TCM	Trellis Coded Modulation	网格编码调制

TCO	Total Cost of Operation	运作总成本
TD	Transmit Diversity	发射分集
TD-CDMA	Time Division CDMA	时分码分多址
TDD	Time Division Duplex	时分双工
TD-LTE	Time Division Long Term Evolution	时分长期演进
TDM	Time Division Multiplexing	时分复用
TDMA	Time Division Multiple Access	时分多址
TD-SCDMA	Time Division Synchronous CDMA	时分同步码分多址
TF	Transport Format	传输格式
TFT	Traffic Flow Template	业务流模板
TLST	Threaded Layered Space Time Code	螺旋分层空时码
TM	Transparent Mode	透明模式
TMA	Tower Mounted Amplifier	塔顶放大器
TPC	Transmit Power Control	发射功率控制
TPMI	Transmitted Precoding Matrix Indicator	发射预编码矩阵指示
TSG	Technical Specification Group	技术规范组
TSTD	Time Switched Transmit Diversity	时间切换发射分集
TTI	Transmission Time Interval	发送时间间隔
TX	Transmit	发送
U		
UA	User Agent	用户代理
UCI	Uplink Control Information	上行控制信息
UDP	User Datagram Protocol	用户数据报协议
UDPAP	User Datagram Protocol Application Part	用户数据报协议应用部分
UDR	Unified Data Repository	统一数据存储库
UE	User Equipment	用户设备
UL	Uplink	上行
UL-SCH	Uplink Shared Channel	上行共享信道
UM	Unacknowledged Mode	非确认模式
UMB	Ultra Mobile Broadband	超移动宽带
UMTS	Universal Mobile Telecommunications System	通用移动通信系统
UpPTS	Uplink Pilot Time Slot	上行导频时隙

UPF	User Plane Function	用户平面功能
URL	universal resource locator	统一资源定位器
USIM	Universal Subscriber Identity Module	用户业务识别模块
USSD	unstructured supplementary service data	非结构化补充业务数据
V		
VLR	Visitor Location Register	拜访位置寄存器
VLST	Vertical Layered Space Time Code	垂直分层空时码
VMIMO	Virtual MIMO	虚拟 MIMO
VoIP	Voice over IP	IP 语音业务
VP	Video Phone	视频电话
VRB	Virtual Resource Block	虚拟资源块
W		
WAP	Wireless Application Protocol	无线应用通讯协议
WAP GW	Wireless Application Protocol Gateway	无线应用协议网关
WCDMA	Wideband CDMA	宽带码分多址
WiMAX	Worldwide Interoperability for Microwave Access	全球微波互联接入
X		
X2	X2	X2 接口,LTE 网络中 eNodeB 之间的接口
XML	eXtensible Markup Language	可扩展标记语言
Z		
ZC	Zadoff-chu	ZC 序列

参考文献

［1］　魏红.移动通信技术.3 版.北京：人民邮电出版社，2015.

［2］　王继岩.无线通信技术基础.北京：科学出版社，2014.

［3］　王文博，郑侃.宽带无线通信 OFDM 技术.2 版.北京：人民邮电出版社，2007.

［4］　范波勇，杨学辉.LTE 移动通信技术.北京：人民邮电出版社，2015.

［5］　孙宇彤.LTE 教程：原理与实现.2 版.北京：电子工业出版社，2016.

［6］　李晓辉，付卫红，黑永强.LTE 移动通信系统.西安：西安电子科技大学出版社，2016.

［7］　陈宇恒，肖竹，王洪.LTE 协议栈与心灵分析.北京：人民邮电出版社，2013.

［8］　黄劲安，曾哲君，蔡子华，等.迈向 5G 从关键技术到网络部署.北京：人民邮电出版社，2018.

［9］　GHOSH A，等.LTE 权威指南.北京：人民邮电出版社，2012.